第3版

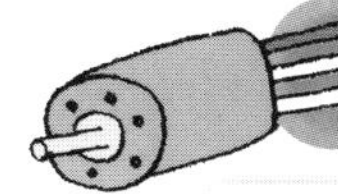

みんなが欲しかった!

電験三種 機械の教科書&問題集

第2分冊

問題集編

第 2 分冊

問題集編

※問題の難易度は下記の通りです

A　平易なもの
B　少し難しいもの
} 難易度がAとBの問題は必ず解けるようにしましょう
C　相当な計算・思考が求められるもの

※過去問のB問題のなかで選択問題については，出題の表記をCとしています
（例H23-C17）

第2分冊　問題集編

CHAPTER 01

直流機

難易度 A

起電力と逆起電力

教科書 SECTION 01

問題01 直流電動機が回転しているとき，導体は磁束を切るので起電力を誘導する。この起電力の向きは，フレミングの (ア) によって定まり，外部から加えられる直流電圧とは逆向き，すなわち電機子電流を減少させる向きとなる。このため，この誘導起電力は逆起電力と呼ばれている。直流電動機の機械的負荷が増加して (イ) が低下すると，逆起電力は (ウ) する。これにより，電機子電流が増加するので (エ) も増加し，機械的負荷の変化に対応するようになる。

上記の記述中の空白箇所(ア)，(イ)，(ウ)及び(エ)に記入する語句として，正しいものを組み合わせたのは次のうちどれか。

	(ア)	(イ)	(ウ)	(エ)
(1)	右手の法則	回転速度	減　少	電動機の入力
(2)	右手の法則	磁束密度	増　加	電動機の入力
(3)	左手の法則	回転速度	増　加	電動機の入力
(4)	左手の法則	磁束密度	増　加	電機子反作用
(5)	左手の法則	回転速度	減　少	電機子反作用

H13-A1

	①	②	③	④	⑤
学習日					
理解度 (○/△/×)					

解説

(ア) 誘導起電力の向きはフレミングの**右手の法則**によって決まる。

(イ) 直流電動機の機械的負荷が増加すると，**回転速度**が低下する。

(ウ) 誘導起電力の公式$e = B\ell v$より，速度が低下すると，逆起電力として発生している誘導起電力も**減少**する。

(エ) 逆起電力が減少し，電機子電流が増加すると，**電動機の入力**が大きくなる。

よって，(1)が正解。

解答… (1)

ポイント

導体に電流を流すと，導体はフレミングの左手の法則の向きに従って運動し，導体が運動しているときは右手の法則の向きに従って起電力が生じます。

難易度 B

直流機の構造

教科書 SECTION 01

問題02 次の文章は，直流機の構造に関する記述である。

直流機の構造は，固定子と回転子とからなる。固定子は，［(ア)］，継鉄などによって，また，回転子は，［(イ)］，整流子などによって構成されている。

電機子鉄心は，［(ウ)］磁束が通るため，［(エ)］が用いられている。また，電機子巻線を収めるための多数のスロットが設けられている。

六角形（亀甲(きっこう)形）の形状の電機子巻線は，そのコイル辺を電機子鉄心のスロットに挿入する。各コイル相互のつなぎ方には，［(オ)］と波巻とがある。直流機では，同じスロットにコイル辺を上下に重ねて2個ずつ入れた二層巻としている。

上記の記述中の空白箇所(ア)～(オ)に当てはまる組合せとして，正しいものを次の(1)～(5)のうちから一つ選べ。

	(ア)	(イ)	(ウ)	(エ)	(オ)
(1)	界　磁	電機子	交　番	積層鉄心	重ね巻
(2)	界　磁	電機子	交　番	鋳　鉄	直列巻
(3)	界　磁	電機子	一定の	積層鉄心	直列巻
(4)	電機子	界　磁	交　番	鋳　鉄	重ね巻
(5)	電機子	界　磁	一定の	積層鉄心	直列巻

R5上-A1

	①	②	③	④	⑤
学習日					
理解度 (○/△/×)					

解説

(ア) 直流機は固定子と回転子からなる（図１）。一般に直流機の固定子は磁束をつくっており，このように磁束をつくる部分を**界磁**という。

(イ) 直流機における回転子は，界磁のつくる磁束を切って誘導起電力を発生する**電機子**の役割を担っている。

(ウ) 界磁と電機子は，相対的に回転運動している。一般に直流機においては，界磁による磁束の向きが変わらないため，電機子鉄心を通る磁束はその極性が交互に変化する**交番**磁束となる。

(エ) 電機子鉄心には，交番磁束により渦電流が流れることで，損失が発生する。この損失を低減するために，電機子鉄心では渦電流が流れにくい，幾層にも薄い板を重ねた**積層鉄心**が用いられている（図２）。

(オ) 各コイル相互のつなぎ方には，**重ね巻**と波巻とがある。直流機では，同じスロットにコイル片を上下に重ねて２個ずつ入れた二層巻としている。

よって，(1)が正解。

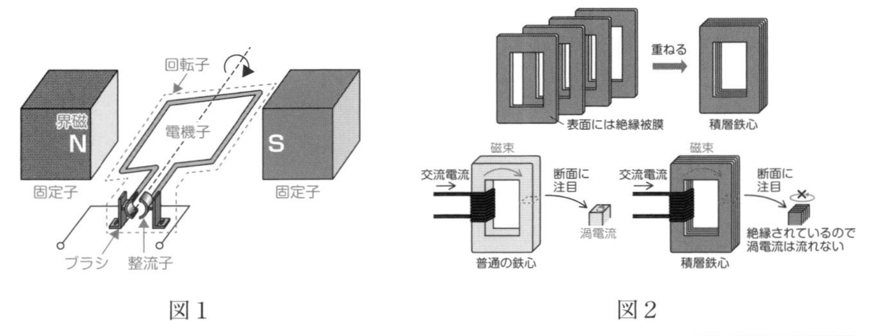

図１　　　　図２

解答… (1)

難易度 A

重ね巻直流機の誘導起電力

教科書 SECTION 02

問題03 長さl[m]の導体を磁束密度B[T]の磁束の方向と直角に置き，速度v[m/s]で導体及び磁束に直角な方向に移動すると，導体にはフレミングの　(ア)　の法則により，$e=$　(イ)　[V]の誘導起電力が発生する。

1極当たりの磁束がΦ[Wb]，磁極数がp，電機子総導体数がZ，巻線の並列回路数がa，電機子の直径がD[m]なる直流機が速度n[min^{-1}]で回転しているとき，周辺速度は$v=\pi D\dfrac{n}{60}$[m/s]となり，直流機の正負のブラシ間には　(ウ)　本の導体が　(エ)　に接続されるので，電機子の誘導起電力Eは，$E=$　(オ)　[V]となる。

上記の記述中の空白箇所(ア)，(イ)，(ウ)，(エ)及び(オ)に当てはまる語句又は式として，正しいものを組み合わせたのは次のうちどれか。

	(ア)	(イ)	(ウ)	(エ)	(オ)
(1)	右　手	Blv	$\dfrac{Z}{a}$	直　列	$\dfrac{pZ}{60a}\Phi n$
(2)	左　手	Blv	Za	直　列	$\dfrac{pZa}{60}\Phi n$
(3)	右　手	$\dfrac{Bv}{l}$	Za	並　列	$\dfrac{pZa}{60}\Phi n$
(4)	右　手	Blv	$\dfrac{a}{Z}$	並　列	$\dfrac{pZ}{60a}\Phi n$
(5)	左　手	$\dfrac{Bv}{l}$	$\dfrac{Z}{a}$	直　列	$\dfrac{Z}{60pa}\Phi n$

H20-A1

	①	②	③	④	⑤
学習日					
理解度 (○/△/×)					

解説

(ア) 誘導起電力の向きはフレミングの**右手**の法則によって決まる。

(イ) 誘導起電力の大きさe[V]は，

$$e = B\ell v \sin 90^\circ = B\ell v \text{[V]}$$

ここで，磁束密度Bは，$\dfrac{\text{全磁束}}{\text{電機子の表面積}}$で求められるため，

$$B = \frac{p\Phi}{\pi D\ell} \text{[T]}$$

周辺速度vは，$\dfrac{\text{距離}}{\text{時間}} = \dfrac{\text{円周}\times 1\text{分間の回転数}}{\text{時間}}$で求められるため，

$$v = \frac{\pi Dn}{60} \text{[m/s]}$$

と表すことができる。

(ウ)(エ) 直流機の正負のブラシ間には，$\dfrac{\text{全導体数}}{\text{並列回路数}}$より，$\dfrac{Z}{a}$本の導体が**直列**に接続される。

(オ) ゆえに，誘導起電力E[V]は，

$$E = B\ell v \cdot \frac{Z}{a} = \frac{p\Phi}{\pi D\ell} \cdot \ell \cdot \frac{\pi Dn}{60} \cdot \frac{Z}{a} = \frac{pZ}{60a}\Phi n \text{[V]}$$

よって，(1)が正解。

解答… (1)

ポイント

たとえば，図の場合，並列回路数は$a=4$，電機子総導体数（コイル辺の数）は$Z=16$なので，16÷4＝4本の導体が直列に接続されていると考えることができます。

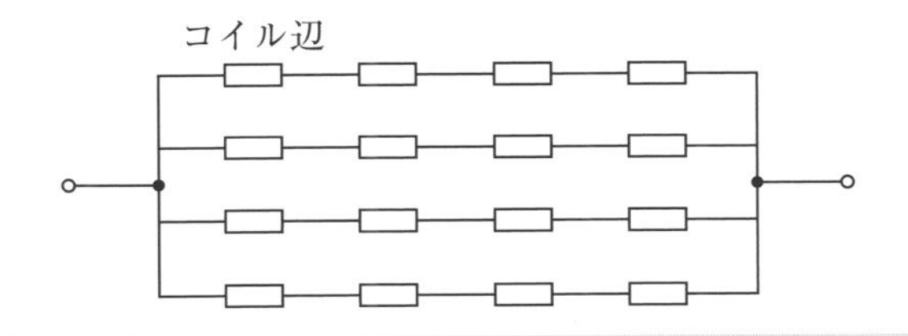

難易度 A

誘導起電力と端子電圧

教科書 SECTION 02

問題04 電機子巻線が重ね巻である4極の直流発電機がある。電機子の全導体数は576で，磁極の断面積は0.025 m^2である。この発電機を回転速度600 min^{-1}で無負荷運転しているとき，端子電圧は110 Vである。このときの磁極の平均磁束密度[T]の値として，最も近いのは次のうちどれか。

ただし，漏れ磁束はないものとする。

(1) 0.38　(2) 0.52　(3) 0.64　(4) 0.76　(5) 0.88

H18-A1

	①	②	③	④	⑤
学習日					
理解度 (○/△/×)					

解説

この発電機の誘導起電力をE_a[V]，磁極数をp，電機子の全導体数をZ，並列回路数をa，1極あたりの磁束をϕ[Wb]，回転速度をN[min^{-1}]とすると，直流発電機の誘導起電力の公式より，

$$E_a = \frac{pZ}{60a}\phi N\text{[V]}$$

ただし，重ね巻であるから$a=p$である。また，無負荷運転であるから，端子に負荷がつながっておらず，負荷電流が流れないため，電圧降下はほぼ0 Vとみなせる。ゆえに，端子電圧は誘導起電力と等しい。

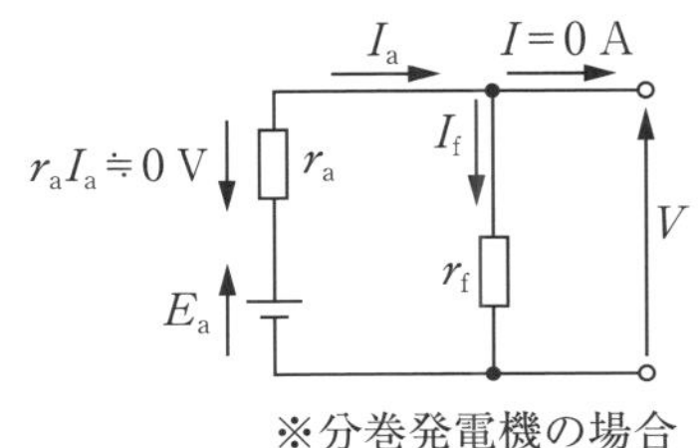

※分巻発電機の場合

端子電圧：V[V]
誘導起電力：E_a[V]
電機子電流：I_a[A]
電機子抵抗：r_a[Ω]
界磁電流：I_f[A]
界磁抵抗：r_f[Ω]
負荷電流：I[A]

これより，磁束ϕ[Wb]を求めると，

$$\phi = \frac{60aE}{pZN} = \frac{60\times4\times110}{4\times576\times600} \fallingdotseq 0.0191\text{ Wb}$$

したがって，平均磁束密度B[T]の値は，

$$B = \frac{\text{磁束}}{\text{面積}} = \frac{0.0191}{0.025} \fallingdotseq 0.76\text{ T}$$

よって，(4)が正解。

解答… (4)

ポイント

発電機の無負荷運転とは，発電機の端子を開放（何もつなげない）して運転することです。

難易度 **B**

電機子導体(1本)に誘導される起電力

教科書 SECTION 02

問題05 図は，磁極数が2の直流発電機を模式的に表したものである。電機子巻線については，1巻き分のコイルを示している。電機子の直径Dは0.5 m，電機子導体の有効長lは0.3 m，ギャップの磁束密度Bは，図の状態のように電機子導体が磁極の中心付近にあるとき一定で0.4 T，回転速度nは1 200 min^{-1}である。図の状態におけるこの1巻きのコイルに誘導される起電力e[V]の値として，最も近いものを次の(1)〜(5)のうちから一つ選べ。

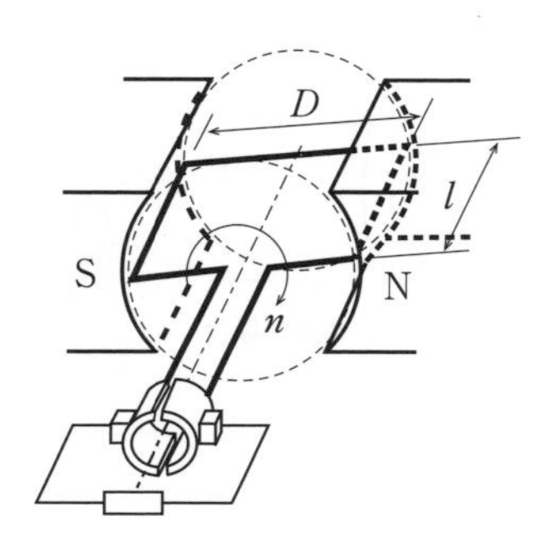

(1)　2.40　　(2)　3.77　　(3)　7.54　　(4)　15.1　　(5)　452

H25-A2

	①	②	③	④	⑤
学習日					
理解度 (○/△/×)					

解説

直流発電機の誘導起電力は$e=B\ell v$より求めることができる。電機子導体が磁界を横切る速度v[m/s]は，$\frac{距離}{時間}=\frac{円周\pi D\times 1分間の回転速度n}{1分(60\,s)}$で求められるため，

$$v=\frac{\pi Dn}{60}[\mathrm{m/s}]$$

図より，磁界を横切るコイル辺の数は2本であるから，求める誘導起電力e[V]の値は，

$$e=B\ell v\times 2=2B\ell\times\frac{\pi Dn}{60}$$

$$=2\times 0.4\times 0.3\times\frac{\pi\times 0.5\times 1200}{60}$$

$$=\frac{144\,\pi}{60}\fallingdotseq 7.54\ \mathrm{V}$$

よって，(3)が正解。

解答… (3)

ポイント

公式を使って求めると

$$e=\frac{pZ}{60a}\phi n=\frac{2\times 2}{60\times 1}\times\overbrace{\frac{0.4\times\pi\times 0.5\times 0.3}{2}}^{\phi=\frac{B\cdot\pi D\ell}{p}}\times 1200\fallingdotseq 7.54\ \mathrm{V}$$

となります。Zはコイル辺の数で，ϕは1極あたりの磁束です。

難易度 A

電機子反作用

教科書 SECTION 02

問題06 次の文章は，直流発電機の電機子反作用とその影響に関する記述である。

直流発電機の電機子反作用とは，発電機に負荷を接続したとき［(ア)］巻線に流れる電流によって作られる磁束が［(イ)］巻線による磁束に影響を与える作用のことである。電機子反作用はギャップの主磁束を［(ウ)］させて発電機の端子電圧を低下させたり，ギャップの磁束分布に偏りを生じさせてブラシの位置と電気的中性軸とのずれを生じさせる。このずれがブラシがある位置の導体に［(エ)］を発生させ，ブラシによる短絡等の障害の要因となる。ブラシの位置と電気的中性軸とのずれを抑制する方法の一つとして，補極を設けギャップの磁束分布の偏りを補正する方法が採用されている。

上記の記述中の空白箇所(ア)，(イ)，(ウ)及び(エ)に当てはまる組合せとして，正しいものを次の(1)〜(5)のうちから一つ選べ。

	(ア)	(イ)	(ウ)	(エ)
(1)	界　磁	電機子	減　少	接触抵抗
(2)	電機子	界　磁	増　加	起電力
(3)	界　磁	電機子	減　少	起電力
(4)	電機子	界　磁	減　少	起電力
(5)	界　磁	電機子	増　加	接触抵抗

H23-A1

	①	②	③	④	⑤
学習日					
理解度 (○/△/×)					

解説

定格負荷時の発電機の等価回路は下図となる。

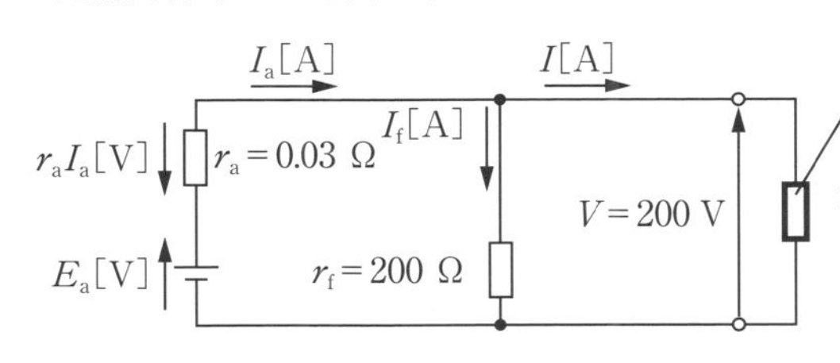

発電機の定格負荷時の効率が94 %であるから，効率 $= \dfrac{出力}{出力+損失}$ より，定格負荷時の全損失 P_l[kW]は，

$$0.94 = \frac{50}{50 + P_l}$$

$$0.94 \times (50 + P_l) = 50$$

$$\therefore P_l = \frac{50}{0.94} - 50 \fallingdotseq 3.19\ \mathrm{kW}$$

オームの法則より，界磁電流 I_f[A]は，

$$I_f = \frac{V}{r_f} = \frac{200}{200} = 1\ \mathrm{A}$$

であるから，界磁回路損 P_f[kW]は，

$$P_f = VI_f = 200 \times 1 = 200\ \mathrm{W} = 0.2\ \mathrm{kW}$$

また，定格出力 P = 定格電圧 V × 定格電流 I より，定格電流 I[A]は，

$$I = \frac{P}{V} = \frac{50 \times 10^3}{200} = 250\ \mathrm{A}$$

なので，分巻発電機の定格負荷時の電機子電流 I_a[A]は，

$$I_a = I_f + I = 1 + 250 = 251\ \mathrm{A}$$

よって，電力 $= RI^2$ より，定格負荷時の直接負荷損 P_a[kW]は，

$$P_a = r_aI_a^2 = 0.03 \times 251^2 \fallingdotseq 1890\ \mathrm{W} = 1.89\ \mathrm{kW}$$

漂遊負荷損は無視できるので，分巻発電機の固定損 P_k[kW]の値は，

$$P_k = P_l - P_f - P_a = 3.19 - 0.2 - 1.89 = 1.10\ \mathrm{kW}$$

よって，(1)が正解。

解答… (1)

難易度 A

発電機と電動機の関係

教科書 SECTION 03

問題09 出力20 kW，端子電圧100 V，回転速度1 500 min^{-1}で運転していた直流他励発電機があり，その電機子回路の抵抗は0.05 Ωであった。この発電機を電圧100 Vの直流電源に接続して，そのまま直流他励電動機として使用したとき，ある負荷で回転速度は1 200 min^{-1}となり安定した。

このときの運転状態における電動機の負荷電流（電機子電流）の値[A]として，最も近いものを次の(1)～(5)のうちから一つ選べ。

ただし，発電機での運転と電動機での運転とで，界磁電圧は変わらないものとし，ブラシの接触による電圧降下及び電機子反作用は無視できるものとする。

(1) 180　(2) 200　(3) 220　(4) 240　(5) 260

H26-A2

	①	②	③	④	⑤
学習日					
理解度 (○/△/×)					

解説

発電機の電機子電流I_a[A]は，出力をP[W]，端子電圧をV[V]とすると，$P=VI$より，

$$I_a=\frac{P}{V}=\frac{20\times10^3}{100}=200\ \text{A}$$

他励発電機の誘導起電力E_a[V]は，電機子抵抗をr_a[Ω]とすると，$V=E_a-r_aI_a$より，

$$E_a=V+r_aI_a=100+0.05\times200=110\ \text{V}$$

発電機として利用した場合の等価回路は下図となる。

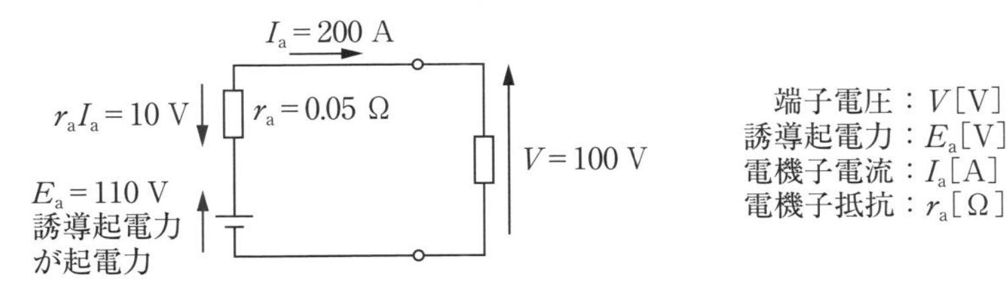

回転速度が1500 min^{-1}のときの電動機の誘導起電力をE_a'[V]とすると，誘導起電力は回転速度に比例するから，

$$E_a'=\frac{1200}{1500}\times E_a=\frac{1200}{1500}\times110=88\ \text{V}$$

したがって，このときの他励電動機の電機子電流I_a'[A]は$E_a=V-r_aI_a$より，

$$I_a'=\frac{V-E_a'}{r_a}=\frac{100-88}{0.05}=240\ \text{A}$$

電動機として利用した場合の等価回路は下図となる。

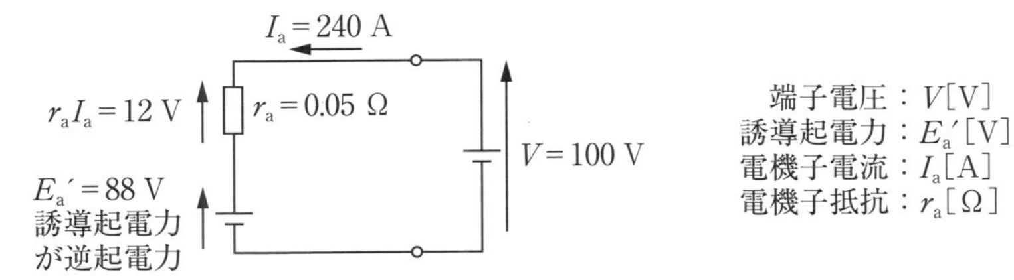

よって，(4)が正解。

解答… (4)

ポイント

ブラシの接触による電圧降下と電機子反作用を無視できるものとすると，他励発電機の端子電圧は$V=E_a-r_aI_a$と考えることができます。同様に，他励電動機は$E_a=V-r_aI_a$となります。

難易度 B 電動機と電力及び逆起電力

教科書 SECTION 03

問題10 定格出力5 kW，定格電圧220 Vの直流分巻電動機がある。この電動機を定格電圧で運転したとき，電機子電流が23.6 Aで定格出力を得た。この電動機をある負荷に対して定格電圧で運転したとき，電機子電流が20 Aになった。このときの逆起電力（誘導起電力）[V]の値として，最も近いのは次のうちどれか。

ただし，電機子反作用はなく，ブラシの抵抗は無視できるものとする。

(1) 201　(2) 206　(3) 213　(4) 218　(5) 227

H20-A2

	①	②	③	④	⑤
学習日					
理解度 (○/△/×)					

解説

定格出力時のこの電動機の等価回路は下図となる。

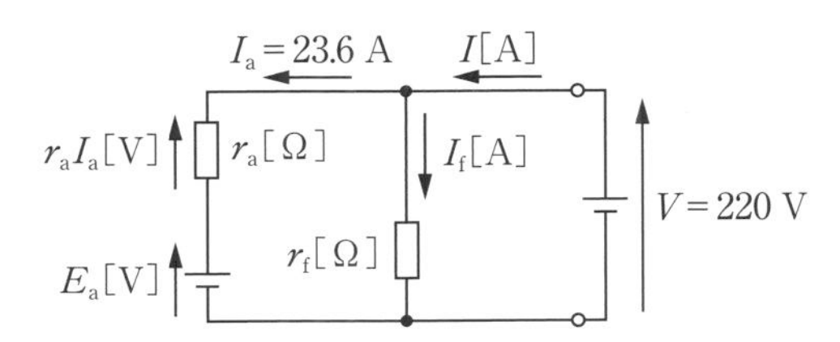

電源電圧（定格電圧）：V[V]
誘導起電力：E_a[V]
電機子電流：I_a[A]
電機子巻線抵抗：r_a[Ω]
界磁電流：I_f[A]
界磁巻線抵抗：r_f[Ω]
電源電流：I[A]

電動機の定格出力をP_n[W]とすると，$P_n = E_aI_a$より，定格出力時の誘導起電力E_a[V]は，

$$E_a = \frac{P_n}{I_a} = \frac{5 \times 10^3}{23.6} \fallingdotseq 211.9 \text{ V}$$

ブラシの抵抗は無視できるので，$E_a = V - r_aI_a$より，電機子巻線抵抗r_a[Ω]は，

$$r_a = \frac{V - E_a}{I_a} = \frac{220 - 211.9}{23.6} \fallingdotseq 0.34 \text{ Ω}$$

電機子電流が20 Aとなったときの電動機の等価回路は下図となる。

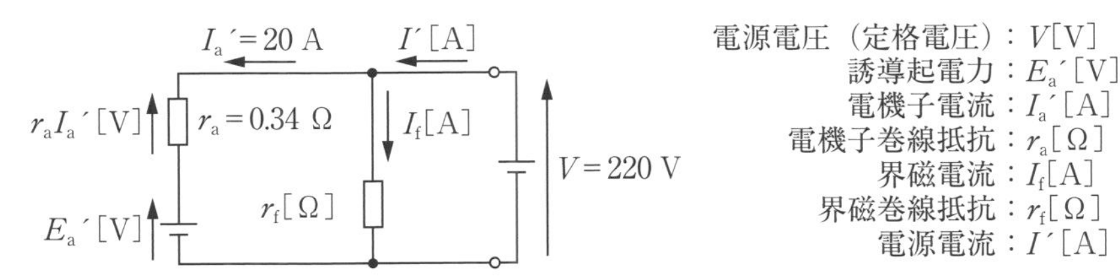

$E_a' = V - r_aI_a'$より，電機子電流が20 Aとなったときの誘導起電力E_a'[V]は，

$$E_a' = V - r_aI_a' = 220 - 0.34 \times 20 \fallingdotseq 213 \text{ V}$$

よって，(3)が正解。

解答… (3)

難易度 A

直流電動機の回転速度

教科書 SECTION 03

問題11 直流電源に接続された永久磁石界磁の直流電動機に一定トルクの負荷がつながっている。電機子抵抗が1.00 Ωである。回転速度が1 000 min^{-1}のとき，電源電圧は120 V，電流は20 Aであった。

この電源電圧を100 Vに変化させたときの回転速度の値[min^{-1}]として，最も近いものを次の(1)～(5)のうちから一つ選べ。

ただし，電機子反作用及びブラシ，整流子における電圧降下は無視できるものとする。

(1) 200　(2) 400　(3) 600　(4) 800　(5) 1 000

R1-A1

	①	②	③	④	⑤
学習日					
理解度 (○/△/×)					

解説

回転速度が1000 min^{-1}のときの直流電源の電圧をV[V]，電機子電流をI_a[A]，電機子巻線の抵抗（電機子抵抗）をr_a[Ω]，誘導起電力をE_a[V]とすると，問題文における電動機の等価回路は次のようになる。

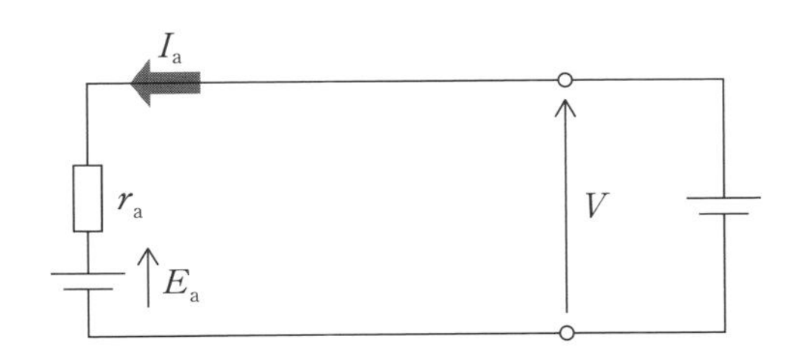

上図の等価回路にキルヒホッフの第二法則（電圧則）を適用すれば，

$$V = E_a + r_a I_a$$

$$120 = E_a + 1.00 \times 20$$

$$\therefore E_a = 100 \text{ V}$$

また，電動機のトルクをT[N･m]，K_2を定数，１極あたりの界磁磁束をϕ[Wb]とすると，次の式が成り立つ。

$$T = K_2 \phi I_a$$

$$\therefore I_a = \frac{T}{K_2 \phi} \text{[A]}$$

問題文より，「永久磁石界磁の直流電動機に一定トルクの負荷がつながっている」ので，上式のϕ[Wb]およびT[N･m]は一定である。また，K_2は定数であるため，電源電圧を変化させた後でもI_aは一定になり，

$$I_a = 20 \text{ A}$$

次に，電源電圧を変化させた後の直流電源の電圧をV'[V]，誘導起電力をE_a'[V]とすると，問題文における電動機の等価回路は次のようになる。

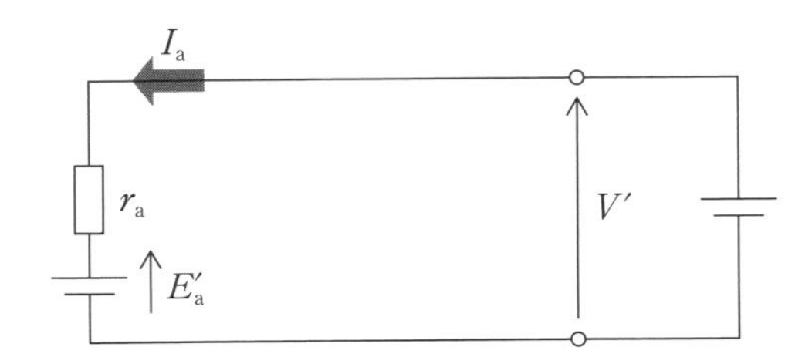

上図の等価回路にキルヒホッフの第二法則（電圧則）を適用すれば，

$$V' = E_a' + r_a I_a$$
$$100 = E_a' + 1.00 \times 20$$
$$\therefore E_a' = 80 \text{ V}$$

ここで，電源電圧を変化させる前後の回転速度をそれぞれN[min^{-1}]，N' [min^{-1}]とすると，界磁磁束ϕ [Wb]は一定であるため，回転速度と誘導起電力は比例関係にあり，次の関係式が成り立つ。

$$N : E_a = N' : E_a'$$
$$\frac{N}{E_a} = \frac{N'}{E_a'}$$
$$\therefore N' = \frac{E_a'}{E_a} \times N$$
$$= \frac{80}{100} \times 1000 = 800 \text{ min}^{-1}$$

よって，(4)が正解。

解答… (4)

難易度 A

電動機のトルクと出力

教科書 SECTION 03

問題12 直流分巻電動機が電源電圧100 V，電機子電流25 A，回転速度1 500 min^{-1}で運転されている。このときのトルクT[N·m]の値として，最も近いのは次のうちどれか。

ただし，電機子回路の抵抗は0.2 Ωとし，ブラシの電圧降下及び電機子反作用の影響は無視できるものとする。

(1) 0.252　(2) 15.1　(3) 15.9　(4) 16.7　(5) 95.0

H17-A2

	①	②	③	④	⑤
学習日					
理解度 (○/△/×)					

解説

問題文の条件で運転しているときの電動機の等価回路は下図となる。

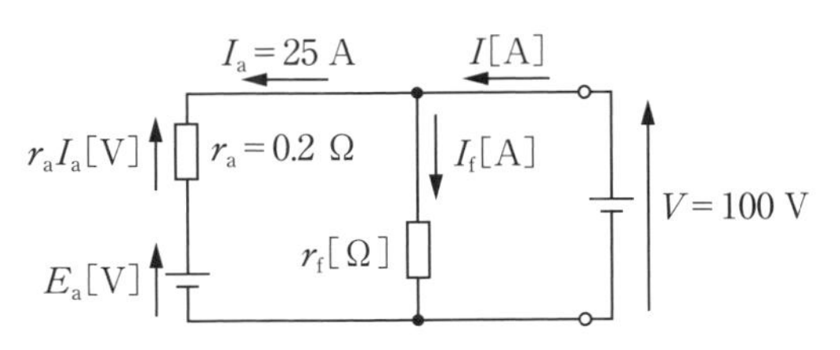

電源電圧：V[V]
誘導起電力：E_a[V]
電機子電流：I_a[A]
電機子巻線抵抗：r_a[Ω]
界磁電流：I_f[A]
界磁巻線抵抗：r_f[Ω]
電源電流：I[A]

$E_a = V - r_aI_a$より，分巻電動機の誘導起電力E_a[V]は，

$$E_a = V - r_aI_a = 100 - 0.2 \times 25 = 95 \text{ V}$$

回転速度をN[min^{-1}]とすると，トルクと出力の公式より，

$$2\pi\frac{N}{60}T = E_aI_a$$

$$\therefore T = \frac{60E_aI_a}{2\pi N} = \frac{60 \times 95 \times 25}{2\pi \times 1500} \fallingdotseq 15.1 \text{ N·m}$$

よって，(2)が正解。

解答… (2)

ポイント

直流電動機のトルクと出力の公式は

$$P_o = \omega T = 2\pi\frac{N}{60}T = EI_a$$

ただし，P_oは出力，ωは角速度，Tはトルクです。

難易度 B

電動機の速度制御及びトルク制御

教科書 SECTION 03

問題13 直流電動機の速度とトルクを次のように制御することを考える。

損失と電機子反作用を無視した場合，直流電動機では電機子巻線に発生する起電力は，界磁磁束と電機子巻線との相対速度に比例するので，［(ア)］では，界磁電流一定，すなわち磁束一定条件下で電機子電圧を増減し，電機子電圧に回転速度が［(イ)］するように回転速度を制御する。この電動機では界磁磁束一定条件下で電機子電流を増減し，電機子電流とトルクとが［(ウ)］するようにトルクを制御する。この電動機の高速運転では電機子電圧一定の条件下で界磁電流を増減し，界磁磁束に回転速度が［(エ)］するように回転速度を制御する。このように広い速度範囲で速度とトルクを制御できるので，［(ア)］は圧延機の駆動などに広く使われてきた。

上記の記述中の空白箇所(ア)，(イ)，(ウ)及び(エ)に当てはまる語句として，正しいものを組み合わせたのは次のうちどれか。

	(ア)	(イ)	(ウ)	(エ)
(1)	直巻電動機	反比例	比　例	比　例
(2)	直巻電動機	比　例	比　例	反比例
(3)	他励電動機	反比例	反比例	比　例
(4)	他励電動機	比　例	比　例	反比例
(5)	他励電動機	比　例	反比例	比　例

H22-A1

	①	②	③	④	⑤
学習日					
理解度 (○/△/×)					

解説

(ア) **他励電動機**の等価回路は次のとおりである。

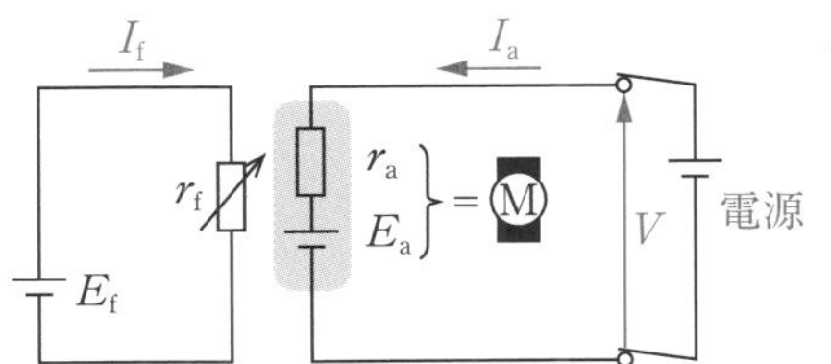

外部電源電圧：E_f[V]
界磁電流：I_f[A]
界磁抵抗：r_f[Ω]
誘導起電力：E_a[V]
電機子抵抗：r_a[Ω]
電機子電流：I_a[A]
端子電圧：V[V]

1極あたりの磁束をϕ[Wb]，回転速度をN[min^{-1}]とすると，他励電動機では誘導起電力に関して次の式が成り立つ。

$$E_a = K_1 \phi N = V - r_a I_a \text{[V]}$$

$$\therefore N = \frac{1}{K_1} \cdot \frac{V - r_a I_a}{\phi} \text{[min}^{-1}\text{]}$$

ここで，$r_a I_a$[V]は端子電圧V[V]に比べて非常に小さいから，

$$N \fallingdotseq \frac{1}{K_1} \cdot \frac{V}{\phi} \text{[min}^{-1}\text{]}$$

(イ) よって，端子電圧Vに回転速度Nはほぼ**比例**する。

(エ) 界磁磁束ϕに回転速度Nは**反比例**する。

(ウ) また，トルクT[N·m]には$T = K_2 \phi I_a$の関係があり，界磁磁束ϕが一定であれば，電機子電流I_a[A]とトルクTは**比例**する。

よって，(4)が正解。

解答… (4)

ポイント

他励式直流電動機は電圧制御と界磁制御により，広い範囲で速度を制御することができます。

難易度 C

他励直流電動機の速度制御

教科書 SECTION 03

問題14 負荷に直結された他励直流電動機を，電機子電圧を変化させることによって速度制御することを考える。

電機子抵抗が0.4 Ω，界磁磁束は界磁電流に比例するものとして，次の(a)及び(b)の問に答えよ。

(a) 界磁電流をI_{f1}[A]とし，電動機が600 min^{-1}で回転しているときの誘導起電力は200 Vであった。このとき電機子電流が20 A一定で負荷と釣り合った状態にするには，電機子電圧を何[V]に制御しなければならないか，最も近いものを次の(1)～(5)のうちから一つ選べ。

(1) 8　(2) 80　(3) 192　(4) 200　(5) 208

(b) 負荷は，トルクが一定で回転速度に対して機械出力が比例して上昇する特性であるとして，磁気飽和，電機子反作用，機械系の損失などは無視できるものとする。

電動機の回転速度を1 320 min^{-1}にしたときに，界磁電流をI_{f1}[A]の$\frac{1}{2}$にして，電機子電流がある一定の値で負荷と釣り合った状態にするには，電機子電圧を何[V]に制御しなければならないか，最も近いものを次の(1)～(5)のうちから一つ選べ。

(1) 216　(2) 228　(3) 236　(4) 448　(5) 456

H23-B16

	①	②	③	④	⑤
学習日					
理解度 (○/△/×)					

解説

励磁回路を除いた部分の電動機の等価回路は下図となる。

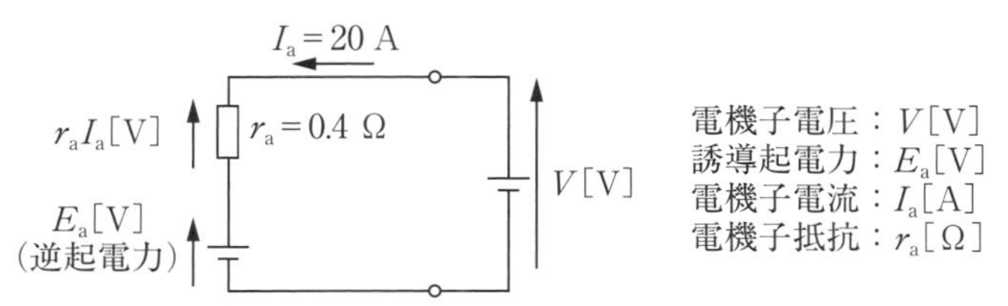

(a)　誘導起電力をE_a[V]，電機子電圧をV[V]，電機子抵抗をr_a[Ω]，電機子電流をI_a[A]とすると，他励電動機の関係式$E_a = V - r_aI_a$より，

$$V = E_a + r_aI_a = 200 + 0.4 \times 20 = 208\ \text{V}$$

よって，(5)が正解。

(b)　界磁電流I_{f1}[A]を$\frac{1}{2}$倍にすると磁束ϕ[Wb]も$\frac{1}{2}$倍になる。すると，トルク$T = K_2\phi I_a$は一定であるから，電機子電流I_a'は2倍の40 Aとなる。

また，誘導起電力E_a'[V]は$E = K\phi N$より磁束と回転速度の積に比例するので，

$$E_a : E_a' = \phi \times 600 : \frac{1}{2}\phi \times 1320$$

$$\therefore E_a' = E_a \times \frac{\frac{1}{2}\phi \times 1320}{\phi \times 600}$$

$$= 200 \times \frac{1320}{1200}$$

$$= \frac{1320}{6} = 220\ \text{V}$$

したがって，電機子電圧V'[V]は，

$$V' = E_a' + r_aI_a' = 220 + 0.4 \times 40 = 236\ \text{V}$$

よって，(3)が正解。

解答… (a)(5)　(b)(3)

ポイント

自己インダクタンスの公式$L = \frac{N\phi}{I}$を変形すると$\phi = \frac{L}{N}I$（Lはインダクタンス，Nは巻数）となり，磁束と電流は比例関係であることがわかります。

難易度 B 電動機の無負荷運転と回転速度

教科書 SECTION 03

問題15 直流分巻電動機があり，電機子回路の全抵抗（ブラシの接触抵抗も含む。）は0.098 Ωである。この電動機を端子電圧220 Vの電源に接続して，ある負荷で運転すると，回転速度は1 480 min^{-1}，電機子電流は120 Aであった。同一端子電圧でこの電動機を無負荷運転したときの回転速度[min^{-1}]の値として，最も近いのは次のうちどれか。

ただし，無負荷運転では，電機子電流は非常に小さく，電機子回路の全抵抗による電圧降下は無視できるものとする。

(1) 1 518　(2) 1 532　(3) 1 546　(4) 1 559　(5) 1 564

H19-A2

	①	②	③	④	⑤
学習日					
理解度 (○/△/×)					

解説

回転速度が1480 min^{-1}のときの電動機の電機子部分の等価回路は下図となる。

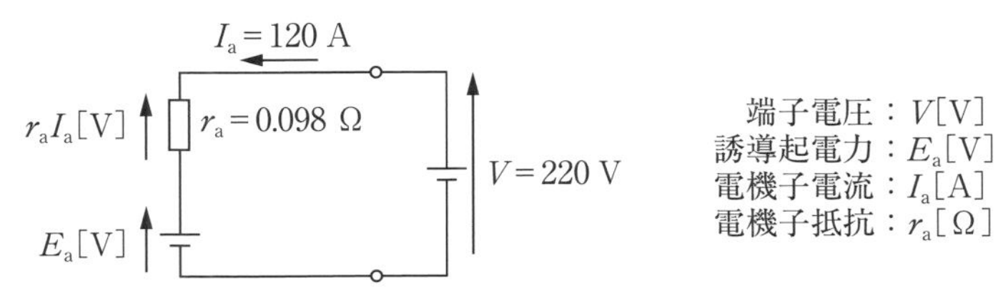

$E_a = V - r_a I_a$より，回転速度が1480 min^{-1}のときの誘導起電力E_a[V]は，

$$E_a = V - r_a I_a = 220 - 0.098 \times 120 = 208.24 \text{ V}$$

次に，無負荷運転時の電動機の電機子部分の等価回路は下図となる。

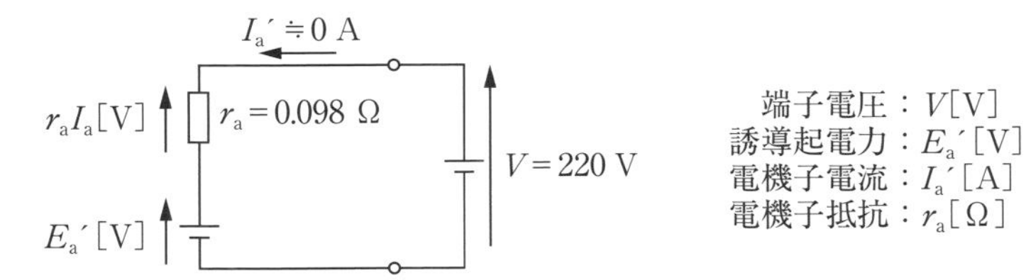

無負荷運転したときの誘導起電力E_a'[V]は，電機子電流が非常に小さく，電圧降下が無視できるので$E_a' = 220$ Vである。誘導起電力と回転速度は比例関係にあるため，無負荷運転の回転速度N[min^{-1}]は，

$$1480 : N = E_a : E_a'$$

$$\frac{1480}{N} = \frac{E_a}{E_a'}$$

$$N = 1480 \times \frac{E_a'}{E_a} = 1480 \times \frac{220}{208.24} \fallingdotseq 1564 \text{ min}^{-1}$$

よって，(5)が正解。

解答… (5)

ポイント

電動機の無負荷運転とは，電動機の回転子に何も負荷を接続せずに運転することです。このとき回転子は拘束なく回転するため，回転速度が上昇し，端子電圧とほぼ等しい誘導起電力を発生するようになります。

ポイント

$E = K\phi N$より，ϕが一定であれば回転速度Nは誘導起電力Eに比例します。

難易度 C

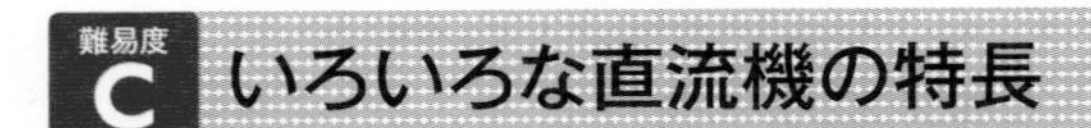

いろいろな直流機の特長

教科書 SECTION 03

問題16 いろいろな直流機に関する記述として，誤っているものを次の(1)～(5)のうちから一つ選べ。

(1) 電機子と界磁巻線が並列に接続された分巻発電機は，回転を始めた電機子巻線と磁極の残留磁束によって，まず低い電圧で発電が開始される。その結果，界磁巻線に電流が流れ始め，磁極の磁束が強まれば，発電する電圧が上昇し，必要な励磁が確立する。

(2) 電機子と界磁巻線が直列に接続された直巻発電機は，出力電流が大きく界磁磁極が磁気飽和する場合よりも，出力電流が小さく界磁磁極が磁気飽和しない場合のほうが，出力電圧が安定する。

(3) 電源電圧一定の条件下で運転される分巻電動機は，負荷が変動した場合でも，ほぼ一定の回転速度を保つので，定速度電動機とよばれる。

(4) 直巻電動機は，始動時の大きな電機子電流が大きな界磁電流となる。直流電動機のトルクは界磁磁束と電機子電流から発生するので，大きな始動トルクが必要な用途に利用されてきた。

(5) ブラシと整流子の機械的接触による整流の働きを半導体スイッチで電子的に行うブラシレスDCモータでは，同期機と同様に電機子の作る回転磁界に同期して永久磁石の界磁が回転する。制御によって，外部から見た電圧－電流特性を他励直流電動機とほぼ同様にすることができる。

H30-A2

	①	②	③	④	⑤
学習日					
理解度 (○/△/×)					

解説

(1) 電機子が回転を始めると，界磁の残留磁束により電機子巻線にわずかな誘導起電力が発生する。分巻電動機は電機子と界磁巻線が並列に接続されているため，電機子巻線に生じる誘導起電力によって界磁巻線に電流が流れ，磁束が強まり発生する電圧が上昇し，必要な励磁が確立する。よって，(1)は正しい。

(2) 直流機の誘導起電力は磁束と回転速度に比例する。出力電流（＝界磁電流）が大きくなり界磁磁極が磁気飽和すると，磁束はほぼ一定となるため，誘導起電力は安定する。

したがって，直巻発電機は，**界磁磁極が磁気飽和する場合の方が，界磁磁極が磁気飽和しない場合よりも，出力電圧が安定する**。よって，(2)は誤り。

(3) 直流電動機の回転速度は誘導起電力に比例し，界磁磁束に反比例する。電源電圧が一定の分巻電動機では，電機子巻線抵抗降下が小さく誘導起電力はほぼ一定で，界磁磁束も一定のため，回転速度もほぼ一定となる。よって，(3)は正しい。

(4) 直流機の誘導起電力は回転速度と界磁磁束に比例する。始動時には回転速度は零となるため誘導起電力も零となり，大きな電機子電流が流れる。直巻電動機では電機子と界磁巻線が直列接続されているため，界磁巻線にも大きな電流が流れ，界磁磁束も大きくなる。直流電動機のトルクは電機子電流と界磁磁束に比例するため，始動時に電機子電流及び界磁磁束が大きい直巻電動機は，大きな始動トルクを得ることができる。よって，(4)は正しい。

(5) ブラシレスDCモータでは，同期機と同様に電機子の作る回転磁界に同期して永久磁石の界磁が回転する。よって，(5)は正しい。

以上より，(2)が正解。

解答… (2)

難易度 B

直流電動機の回転速度及びトルク

教科書 SECTION 03

問題17 次の文章は，直流電動機に関する記述である。

直流分巻電動機は界磁回路と電機子回路とが並列に接続されており，端子電圧及び界磁抵抗を一定にすれば，界磁磁束は一定である。このとき，機械的な負荷が［ (ア) ］すると，電機子電流が［ (イ) ］し回転速度はわずかに［ (ウ) ］するが，ほぼ一定である。このように負荷の変化に関係なく，回転速度がほぼ一定な電動機は定速度電動機と呼ばれる。

上記のように直流分巻電動機の界磁磁束を一定にして運転した場合，電機子反作用等を無視すると，トルクは電機子電流にほぼ［ (エ) ］する。

一方，直流直巻電動機は界磁回路と電機子回路とが直列に接続されており，界磁磁束は負荷電流によって作られる。界磁磁束が磁気飽和しない領域では，界磁磁束は負荷電流にほぼ［ (エ) ］し，トルクは負荷電流の［ (オ) ］にほぼ比例する。

上記の記述中の空白箇所(ア)，(イ)，(ウ)，(エ)及び(オ)に当てはまる組合せとして，正しいものを次の(1)～(5)のうちから一つ選べ。

	(ア)	(イ)	(ウ)	(エ)	(オ)
(1)	減　少	減　少	増　加	反比例	$\frac{1}{2}$乗
(2)	増　加	増　加	増　加	比　例	2乗
(3)	減　少	増　加	減　少	反比例	$\frac{1}{2}$乗
(4)	増　加	増　加	減　少	比　例	2乗
(5)	減　少	減　少	減　少	比　例	$\frac{1}{2}$乗

H26-A1

	①	②	③	④	⑤
学習日					
理解度 (○/△/×)					

解説

直流分巻電動機の等価回路は下図となる。

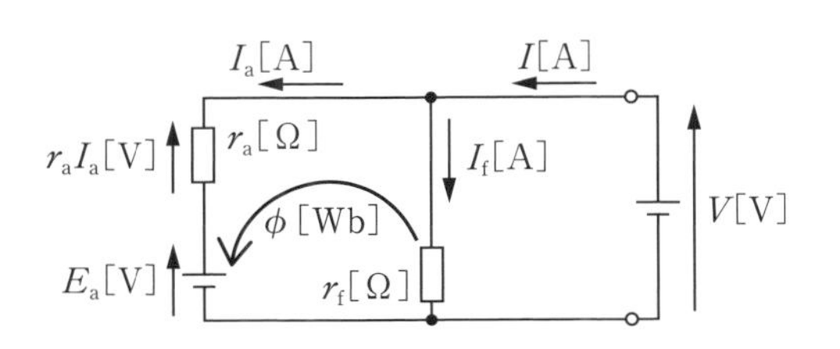

電源電圧：V[V]
誘導起電力：E_a[V]
電機子電流：I_a[A]
電機子巻線抵抗：r_a[Ω]
界磁電流：I_f[A]
界磁巻線抵抗：r_f[Ω]
電源電流：I[A]
界磁磁束：ϕ[Wb]

(ア) 機械的な負荷が**増加**するということは，電動機の回転軸に接続しているおもりが重くなるのと同じことなので，回転に必要なトルクTが大きくなる。

(イ) 直流分巻電動機では，電源電圧Vと界磁巻線抵抗r_fが一定であれば，界磁磁束ϕは一定である。また，トルク$T = K_2\phi I_a$である。ゆえに，トルクTが大きくなると電機子電流I_aが**増加**する。

(ウ) 回転速度$N = \dfrac{V - r_aI_a}{K_1\phi}$であり，電源電圧$V$と界磁磁束$\phi$は一定であり，一般に電機子巻線抵抗$r_a$は非常に小さい。ゆえに，電機子電流$I_a$が増加すると回転速度$N$はわずかに**減少**する。

(エ) トルク$T = K_2\phi I_a$なので，界磁磁束ϕが一定であれば，トルクTは電機子電流I_aに**比例**する。

直流直巻電動機の等価回路は下図となる。

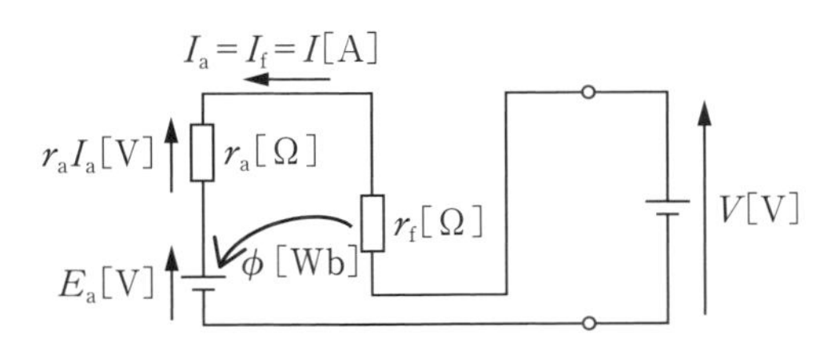

電源電圧：V[V]
誘導起電力：E_a[V]
電機子電流：I_a[A]
電機子巻線抵抗：r_a[Ω]
界磁電流：I_f[A]
界磁巻線抵抗：r_f[Ω]
電源電流：I[A]
界磁磁束：ϕ[Wb]

直流直巻電動機の等価回路より，電機子電流I_a＝界磁電流I_f＝負荷電流Iなので，界磁磁束ϕは電機子電流I_aにほぼ**比例**する。

(オ) 比例定数をkとすると，$\phi = kI_f = kI_a$である。ゆえに，トルク$T = K_2\phi I_a = K_2kI_a^2 = K_2kI^2$となるので，トルク$T$は負荷電流$I$の2**乗**にほぼ比例する。

よって，(4)が正解。

解答… (4)

難易度 B

直流電動機のトルク特性

教科書 SECTION 03

問題18 次の文章は，直流電動機のトルク特性に関する記述である。

a．分巻電動機のトルクは，負荷が小さい範囲では［　(ア)　］に比例して変化するが，その値がある程度以上になると，［　(イ)　］が増して磁束が減少するので，トルク曲線の傾きが緩やかになる。

b．直巻電動機のトルクは，界磁磁束の未飽和領域では界磁磁束が負荷電流に比例するので，負荷電流の［　(ウ)　］に比例して変化するが，負荷電流がある値以上になると磁気飽和のため界磁磁束はほぼ一定となるので，トルク曲線は負荷電流に比例して変化するようになる。

上記の記述中の空白箇所(ア)，(イ)及び(ウ)に記入する語句として，正しいものを組み合わせたのは次のうちどれか。

	(ア)	(イ)	(ウ)
(1)	電機子電流	電機子反作用	2　乗
(2)	電機子電流	機械的損失	2　乗
(3)	電機子電圧	電機子反作用	1　乗
(4)	電機子電圧	機械的損失	1　乗
(5)	電機子電圧	電機子反作用	2　乗

H15-A1

	①	②	③	④	⑤
学習日					
理解度 (○/△/×)					

解説

(ア) 電動機のトルクは$T = K_2 \phi I_a$で表される。分巻電動機は界磁磁束ϕが一定なので，トルクTは**電機子電流**I_aに比例する。

(イ) 電機子電流が大きくなると，**電機子反作用**が大きくなり，磁束が減少する。

(ウ) 直巻電動機は，未飽和領域で界磁磁束が電機子電流（負荷電流）に比例するので，トルクは$T = K_2 \phi I_a = kI_a^2$（$k$は定数）となり，電機子電流の**2乗**に比例する。

よって，(1)が正解。

解答… (1)

ポイント

分巻電動機と直巻電動機のトルク曲線は次のようになります。

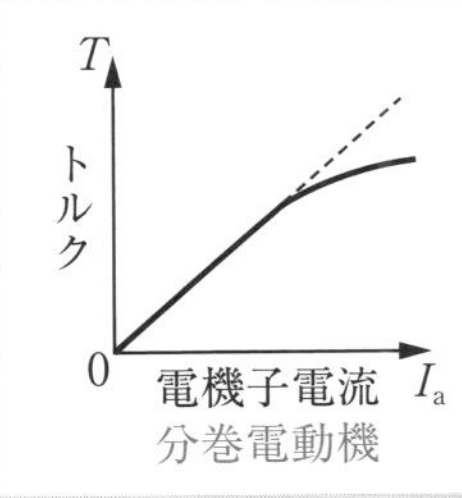

分巻電動機

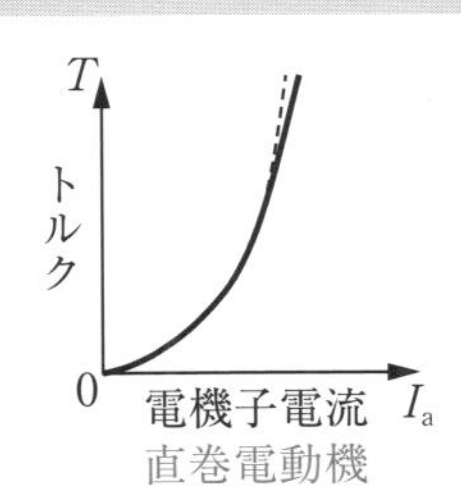

直巻電動機

難易度 C

直巻電動機のトルク特性と回転速度

教科書 SECTION 03

問題19 次の図は直流電動機の特性を示したものである。横軸を負荷電流I[A]，縦軸をトルクT[N·m]と回転速度n[min^{-1}]としたとき，特性を正しく表示している図は次のうちどれか。

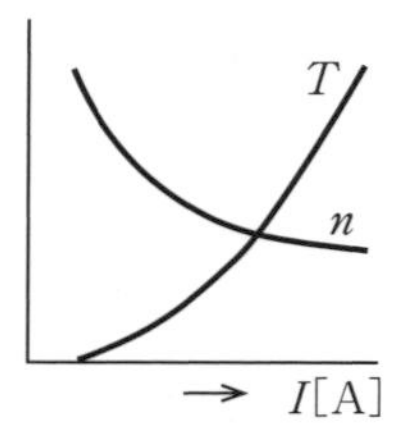

(1) 直巻電動機

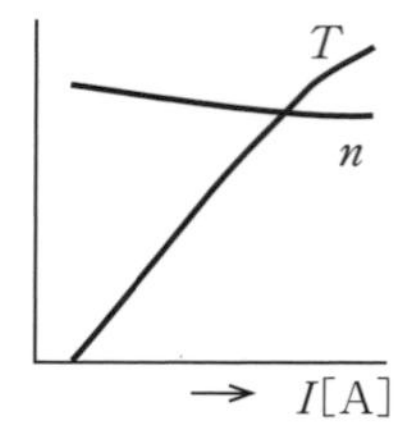

(2) 複巻電動機(和動)

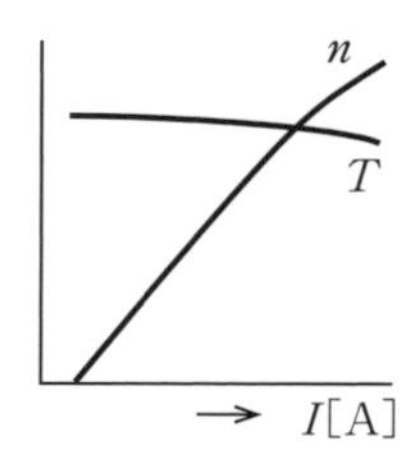

(3) 分巻電動機

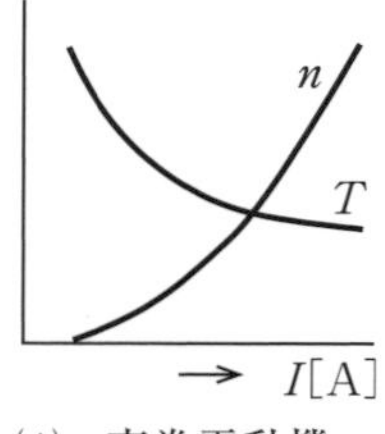

(4) 直巻電動機

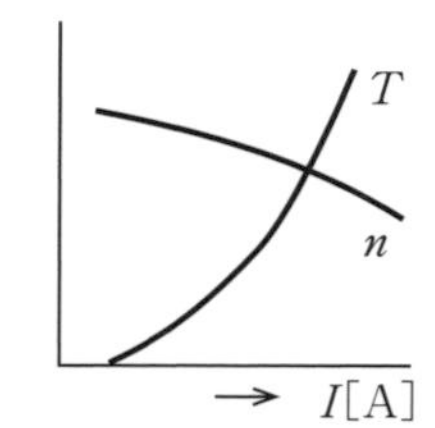

(5) 分巻電動機

H17-A1

	①	②	③	④	⑤
学習日					
理解度 (○/△/×)					

解説

誘導起電力をE_a[V]，界磁磁束をϕ[Wb]，電機子電流をI_a[A]とすると，直巻電動機の回転速度nとトルクTは次のように表すことができる。

$$n = \frac{E_a}{K_1\phi}\,[\mathrm{min}^{-1}] \qquad T = K_2\phi I_a\,[\mathrm{N\cdot m}]$$

電源電圧をV[V]，電機子抵抗をr_a[Ω]，界磁抵抗をr_f[Ω]とすると，

$E_a = V - (r_a + r_f)I_a$であるため，

$$n = \frac{V - (r_a + r_f)I_a}{K_1\phi}\,[\mathrm{min}^{-1}]$$

直巻電動機の場合，I = 界磁電流$I_f = I_a$であり，負荷電流が小さいときは，kを比例定数として$\phi = kI$であるから，

$$n = \frac{V - (r_a + r_f)I}{K_1 kI} = \frac{V}{K_1 kI} - \frac{r_a + r_f}{K_1 k}\,[\mathrm{min}^{-1}] \qquad T = K_2 kI^2\,[\mathrm{N\cdot m}]$$

したがって，特性曲線は下図のようになる。

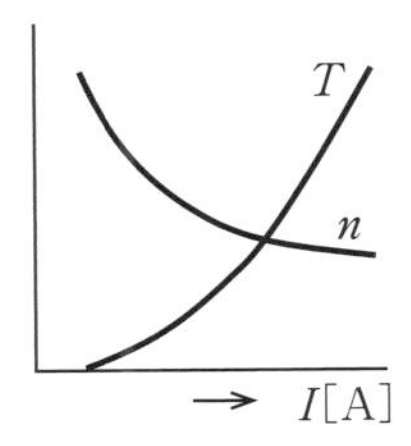

よって，(1)が正解。

解答… (1)

ポイント

分巻電動機の場合，磁束ϕが一定で，負荷状態では$I_a \fallingdotseq I$となるから

$$n \fallingdotseq \frac{V - r_a I}{K_1\phi}\,[\mathrm{min}^{-1}] \qquad T \fallingdotseq K_2\phi I\,[\mathrm{N\cdot m}]$$

よって，特性曲線は下図のようになります。

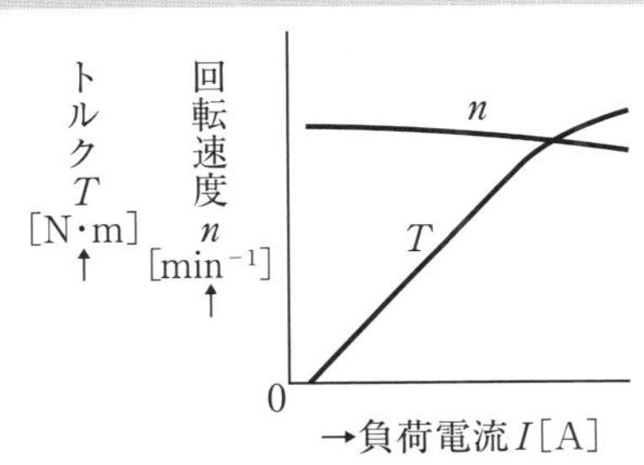

難易度 C

電動機における直列抵抗と電機子電流の関係

教科書 SECTION 03

問題20 直流他励電動機の電機子回路に直列抵抗0.8 Ωを接続して電圧120 Vの直流電源で始動したところ，始動直後の電機子電流は120 Aであった。電機子電流が40 Aになったところで直列抵抗を0.3 Ωに切り換えた。インダクタンスが無視でき，電流が瞬時に変化するものとして，切換え直後の電機子電流[A]の値として，最も近いものを次の(1)〜(5)のうちから一つ選べ。

ただし，切換え時に電動機の回転速度は変化しないものとする。また，ブラシによる電圧降下及び電機子反作用はないものとし，電源電圧及び界磁電流は一定とする。

(1) 60 (2) 80 (3) 107 (4) 133 (5) 240

H24-A2

	①	②	③	④	⑤
学習日					
理解度 (○/△/×)					

解説

始動直後の電動機の電機子部分の等価回路は下図となる。

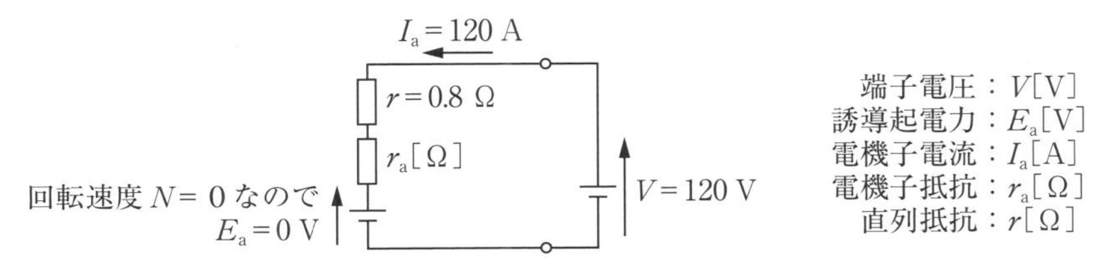

始動直後の電機子電流が$I_a = 120$ Aであることから，電機子抵抗r_a[Ω]は，

$$r_a + 0.8 = \frac{V}{I_a} = \frac{120}{120}$$

$$\therefore r_a = 1 - 0.8 = 0.2\ \Omega$$

次に，電機子電流が$I_a' = 40$ Aになったときの電動機の電機子部分の等価回路は下図となる。

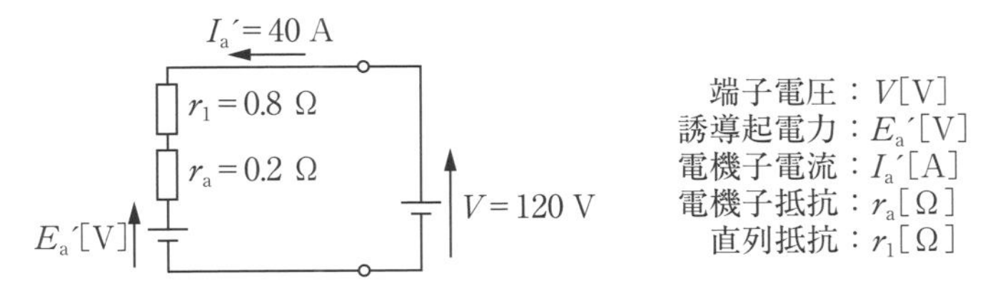

$E_a = V - r_a I_a$より，このときの誘導起電力E_a'[V]は，

$$E_a' = V - (r_a + r_1)I_a' = 120 - (0.2 + 0.8) \times 40 = 80\ \text{V}$$

直列抵抗を$r_2 = 0.3$ Ωに切り換えたときの電動機の電機子部分の等価回路は下図となる。

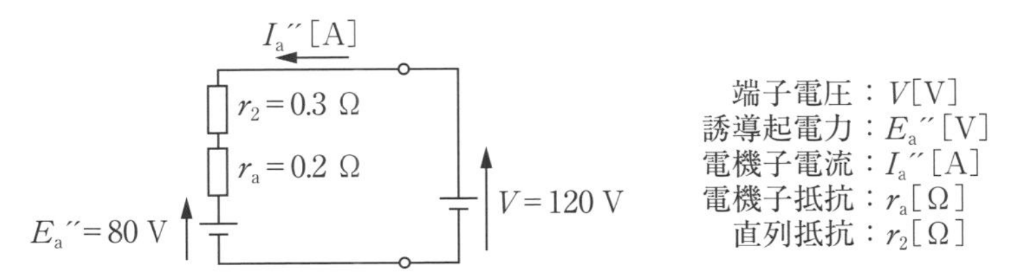

直列抵抗を$r_2 = 0.3$ Ωに切り換えた直後の電機子電流I_a''[A]の値は，

$$I_a'' = \frac{V - E_a''}{r_a + r_2} = \frac{120 - 80}{0.2 + 0.3} = 80\ \text{A}$$

よって，(2)が正解。

解答… (2)

難易度 B

直流電動機の特性

教科書 SECTION 03

問題21 直流電動機に関する記述として，誤っているものを次の(1)～(5)のうちから一つ選べ。

(1) 分巻電動機は，端子電圧を一定として機械的な負荷を増加したとき，電機子電流が増加し，回転速度は，わずかに減少するがほぼ一定である。このため，定速度電動機と呼ばれる。

(2) 分巻電動機の速度制御の方法の一つとして界磁制御法がある。これは，界磁巻線に直列に接続した界磁抵抗器によって界磁電流を調整して界磁磁束の大きさを変え，速度を制御する方法である。

(3) 直巻電動機は，界磁電流が負荷電流（電動機に流れる電流）と同じである。このため，未飽和領域では界磁磁束が負荷電流に比例し，トルクも負荷電流に比例する。

(4) 直巻電動機は，負荷電流の増域によって回転速度が大きく変わる。トルクは，回転速度が小さいときに大きくなるので，始動時のトルクが大きいという特徴があり，クレーン，巻上機などの電動機として適している。

(5) 複巻電動機には，直巻界磁巻線及び分巻界磁巻線が施され，合成界磁磁束が直巻界磁磁束と分巻界磁磁束との和になっている構造の和動複巻電動機と，差になっている構造の差動複巻電動機とがある。

H25-A1

	①	②	③	④	⑤
学習日					
理解度 (○/△/×)					

解説

(3) 直巻電動機は，界磁電流I_f[A]と負荷電流I[A]が同じなので，磁気飽和していない（未飽和）ときは，$\dfrac{起磁力NI}{磁気抵抗R_m}$=磁束ϕより，界磁磁束ϕ[Wb]が負荷電流に比例する。

したがって，トルクT[N･m]は，

$$T=K_2\phi I=K_2\frac{N}{R_m}I^2[\text{N}\cdot\text{m}]$$

となり，**負荷電流の２乗に比例**する。したがって，記述は**誤り**である。

よって，(3)が正解。

解答… (3)

ポイント

直巻電動機の関係式は次のとおりです。

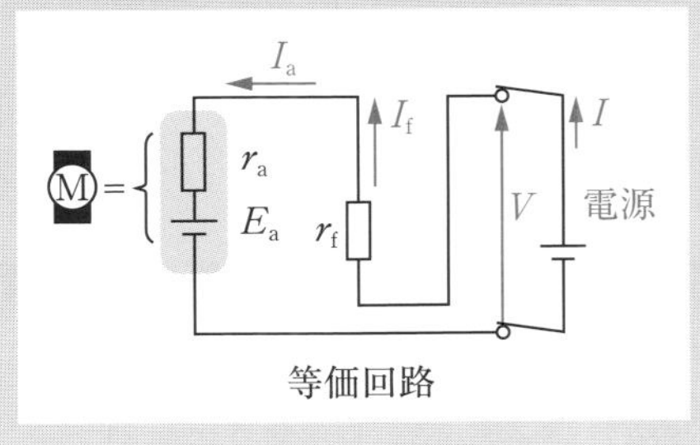

$E_a=V-(r_a+r_f)I_a$[V]
$I_a=I_f=I$[A]

入力電力と定格出力の関係及び電動機の始動電流制御

教科書 SECTION 03

問題22 定格出力2.2 kW，定格回転速度1 500 min^{-1}，定格電圧100 Vの直流分巻電動機がある。始動時の電機子電流を全負荷時の1.5倍に抑えるため電機子巻線に直列に挿入すべき抵抗[Ω]の値として，最も近いのは次のうちどれか。

ただし，全負荷時の効率は85 %，電機子回路の抵抗は0.15 Ω，界磁電流は2 Aとする。

(1) 2.43　(2) 2.58　(3) 2.64　(4) 2.79　(5) 3.18

H16-A1

	①	②	③	④	⑤
学習日					
理解度 (○/△/×)					

解説

全負荷時の効率 η が85 %であるから，効率 $=\dfrac{出力}{入力}\times 100$ より，入力電力 P[kW]は，

$$85=\frac{2.2\times 10^3}{P}\times 100$$

$$\therefore P\fallingdotseq 2.59\times 10^3\ \mathrm{W}=2.59\ \mathrm{kW}$$

定格電圧を V[V]とすると，$P=VI$ より，全負荷時の負荷電流 I[A]は，

$$I=\frac{P}{V}=\frac{2.59\times 10^3}{100}=25.9\ \mathrm{A}$$

界磁電流 I_f が2 Aであるから，$I=I_f+I_a$ より，分巻電動機の全負荷時の電機子電流 I_a[A]は，

$$I_a=I-I_f=25.9-2=23.9\ \mathrm{A}$$

始動時の電機子電流 I_a' を全負荷時の1.5倍に抑えるため，電機子巻線に直列に挿入すべき抵抗 R[Ω]は，始動時の誘導起電力が0であるから，電機子回路の抵抗を r_a[Ω]とすると，オームの法則より，

$$I_a'=1.5I_a=\frac{V}{r_a+R}$$

$$r_a+R=\frac{V}{1.5I_a}$$

$$\therefore R=\frac{V}{1.5I_a}-r_a=\frac{100}{1.5\times 23.9}-0.15\fallingdotseq 2.64\ \Omega$$

よって，(3)が正解。

解答… (3)

分巻電動機の関係式は次のとおりです。

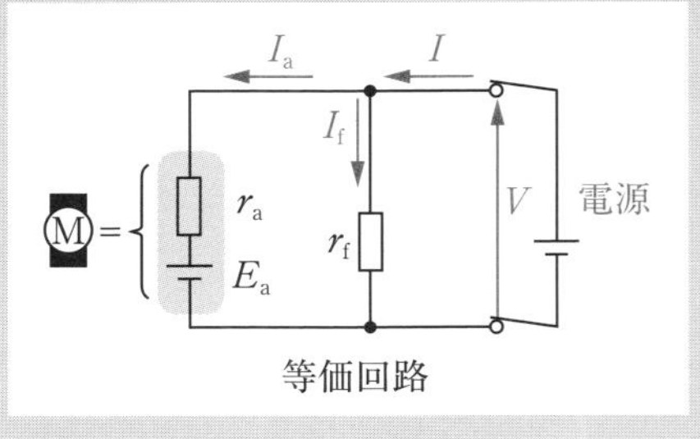

等価回路

$E_a=V-r_aI_a$[V]

$I_f=\dfrac{V}{r_f}$[A]

$I_a=I-I_f$[A]

CHAPTER 02

変圧器

難易度 A 二次側諸量の一次側への換算

教科書 SECTION 02

問題23 次の文章は，単相変圧器の簡易等価回路に関する記述である。

変圧器の電気的な特性を考える場合，等価回路を利用すると都合がよい。また，等価回路は負荷も含めた電気回路として考えると便利であり，特に二次側の諸量を一次側に置き換え，一次側の回路はそのままとした「一次側に換算した簡易等価回路」は広く利用されている。

一次巻線の巻数をN_1，二次巻線の巻数をN_2とすると，巻数比aは$a=\dfrac{N_1}{N_2}$で表され，このaを使用すると二次側諸量の一次側への換算は以下のように表される。

$\dot{V}_2'$：二次電圧$\dot{V}_2$を一次側に換算したもの　$\dot{V}_2' =$ [(ア)] $\cdot \dot{V}_2$

$\dot{I}_2'$：二次電流$\dot{I}_2$を一次側に換算したもの　$\dot{I}_2' =$ [(イ)] $\cdot \dot{I}_2$

r_2'：二次抵抗r_2を一次側に換算したもの　$r_2' =$ [(ウ)] $\cdot r_2$

x_2'：二次漏れリアクタンスx_2を一次側に換算したもの　$x_2' =$ [(エ)] $\cdot x_2$

$\dot{Z}_L'$：負荷インピーダンス$\dot{Z}_L$を一次側に換算したもの　$\dot{Z}_L' =$ [(オ)] $\cdot \dot{Z}_L$

ただし，′（ダッシュ）の付いた記号は，二次側諸量を一次側に換算したものとし，′（ダッシュ）のない記号は二次側諸量とする。

上記の記述中の空白箇所(ア)，(イ)，(ウ)，(エ)及び(オ)に当てはまる組合せとして，正しいものを次の(1)～(5)のうちから一つ選べ。

	(ア)	(イ)	(ウ)	(エ)	(オ)
(1)	a	$\dfrac{1}{a}$	a^2	a^2	a^2
(2)	$\dfrac{1}{a}$	a	a^2	a^2	a
(3)	a	$\dfrac{1}{a}$	$\dfrac{1}{a^2}$	$\dfrac{1}{a^2}$	$\dfrac{1}{a^2}$
(4)	$\dfrac{1}{a}$	a	$\dfrac{1}{a^2}$	$\dfrac{1}{a^2}$	a^2
(5)	$\dfrac{1}{a}$	a	$\dfrac{1}{a^2}$	$\dfrac{1}{a^2}$	$\dfrac{1}{a^2}$

H26-A7

	①	②	③	④	⑤
学習日					
理解度 (○/△/×)					

解説

二次側を一次側に換算した変圧器の簡易等価回路は，下図のようになる。

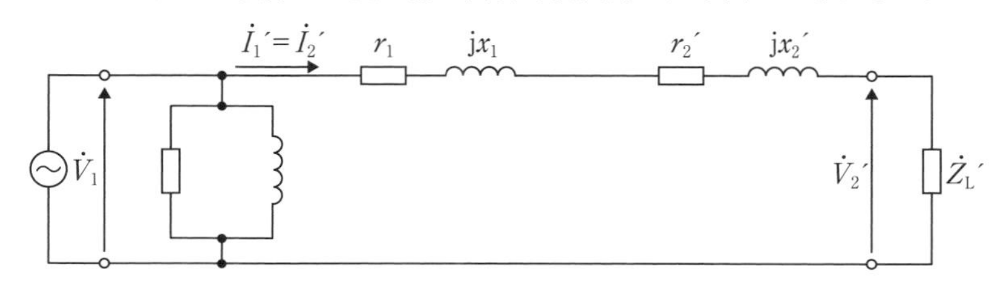

一次端子電圧：$\dot{V}_1$[V]
二次端子電圧を一次側に換算したもの：$\dot{V}_2{}'$[V]
一次電流：$\dot{I}_1{}'$[A]
二次電流を一次側に換算したもの：$\dot{I}_2{}'$[A]
一次抵抗：r_1[Ω]
一次漏れリアクタンス：x_1[Ω]
二次抵抗を一次側に換算したもの：$r_2{}'$[Ω]
二次漏れリアクタンスを一次側に換算したもの：$x_2{}'$[Ω]
負荷インピーダンスを一次側に換算したもの：$\dot{Z}_L{}'$[Ω]

(ア)(イ)　巻数比と電圧比と電流比の公式より，

$$a = \frac{N_1}{N_2} = \frac{\dot{V}_2{}'}{\dot{V}_2} = \frac{\dot{I}_2}{\dot{I}_2{}'}$$

$$\therefore \dot{V}_2{}' = a\dot{V}_2 \qquad \therefore \dot{I}_2{}' = \frac{1}{a}\dot{I}_2$$

(ウ)(エ)(オ)　次に，二次側の負荷インピーダンス$\dot{Z}_L$と二次抵抗r_2と二次漏れリアクタンスx_2を1つにしたものを$\dot{Z}_2$とすると，

$$\dot{Z}_2 = \frac{\dot{V}_2}{\dot{I}_2} = r_2 + \mathrm{j}x_2 + \dot{Z}_L$$

であるから，これを一次側に換算すると，

$$\dot{Z}_2{}' = \frac{\dot{V}_2{}'}{\dot{I}_2{}'} = \frac{a\dot{V}_2}{\frac{1}{a}\dot{I}_2} = a^2\frac{\dot{V}_2}{\dot{I}_2} = a^2\dot{Z}_2 = a^2 r_2 + \mathrm{j}a^2 x_2 + a^2\dot{Z}_L$$

$$\therefore r_2{}' = a^2 r_2 \qquad \therefore x_2{}' = a^2 x_2 \qquad \therefore \dot{Z}_L{}' = a^2\dot{Z}_L$$

以上より，(1)が正解。

解答… (1)

難易度 B

単相変圧器の一次側換算と電圧降下

教科書 SECTION 02

問題24 無負荷で一次電圧6 600 V，二次電圧200 Vの単相変圧器がある。一次巻線抵抗$r_1 = 0.6\ \Omega$，一次巻線漏れリアクタンス$x_1 = 3\ \Omega$，二次巻線抵抗$r_2 = 0.5\ \mathrm{m\Omega}$，二次巻線漏れリアクタンス$x_2 = 3\ \mathrm{m\Omega}$である。計算に当たっては，二次側の諸量を一次側に換算した簡易等価回路を用い，励磁回路は無視するものとして，次の(a)及び(b)の問に答えよ。

(a) この変圧器の一次側に換算したインピーダンスの大きさ[Ω]として，最も近いものを次の(1)～(5)のうちから一つ選べ。

(1) 1.15　(2) 3.60　(3) 6.27　(4) 6.37　(5) 7.40

(b) この変圧器の二次側を200 Vに保ち，容量200 kV·A，力率0.8（遅れ）の負荷を接続した。このときの一次電圧の値[V]として，最も近いものを次の(1)～(5)のうちから一つ選べ。

(1) 6 600　(2) 6 700　(3) 6 740　(4) 6 800　(5) 6 840

H30-B15

	①	②	③	④	⑤
学習日					
理解度 (○/△/×)					

解説

(a)

変圧器の巻数比aは，一次および二次電圧の値を用いて，

$$a=\frac{6600}{200}=33$$

したがって，変圧器の一次側に換算した抵抗r[Ω]および漏れリアクタンスx[Ω]は，

$$r=r_1+a^2r_2=0.6+33^2\times 0.5\times 10^{-3}\fallingdotseq 1.14\ \Omega$$

$$x=x_1+a^2x_2=3+33^2\times 3\times 10^{-3}\fallingdotseq 6.27\ \Omega$$

一次側に換算したインピーダンスの大きさZ[Ω]は，

$$Z=\sqrt{r^2+x^2}=\sqrt{1.14^2+6.27^2}\fallingdotseq 6.37\ \Omega$$

よって，(4)が正解。

(b)

負荷の容量をS[V･A]とすると，負荷を接続したときの二次電流の大きさI_2[A]は，

$$I_2=\frac{S}{V_2}=\frac{200\times 10^3}{200}=1000\ \text{A}$$

ここで，負荷を接続したときの単相変圧器の一次側換算等価回路は，下図のようになる。

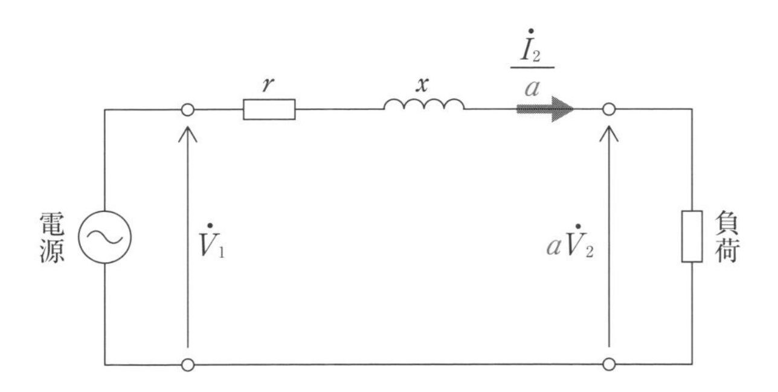

上の回路では，一次電圧を$\dot{V}_1$[V]，一次側に換算した二次電圧および二次電流を巻数比aを用いて，それぞれ$a\dot{V}_2$[V]，$\frac{\dot{I}_2}{a}$[A]として表している。この等価回路にキルヒホッフの電圧則を適用して，

$$\dot{V}_1 = a\dot{V}_2 + (r + \mathrm{j}x)\frac{\dot{I}_2}{a}$$

$$= a\dot{V}_2 + r\frac{\dot{I}_2}{a} + \mathrm{j}x\frac{\dot{I}_2}{a}$$

負荷の力率角を θ [rad]，一次側に換算した二次電圧 $a\dot{V}_2$[V]を基準とすれば，ベクトル図は下図のようになる。

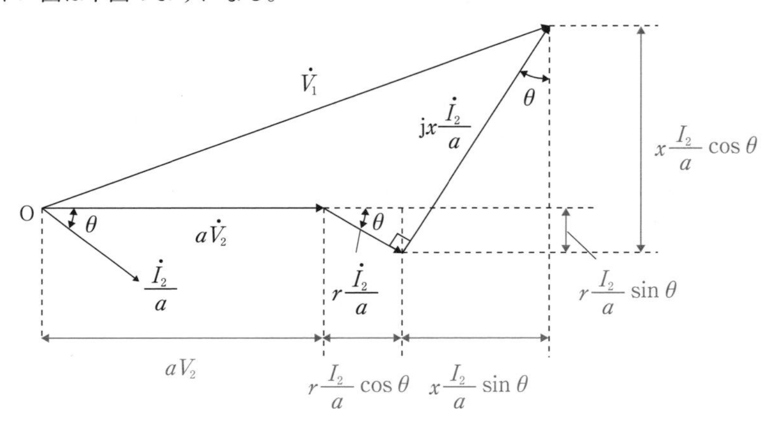

ベクトル図にピタゴラスの定理を適用すると，一次電圧の大きさ V_1[V]は，

$$V_1 = \sqrt{\left(aV_2 + r\frac{I_2}{a}\cos\theta + x\frac{I_2}{a}\sin\theta\right)^2 + \left(x\frac{I_2}{a}\cos\theta - r\frac{I_2}{a}\sin\theta\right)^2}$$

ここで，ベクトル図において $\dot{V}_1$ と $a\dot{V}_2$ の位相差は小さく，上式の第２項は第１項と比較して無視できるほど小さいので，

$$V_1 \fallingdotseq aV_2 + r\frac{I_2}{a}\cos\theta + x\frac{I_2}{a}\sin\theta$$

$$= 33 \times 200 + \frac{1000}{33}(1.14 \times 0.8 + 6.27 \times \sqrt{1 - 0.8^2})$$

$$\fallingdotseq 6740 \text{ V}$$

よって，(3)が正解。

解答… (a)(4)　(b)(3)

ポイント

一般的に，変圧器は一次電圧と二次電圧の位相差が小さく，一次電圧と二次電圧を同相とみなして計算しても誤差が小さくて済みます。

難易度 B

定格電流と負荷電流

教科書 SECTION 03

問題25 定格容量20 kV·A，定格一次電圧6 600 V，定格二次電圧220 Vの単相変圧器がある。この変圧器の一次側に定格電圧の電源を接続し，二次側に力率が0.8，インピーダンスが2.5 Ωである負荷を接続して運転しているときの一次巻線に流れる電流をI_1[A]とする。定格運転時の一次巻線に流れる電流をI_{1r}[A]とするとき，$\dfrac{I_1}{I_{1r}}\times 100$[%]の値として，最も近いのは次のうちどれか。

ただし，一次・二次巻線の銅損，鉄心の鉄損，励磁電流及びインピーダンス降下は無視できるものとする。

(1) 89　(2) 91　(3) 93　(4) 95　(5) 97

H18-A6

	①	②	③	④	⑤
学習日					
理解度 (○/△/×)					

解説

定格一次電流 $= \dfrac{\text{定格容量}}{\text{定格一次電圧}}$ より，定格運転時に一次巻線に流れる電流 I_{1r}[A]は，

$$I_{1r} = \frac{20 \times 10^3}{6600} \fallingdotseq 3.03 \text{ A}$$

一次側換算後の二次側インピーダンス Z_1[Ω]は，

$$Z_1 = 2.5 \times \left(\frac{6600}{220}\right)^2 = 2250 \text{ Ω}$$

オームの法則 $I = \dfrac{V}{Z}$ より，一次巻線に流れる電流 I_1[A]は，

$$I_1 = \frac{6600}{2250} \fallingdotseq 2.93 \text{ A}$$

したがって，

$$\frac{I_1}{I_{1r}} \times 100 = \frac{2.93}{3.03} \times 100 \fallingdotseq 97 \text{ \%}$$

よって，(5)が正解。

解答… (5)

ポイント

変圧器が負荷に供給できる皮相電力を変圧器の容量（もしくは定格容量）といいます。

ポイント

二次側のインピーダンスを一次側に換算すると，$E_1 = aE_2$，$I_1 = \dfrac{I_2}{a}$ より，換算後は a^2 倍になります。

難易度 B

力率と電圧降下

教科書 SECTION 03

問題26 単相変圧器があり，二次側を開放して電流を流さない場合の二次電圧の大きさを100 %とする。二次側にリアクトルを接続して力率0の電流を流した場合，二次電圧は5 %下がって95 %であった。二次側に抵抗器を接続して，前述と同じ大きさの力率1の電流を流した場合，二次電圧は2 %下がって98 %であった。一次巻線抵抗と一次換算した二次巻線抵抗との和は10 Ωである。鉄損及び励磁電流は小さく，無視できるものとする。ベクトル図を用いた電圧変動率の計算によく用いられる近似計算を利用して，一次漏れリアクタンスと一次換算した二次漏れリアクタンスとの和[Ω]の値を求めた。その値として，最も近いものを次の(1)～(5)のうちから一つ選べ。

(1) 5　(2) 10　(3) 15　(4) 20　(5) 25

H24-A7

	①	②	③	④	⑤
学習日					
理解度 (○/△/×)					

解説

変圧器の百分率抵抗降下をp[%]，百分率リアクタンス降下をq[%]，負荷の力率角をθ（遅れ）とすると，電圧変動率εの近似式より，

$$\varepsilon = p\cos\theta + q\sin\theta \ [\%]$$

ただし，二次端子の定格電流・定格電圧をそれぞれI_{2n}[A]，V_{2n}[V]，一次巻線抵抗と一次換算した二次巻線抵抗との和をr[Ω]，一次漏れリアクタンスと一次換算した二次漏れリアクタンスとの和をx[Ω]としたとき，$p = \frac{rI_{2n}}{V_{2n}} \times 100$，$q = \frac{xI_{2n}}{V_{2n}} \times 100$である。

力率0のとき，$\cos\theta = 0$，$\sin\theta = 1$であり，電圧変動率εは5％なので，

$$5 = p \times 0 + q \times 1 \quad \therefore q = 5\ \%$$

力率1のとき，$\cos\theta = 1$，$\sin\theta = 0$であり，電圧変動率εは2％なので，

$$2 = p \times 1 + q \times 0 \quad \therefore p = 2\ \%$$

$$p : q = \frac{rI_{2n}}{V_{2n}} \times 100 : \frac{xI_{2n}}{V_{2n}} \times 100$$

$$= r : x = 2 : 5$$

$$\therefore x = r \times \frac{5}{2}$$

一次巻線抵抗と一次換算した二次巻線抵抗との和は$r = 10\ \Omega$であるから，

$$x = 10 \times 2.5 = 25\ \Omega$$

よって，(5)が正解。

解答… (5)

ポイント

電圧変動率εは，変圧器の二次端子電圧が接続する負荷によってどの程度変化するかを表すもので，無負荷時の二次端子電圧V_{20}と定格運転時の二次端子電圧V_{2n}を用いて

$$\varepsilon = \frac{V_{20} - V_{2n}}{V_{2n}} \times 100 \fallingdotseq p\cos\theta + q\sin\theta [\%]$$

と表すことができます。

難易度 A 損失の種類と性質

教科書 SECTION 04

問題27 次の文章は，交流電気機器の損失に関する記述である。

a．磁束が作用して鉄心の電気抵抗に発生する［ (ア) ］は，鉄心に電流が流れにくいように薄い鉄板を積層して低減する。

b．コイルの電気抵抗に電流が作用して発生する［ (イ) ］は，コイルに電流が流れやすいように導体の断面積を大きくして低減する。

c．磁性材料を通る磁束が変動すると発生する［ (ウ) ］，及び変圧器には存在しない［ (エ) ］は，機器に負荷をかけなくても存在するので無負荷損と称する。

d．最大磁束密度一定の条件で［ (オ) ］は周波数に比例する。

上記の記述中の空白箇所(ア)，(イ)，(ウ)，(エ)及び(オ)に当てはまる組合せとして，正しいものを次の(1)～(5)のうちから一つ選べ。

	(ア)	(イ)	(ウ)	(エ)	(オ)
(1)	渦電流損	銅　損	鉄　損	機械損	ヒステリシス損
(2)	ヒステリシス損	渦電流損	鉄　損	機械損	励磁損
(3)	渦電流損	銅　損	機械損	鉄　損	ヒステリシス損
(4)	ヒステリシス損	渦電流損	機械損	鉄　損	励磁損
(5)	渦電流損	銅　損	機械損	鉄　損	励磁損

H23-A6

	①	②	③	④	⑤
学習日					
理解度 (○/△/×)					

解説

a．(ア)**渦電流損**は鉄心の中に渦電流が生じ，ジュール熱が発生することによる損失で，薄い鉄板を積層することで損失を小さくすることができる。

b．(イ)**銅損**は巻線を流れる電流によって生じるジュール熱のことで，抵抗を小さくすることで低減できる。

c．変圧器の無負荷損はおもに(ウ)**鉄損**であるが，回転機の場合は，これに(エ)**機械損**をあわせたものが無負荷損となる。

d．(オ)**ヒステリシス損**P_hは$P_h = \sigma_h \frac{f}{100} B_m^{1.6\sim2}$[W/kg]で表されるので，最大磁束密度$B_m$が一定のとき，周波数$f$に比例する。

よって，(1)が正解。

解答… (1)

ポイント

渦電流損P_eは，電圧の波形率k_f，鉄板の厚さt，最大磁束密度B_mを用いて

$$P_e = \sigma_e (k_f t \frac{f}{100} B_m)^2 \text{[W/kg]}$$

と表されます。σ_eは比例定数であり，材料によって決まる定数です。

ヒステリシス損のσ_hも材料によって決まる定数で一定です。

難易度 **B**

無負荷試験と短絡試験

教科書 SECTION 04

問題28 定格容量10 kV・A，定格一次電圧1 000 V，定格二次電圧100 Vの単相変圧器で無負荷試験及び短絡試験を実施した。高圧側の回路を開放して低圧側の回路に定格電圧を加えたところ，電力計の指示は80 Wであった。次に，低圧側の回路を短絡して高圧側の回路にインピーダンス電圧を加えて定格電流を流したところ，電力計の指示は120 Wであった。

(a) 巻線の高圧側換算抵抗[Ω]の値として，最も近いものを次の(1)～(5)のうちから一つ選べ。

(1) 1.0　(2) 1.2　(3) 1.4　(4) 1.6　(5) 2.0

(b) 力率 $\cos\phi = 1$ の定格運転時の効率[%]の値として，最も近いものを次の(1)～(5)のうちから一つ選べ。

(1) 95　(2) 96　(3) 97　(4) 98　(5) 99

H25-B15

	①	②	③	④	⑤
学習日					
理解度 (○/△/×)					

解説

(a)　定格一次電流 $= \dfrac{定格容量}{定格一次電圧}$ より，定格一次電流 I_{1n}[A]は，

$$I_{1n} = \frac{P_n}{V_{1n}} = \frac{10 \times 10^3}{1000} = 10\ \mathrm{A}$$

したがって，定格電流を流したときの銅損を P_{cn}[W]とすると，$P_{cn} = RI_{1n}{}^2$ より，高圧側換算抵抗 R[Ω]は，

$$R = \frac{P_{cn}}{I_{1n}{}^2} = \frac{120}{10^2} = 1.2\ \Omega$$

よって，(2)が正解。

(b)　無負荷試験の電力計の指示より，鉄損 $P_i = 80$ W である。また，定格電流を流したときの銅損 P_{cn} は短絡試験の電力計の指示より，$P_{cn} = 120$ W である。

したがって，定格負荷を P_n[V・A]とすると，力率 $\cos\phi = 1$ の定格運転時の効率 η[%]は，

$$\eta = \frac{P_n}{P_n + P_i + P_{cn}} \times 100 = \frac{10 \times 10^3 \times 1}{10 \times 10^3 \times 1 + 80 + 120} \times 100 \fallingdotseq 98\ \%$$

よって，(4)が正解。

解答… (a)(2)　(b)(4)

無負荷試験とは，一般的に変圧器の高圧側を開放し低圧側に定格電圧を加える試験のことです。短絡試験とは，変圧器の低圧側を短絡し高圧側から定格電流を流す試験のことです。短絡試験時に高圧側に加える電圧をインピーダンス電圧といいます。

ポイント

無負荷損は，変圧器の二次側に負荷を接続せず，一次側に電源を接続しただけで発生する損失で，その大部分は鉄損です。負荷損は，負荷電流が流れることによって生じる損失で，その大部分は銅損です。

難易度 C

変圧器の負荷率と損失の関係

教科書 SECTION 04

問題29 ある単相変圧器の負荷が，全負荷の$\frac{1}{2}$のときに効率が最大になるという。この変圧器の負荷が全負荷の$\frac{3}{4}$のときの銅損P_cと鉄損P_iの比$\left(\frac{P_c}{P_i}\right)$の値として，正しいのは次のうちどれか。

ただし，二次電圧及び負荷力率は一定とする。

(1) 0.56　(2) 1.13　(3) 1.50　(4) 2.25　(5) 3.00

H13-A6

	①	②	③	④	⑤
学習日					
理解度 (○/△/×)					

解説

全負荷の銅損をP_{cn}とすると，全負荷の$\frac{1}{2}$のとき，鉄損と銅損が等しくなるから，

$$P_i = \left(\frac{1}{2}\right)^2 P_{cn}$$

次に，全負荷の$\frac{3}{4}$のとき，銅損$P_c = \left(\frac{3}{4}\right)^2 P_{cn}$となるから，銅損と鉄損の比は，

$$\frac{P_c}{P_i} = \frac{\frac{9}{16}P_{cn}}{\frac{1}{4}P_{cn}} = \frac{9}{4} = 2.25$$

よって，(4)が正解。

解答… (4)

ポイント

銅損P_cは負荷電流の２乗に比例して変化するので，定格容量の$\frac{1}{n}$倍で運転すると，その銅損は，定格容量で運転したときの銅損P_{cn}の$\left(\frac{1}{n}\right)^2$倍になります。

$$P_c = \left(\frac{1}{n}\right)^2 P_{cn}$$

難易度 B

変圧器の無負荷損

教科書 SECTION 04

問題30 単相変圧器がある。定格二次電圧200 Vにおいて，二次電流が250 Aのときの全損失が1 525 Wであり，また，二次電流が150 Aのときの全損失が1 125 Wであった。この変圧器の無負荷損[W]の値として，最も近いものを次の(1)～(5)のうちから一つ選べ。

(1) 400　(2) 525　(3) 576　(4) 900　(5) 1 000

R4下-A8

	①	②	③	④	⑤
学習日					
理解度 (○/△/×)					

解説

変圧器の無負荷損をP_i[W]，二次電流が250 Aのときの負荷損をP_c[W]とすると，全損失について次の式が成り立つ。

$$P_i + P_c = 1525 \text{ W} \cdots ①$$

$$P_i + \left(\frac{150}{250}\right)^2 P_c = P_i + \frac{9}{25} P_c = 1125 \text{ W} \cdots ②$$

$② - ① \times \frac{9}{25}$より，

$$\frac{16}{25} P_i = 576$$

したがってP_iは，

$$P_i = 576 \times \frac{25}{16} = 900 \text{ W}$$

よって，(4)が正解。

解答… (4)

CH 02 変圧器

難易度 A

変圧器の最大効率

問題31 単相変圧器があり，負荷86 kW，力率1.0で使用したときに最大効率98.7 %が得られる。この変圧器について，次の(a)及び(b)に答えよ。

(a) この変圧器の無負荷損[W]の値として，最も近いのは次のうちどれか。

(1) 466 (2) 566 (3) 667 (4) 850 (5) 1 133

(b) この変圧器を負荷20 kW，力率1.0で使用したときの効率[%]の値として，最も近いのは次のうちどれか。

(1) 94.4 (2) 95.7 (3) 96.6 (4) 97.1 (5) 97.6

H15-B16

	①	②	③	④	⑤
学習日					
理解度 (○/△/×)					

解説

(a) 負荷を $P\cos\theta = 86 \times 10^3$ W，無負荷損を P_i[W]，最大効率時の負荷損を P_c[W] とすると，最大効率 η_m[%]が得られるのは P_i と P_c が等しいときであるから，

$$\eta_m = \frac{P\cos\theta}{P\cos\theta + P_i + P_c} \times 100 = \frac{86 \times 10^3}{86 \times 10^3 + 2P_i} \times 100 = 98.7\ \%$$

$$\frac{86 \times 10^3}{86 \times 10^3 + 2P_i} = 0.987$$

$$86 \times 10^3 + 2P_i = 86 \times 10^3 \times \frac{1}{0.987}$$

$$\therefore P_i = \frac{1}{2}\left(86 \times 10^3 \times \frac{1}{0.987} - 86 \times 10^3\right)$$

$$= \frac{1}{2} \times 86 \times 10^3 \times \left(\frac{1}{0.987} - 1\right) \fallingdotseq 566\ \mathrm{W}$$

よって，(2)が正解。

(b) 無負荷損は負荷によらず一定であるが，負荷損は負荷率の２乗に比例して変化するので，負荷20 kW，力率1.0で使用したときの負荷損 P_c' [W]は，

$$P_c' = 566 \times \left(\frac{20}{86}\right)^2 \fallingdotseq 30.6\ \mathrm{W}$$

したがって，負荷20 kW，力率1.0で使用したときの効率 η [%]の値は，

$$\eta = \frac{20 \times 10^3}{20 \times 10^3 + 566 + 30.6} \times 100 \fallingdotseq 97.1\ \%$$

よって，(4)が正解。

解答… (a)(2) (b)(4)

難易度 B

変圧器の最大効率と全負荷運転

教科書 SECTION 04

問題32 定格容量50 kV·Aの単相変圧器がある。この変圧器を定格電圧，力率100 %，全負荷の$\frac{3}{4}$の負荷で運転したとき，鉄損と銅損が等しくなり，そのときの効率は98.2 %であった。この変圧器について，次の(a)及び(b)に答えよ。

ただし，鉄損と銅損以外の損失は無視できるものとする。

(a) この変圧器の鉄損[W]の値として，最も近いのは次のうちどれか。

(1) 344　(2) 382　(3) 425　(4) 472　(5) 536

(b) この変圧器を全負荷，力率100 %で運転したときの銅損[W]の値として，最も近いのは次のうちどれか。

(1) 325　(2) 453　(3) 579　(4) 611　(5) 712

H20-B16

	①	②	③	④	⑤
学習日					
理解度 (○/△/×)					

解説

(a) 定格負荷をP_n[V・A]，力率を$\cos\theta$とすると，全負荷の$\frac{3}{4}$の負荷で運転したとき，最大効率η_mが98.2 %となるから，

$$\eta_m = \frac{\frac{3}{4}P_n\cos\theta}{\frac{3}{4}P_n\cos\theta + 2P_i} \times 100 = \frac{\frac{3}{4} \times 50 \times 10^3 \times 1}{\frac{3}{4} \times 50 \times 10^3 \times 1 + 2P_i} \times 100 = 98.2\ \%$$

したがって，鉄損P_i[W]は，

$$P_i = \frac{1}{2} \times \frac{3}{4} \times 50 \times 10^3 \times \left(\frac{1}{0.982} - 1\right) \fallingdotseq 343.7 \rightarrow 344\ \mathrm{W}$$

よって，(1)が正解。

(b) 最大効率のとき鉄損と銅損が等しくなるので，(a)の結果より，全負荷で運転したときの銅損P_{cn}[W]は，

$$\left(\frac{3}{4}\right)^2 P_{cn} = P_i = 343.7\ \mathrm{W}$$

$$\therefore P_{cn} = 343.7 \times \frac{16}{9} \fallingdotseq 611\ \mathrm{W}$$

よって，(4)が正解。

解答… (a)(1) (b)(4)

難易度 B 電圧の変動と効率の関係

教科書 SECTION 04

問題33 次の文章は，変圧器の損失と効率に関する記述である。

電圧一定で出力を変化させても，出力一定で電圧を変化させても，変圧器の効率の最大は鉄損と銅損とが等しいときに生じる。ただし，変圧器の損失は鉄損と銅損だけとし，負荷の力率は一定とする。

a．出力1 000 Wで運転している単相変圧器において鉄損が40.0 W，銅損が40.0 W発生している場合，変圧器の効率は［ (ア) ］%である。

b．出力電圧一定で出力を500 Wに下げた場合の鉄損は40.0 W，銅損は［ (イ) ］W，効率は［ (ウ) ］%となる。

c．出力電圧が20 %低下した状態で，出力1 000 Wの運転をしたとすると鉄損は25.6 W，銅損は［ (エ) ］W，効率は［ (オ) ］%となる。ただし，鉄損は電圧の2乗に比例するものとする。

上記の記述中の空白箇所(ア)，(イ)，(ウ)，(エ)及び(オ)に当てはまる最も近い数値の組合せを，次の(1)〜(5)のうちから一つ選べ。

	(ア)	(イ)	(ウ)	(エ)	(オ)
(1)	94	20.0	89	61.5	91
(2)	93	10.0	91	62.5	92
(3)	94	20.0	89	63.5	91
(4)	93	10.0	91	50.0	93
(5)	92	20.0	89	61.5	91

H23-A7

	①	②	③	④	⑤
学習日					
理解度 (○/△/×)					

解説

a．変圧器の最大効率 η_m[%]は，出力を P[W]，鉄損を P_i[W]，銅損を P_c[W]とすると，

$$\eta_m = \frac{P}{P + P_i + P_c} \times 100 = \frac{1000}{1000 + 40.0 + 40.0} \times 100 \fallingdotseq 92.6\ \% \cdots (ア)$$

b．銅損は出力の２乗に比例するので，出力を500 Wに下げた場合の銅損 P_{c2}[W]は，

$$P_{c2} = \left(\frac{500}{1000}\right)^2 \times 40.0 = 10.0\ \mathrm{W} \cdots (イ)$$

であるから，この場合の効率 η_2[%]は，

$$\eta_2 = \frac{500}{500 + 40.0 + 10.0} \times 100 \fallingdotseq 90.9\ \% \cdots (ウ)$$

c．出力電圧が80％で，出力1000 Wの運転をする場合，負荷電流は $\frac{1}{0.8} = 1.25$ 倍になるから，銅損 P_{c3}[W]は，同様に，

$$P_{c3} = 1.25^2 \times 40.0 = 62.5\ \mathrm{W} \cdots (エ)$$

したがって，効率 η_3[%]は，

$$\eta_3 = \frac{1000}{1000 + 25.6 + 62.5} \times 100 \fallingdotseq 91.9\ \% \cdots (オ)$$

よって，(2)が正解。

解答… (2)

ポイント

効率の公式は，出力を P，鉄損を P_i，銅損を P_c とすると

$$\eta = \frac{P}{P + P_i + P_c} \times 100[\%]$$

となります。銅損 P_c は負荷電流の２乗に比例して変化します。

難易度 A

変圧器の全日効率

教科書 SECTION 04

問題34 定格容量100 kV·Aの変圧器があり，負荷が定格容量の1/2の大きさで力率1のときに，最大効率98.5 %が得られる。この変圧器について，次の(a)及び(b)に答えよ。

(a) 最大効率98.5 %が得られるときの銅損[W]の値として，最も近いのは次のうちどれか。

ただし，変圧器の損失のうち，鉄損と銅損以外の損失は無視できるものとする。

(1) 190　(2) 375　(3) 381　(4) 750　(5) 761

(b) この変圧器を，1日のうち8時間は力率0.8の定格容量で運転し，それ以外の時間は無負荷で運転したとき，全日効率[%]の値として，最も近いのは次のうちどれか。

(1) 93.8　(2) 94.6　(3) 95.5　(4) 96.8　(5) 97.7

H16-B16

	①	②	③	④	⑤
学習日					
理解度 (○/△/×)					

解説

(a)　鉄損P_i[W]は負荷率に関係なく一定で，銅損P_c[W]は負荷率の2乗に比例する。鉄損P_iと銅損P_cが等しいとき，最大効率となる。したがって，負荷率をa，定格容量をP_n[V・A]，力率を$\cos\theta$とすると，$P_i = P_c$より，

$$\frac{aP_n \cos\theta}{aP_n \cos\theta + 2P_c} = \frac{98.5}{100}$$

$$aP_n \cos\theta \times \frac{1}{0.985} = 2P_c + aP_n \cos\theta$$

$$2P_c = aP_n \cos\theta \times \frac{1}{0.985} - aP_n \cos\theta$$

$$2P_c = aP_n \cos\theta \times \left(\frac{1}{0.985} - 1\right)$$

$$\therefore P_c = \frac{1}{2} \times \frac{1}{2} \times 100 \times 10^3 \times 1 \times \left(\frac{1}{0.985} - 1\right) \fallingdotseq 381 \text{ W}$$

よって，(3)が正解。

(b)　(a)より，鉄損は$P_i = 381$ W，全負荷の銅損P_{cn}[W]は，

$$a^2 P_{cn} = P_c$$

$$P_{cn} = \frac{1}{a^2} P_c$$

$$= 4P_c$$

$$= 4 \times 381 = 1524 \text{ W}$$

したがって，全日効率η_d[%]は負荷運転時間をT[h]とすると，

$$\eta_d = \frac{a \times P_n \cos\theta \cdot T}{a \times P_n \cos\theta \cdot T + 24P_i + P_{cn} \cdot T} \times 100 \text{ より，}$$

$$\eta_d = \frac{100 \times 10^3 \times 0.8 \times 8}{100 \times 10^3 \times 0.8 \times 8 + 24 \times 381 + 1524 \times 8} \times 100 \fallingdotseq 96.8 \text{ \%}$$

よって，(4)が正解。

解答… (a)(3)　(b)(4)

難易度 B

変圧器の並行運転の条件

教科書 SECTION 06

問題35 三相変圧器の並行運転に関する記述として，誤っているものを次の(1)～(5)のうちから一つ選べ。

(1) 各変圧器の極性が一致していないと，大きな循環電流が流れて巻線の焼損を引き起こす。

(2) 各変圧器の変圧比が一致していないと，負荷の有無にかかわらず循環電流が流れて巻線の過熱を引き起こす。

(3) 一次側と二次側との誘導起電力の位相変位（角変位）が各変圧器で等しくないと，その程度によっては，大きな循環電流が流れて巻線の焼損を引き起こす。したがって，Δ－YとY－Yとの並行運転はできるが，Δ－ΔとΔ－Yとの並行運転はできない。

(4) 各変圧器の巻線抵抗と漏れリアクタンスとの比が等しくないと，各変圧器の二次側に流れる電流に位相差が生じ取り出せる電力は各変圧器の出力の和より小さくなり，出力に対する銅損の割合が大きくなって利用率が悪くなる。

(5) 各変圧器の百分率インピーダンス降下が等しくないと，各変圧器が定格容量に応じた負荷を分担することができない。

R5上-A8

	①	②	③	④	⑤
学習日					
理解度 (○/△/×)					

解説

(1) 変圧器を並行運転する場合には，各変圧器の極性が一致していないと，大きな循環電流が流れ，巻線が焼損する。よって，(1)は正しい。

(2) 変圧器を並行運転する場合，各変圧器の一次側に加わる電圧は等しい。このとき，各変圧器の変圧比が異なると，二次側に電圧差ができてしまい，負荷の有無にかかわらず循環電流が流れる。よって，(2)は正しい。

(3) Δ－Y結線の三相変圧器では，一次側と二次側の線間電圧に$\frac{\pi}{6}$ radの位相変位が生じる。これに対して，Y－Y 結線およびΔ－Δ結線の三相変圧器では，一次側と二次側の線間電圧に位相変位は生じない。したがって，**Δ－Y結線とY－Y結線，およびΔ－Δ結線とΔ－Y結線との三相変圧器では，ともに位相変位が一致していないため並行運転はできない。**よって，(3)は誤り。

(4) 三相変圧器を並行運転する場合，各変圧器の巻線抵抗と漏れリアクタンスとの比が等しくないと，各変圧器の二次電流に位相差が生じ，負荷供給電流が減少する。したがって，設備容量に対して実際の出力の割合を示す利用率が悪くなる。よって，(4)は正しい。

(5) 各変圧器の百分率インピーダンス降下が等しくないと，電流を定格容量に比例するように配分できないため，各変圧器が定格容量に応じた負荷を分担することができない。よって，(5)は正しい。

以上より，(3)が正解。

解答… (3)

難易度 A

三相結線した変圧器の巻数比

教科書 SECTION 06

問題36 同一仕様である3台の単相変圧器の一次側を星形結線，二次側を三角結線にして，三相変圧器として使用する。20 Ωの抵抗器3個を星形に接続し，二次側に負荷として接続した。一次側を3 300 Vの三相高圧母線に接続したところ，二次側の負荷電流は12.7 Aであった。この単相変圧器の変圧比として，最も近いのは次のうちどれか。

ただし，変圧器の励磁電流，インピーダンス及び損失は無視するものとする。

(1) 4.33　(2) 7.50　(3) 13.0　(4) 22.5　(5) 39.0

H21-A7

	①	②	③	④	⑤
学習日					
理解度 (○/△/×)					

解説

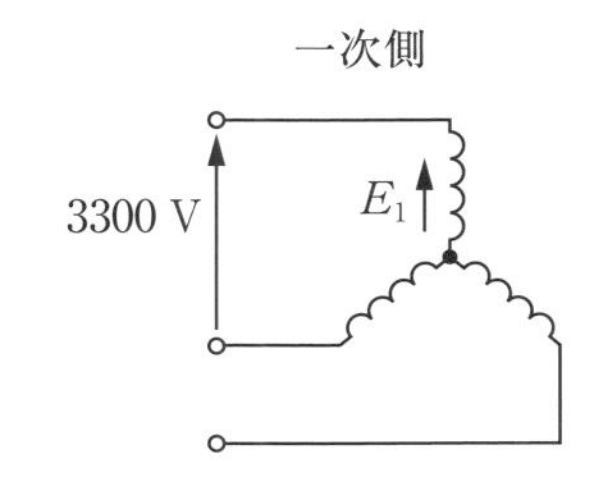

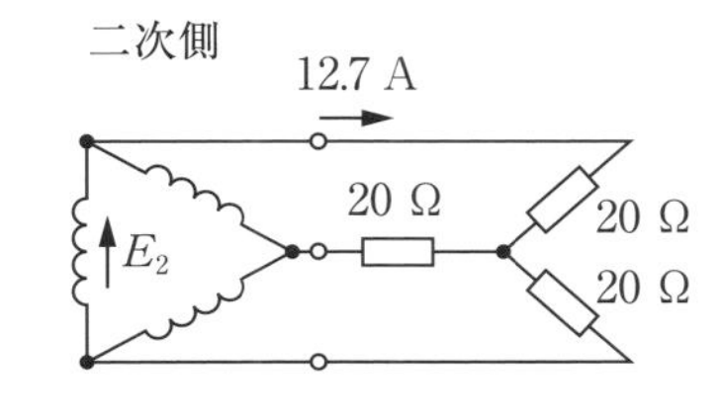

相電圧 $=\dfrac{線間電圧}{\sqrt{3}}$ より，単相変圧器一次巻線の誘導起電力 E_1[V]は，

$$E_1=\frac{3300}{\sqrt{3}}\ \mathrm{V}$$

星型結線された抵抗器1個に加わる電圧は下図のようになる。

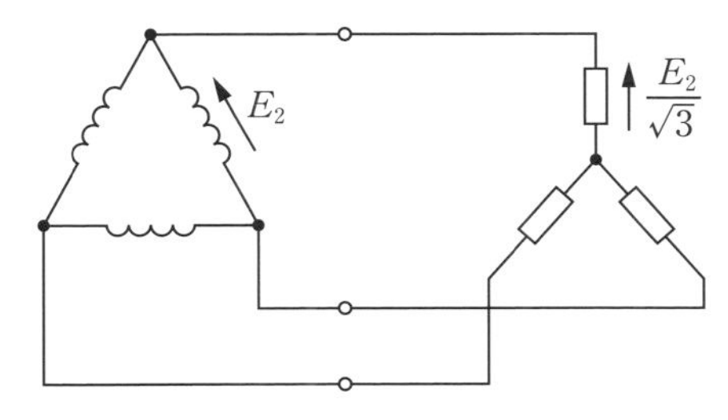

オームの法則 $V=RI$ より，

$$\frac{E_2}{\sqrt{3}}=12.7\times 20 \quad \therefore E_2=\sqrt{3}\times 12.7\times 20\ \mathrm{V}$$

よって，単相変圧器の変圧比 a は，

$$a=\frac{E_1}{E_2}=\frac{\dfrac{3300}{\sqrt{3}}}{\sqrt{3}\times 12.7\times 20}\fallingdotseq 4.33$$

よって，(1)が正解。 **解答… (1)**

ポイント

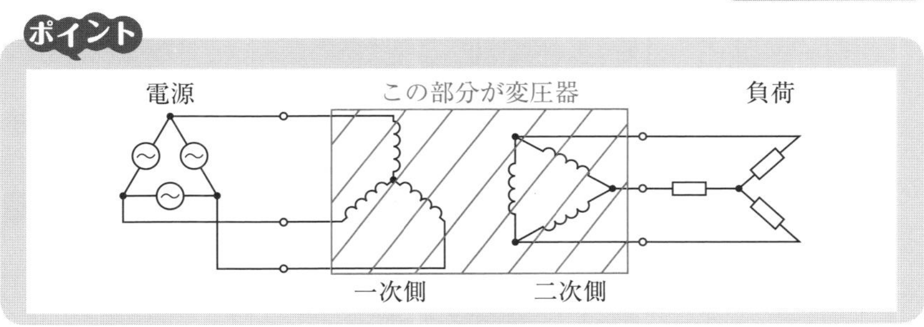

難易度 A

変圧器結線

教科書 SECTION 06

問題37 下図は，三相変圧器の結線図である。

一次電圧に対して二次電圧の位相が30°遅れとなる結線を次の(1)~(5)のうちから一つ選べ。

ただし，各一次・二次巻線間の極性は減極性であり，一次電圧の相順はU，V，Wとする。

(1)
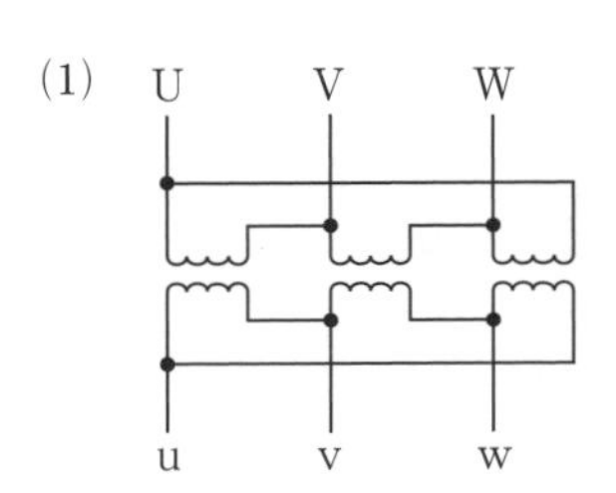

(2)
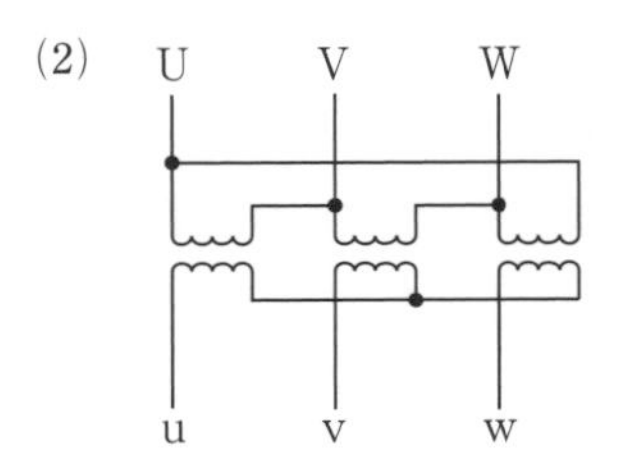

(3)
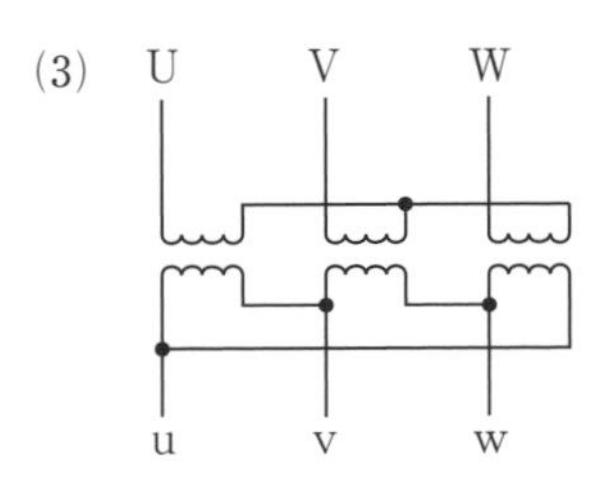

(4)
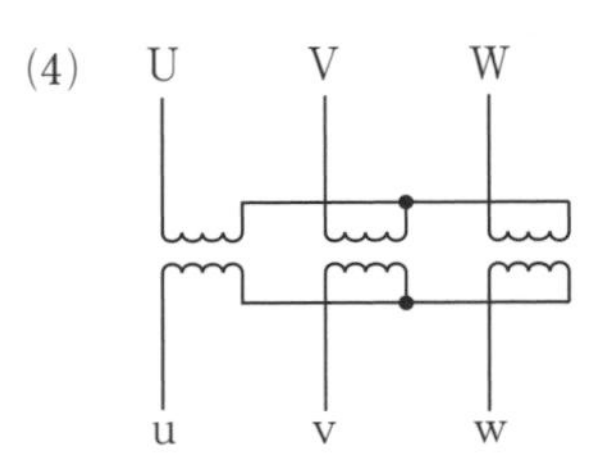

(5)
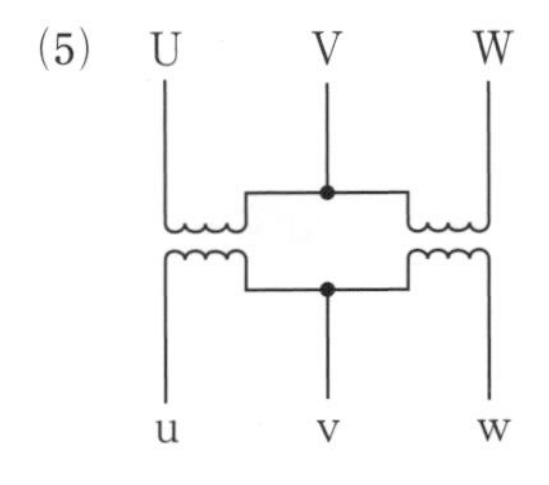

H23-A8

	①	②	③	④	⑤
学習日					
理解度 (○/△/×)					

解説

(1)　Δ－Δ結線，(4)はY－Y結線，(5)はV－V結線であるから，位相差は0である。

(2)　Δ－Y結線であり，二次電圧の位相は一次電圧に対して30°進む。

(3)　Y－Δ結線であり，二次電圧の位相は一次電圧に対して30°遅れる。

以上より，(3)が正解。

解答… (3)

ポイント

結線図とベクトル図の関係は複雑ですが，重要なので教科書でしっかりと学習しましょう。

難易度 C

V結線出力と負荷率

教科書 SECTION 04

問題38 定格容量100 kV・A，定格一次電圧6.3 kVで特性の等しい単相変圧器が2台あり，各変圧器の定格負荷時の負荷損は1 600 Wである。この変圧器2台をV－V結線し，一次電圧6.3 kVにて90 kWの三相平衡負荷をかけたとき，2台の変圧器の負荷損の合計値[W]として，最も近いのは次のうちどれか。

ただし，負荷の力率は1とする。

(1) 324　(2) 432　(3) 648　(4) 864　(5) 1 440

H16-A8

	①	②	③	④	⑤
学習日					
理解度 (○/△/×)					

解説

変圧器1台で運転しているときの定格二次電流I_{2n}[A]は，定格二次電圧をV_{2n}[V]とすると，定格二次電流$=\dfrac{定格容量}{定格二次電圧}$より，

$$I_{2n}=\frac{100\times10^3}{V_{2n}}[\mathrm{A}]$$

次に，変圧器2台をV－V結線し，90 kWの三相平衡負荷をかけたときの負荷電流I[A]は，三相電力$=\sqrt{3}\times$線間電圧$\times$線電流より，

$$90\times10^3=\sqrt{3}\,V_{2n}I$$

$$\therefore I=\frac{90\times10^3}{\sqrt{3}\,V_{2n}}[\mathrm{A}]$$

負荷率は$\dfrac{負荷電流}{定格電流}$なので，

$$\frac{I}{I_{2n}}=\frac{\dfrac{90\times10^3}{\sqrt{3}\,V_{2n}}}{\dfrac{100\times10^3}{V_{2n}}}=\frac{90\times10^3}{\sqrt{3}\,V_{2n}}\times\frac{V_{2n}}{100\times10^3}=\frac{9}{10\sqrt{3}}$$

したがって，2台の変圧器の負荷損の合計値P_c[W]は，負荷率の2乗に比例するため，

$$P_c=2\times1600\times\left(\frac{9}{10\sqrt{3}}\right)^2=864\ \mathrm{W}$$

よって，(4)が正解。

解答… (4)

難易度 B

単巻変圧器の性質

教科書 SECTION 07

問題39 図のような単巻変圧器において，分路巻線の巻数をN_1，直列巻線の巻数をN_2とし，一次側に流れる電流をI_1，負荷側に流れる電流をI_2としたときに，次の関係式のうち，正しいものはどれか。

ただし，励磁電流，巻線内の損失及び電圧降下は無視するものとする。

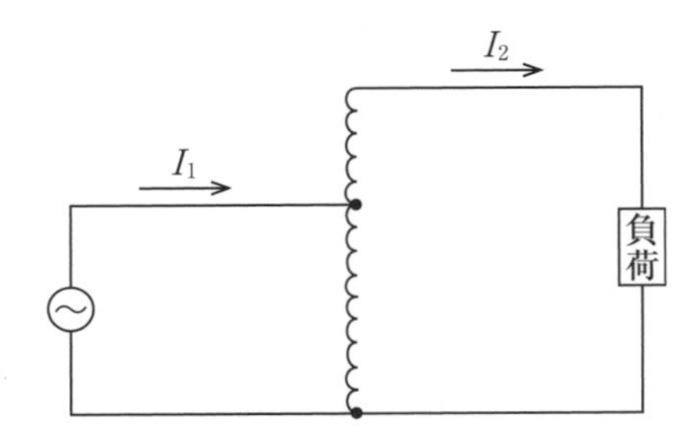

(1) $N_1 I_1 = (N_1 + N_2) I_2$

(2) $N_1/N_2 = I_1/I_2$

(3) $(N_2 - N_1) I_1 = N_2 I_2$

(4) $N_1 I_1 = N_2 I_2$

(5) $N_1 I_2 = (N_1 + N_2) I_1$

H17-A7

	①	②	③	④	⑤
学習日					
理解度 (○/△/×)					

解説

単巻変圧器は，アンペア回数（巻数にその巻線を流れる電流値を乗じたもの）が等しくなるように動作するので，次の関係式が成り立つ。

$$N_1(I_1 - I_2) = N_2 I_2$$

$$\therefore N_1 I_1 = (N_1 + N_2) I_2$$

よって，(1)が正解。

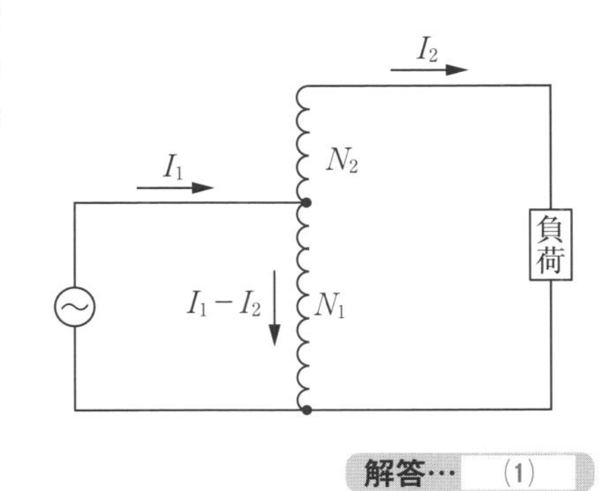

解答… (1)

難易度 A

単巻変圧器の自己容量

教科書 SECTION 07

問題40 図に示すように，定格一次電圧6 000 V，定格二次電圧6 600 Vの単相単巻変圧器がある。消費電力100 kW，力率75 %（遅れ）の単相負荷に定格電圧で電力を供給するために必要な単巻変圧器の自己容量[kV·A]として，最も近いのは次のうちどれか。

ただし，巻線の抵抗，漏れリアクタンス及び鉄損は無視できるものとする。

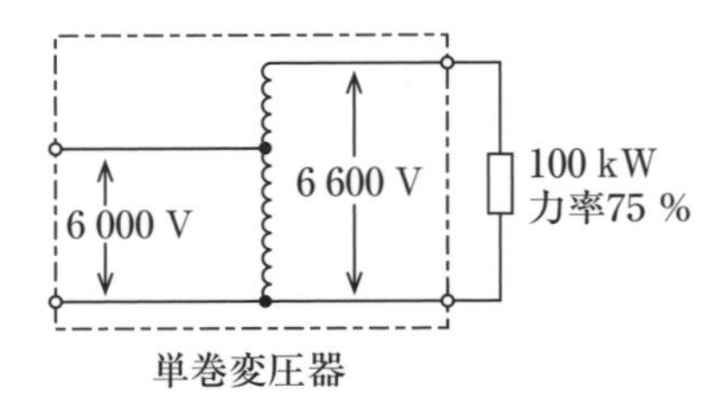

単巻変圧器

(1) 9.1　(2) 12.1　(3) 100　(4) 121　(5) 133

H19-A6

	①	②	③	④	⑤
学習日					
理解度 (○/△/×)					

解説

$P = VI\cos\theta$ より，負荷電流 I_2[A]は，

$$I_2 = \frac{100 \times 10^3}{6600 \times 0.75} \fallingdotseq 20.2\ \mathrm{A}$$

したがって，自己容量 P_s[kV・A]は，

$$P_s = (V_2 - V_1)I_2 = 600 \times 20.2$$
$$= 12120\ \mathrm{V \cdot A} \fallingdotseq 12.1\ \mathrm{kV \cdot A}$$

よって，(2)が正解。

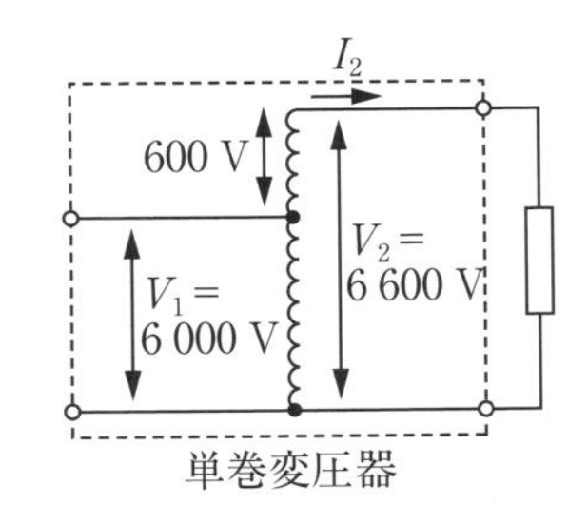

単巻変圧器

解答… (2)

ポイント

自己容量 P_s は $P_s = V_1 I_3 = V_1(I_1 - I_2)$ と表すこともできます。

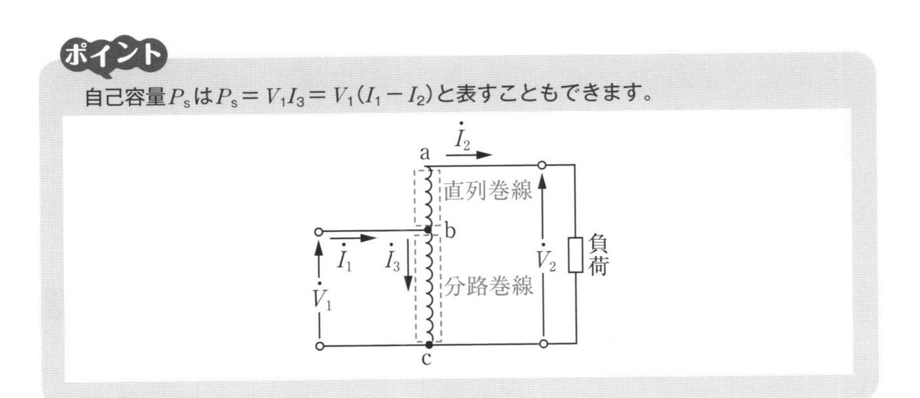

難易度 A

単巻変圧器の一般的性質

教科書 SECTION 07

問題41 次の文章は，単相単巻変圧器に関する記述である。

巻線の一部が一次と二次との回路に共通になっている変圧器を単巻変圧器という。巻線の共通部分を［ (ア) ］，共通でない部分を［ (イ) ］という。

単巻変圧器では，［ (ア) ］の端子を一次側に接続し，［ (イ) ］の端子を二次側に接続して使用すると通常の変圧器と同じように動作する。単巻変圧器の［ (ウ) ］は，二次端子電圧と二次電流との積である。

単巻変圧器は，巻線の一部が共通であるため，漏れ磁束が［ (エ) ］，電圧変動率が［ (オ) ］。

上記の記述中の空白箇所(ア)，(イ)，(ウ)，(エ)及び(オ)に当てはまる組合せとして，正しいものを次の(1)～(5)のうちから一つ選べ。

	(ア)	(イ)	(ウ)	(エ)	(オ)
(1)	分路巻線	直列巻線	負荷容量	多　く	小さい
(2)	直列巻線	分路巻線	自己容量	少なく	小さい
(3)	分路巻線	直列巻線	定格容量	多　く	大きい
(4)	分路巻線	直列巻線	負荷容量	少なく	小さい
(5)	直列巻線	分路巻線	定格容量	多　く	大きい

H25-A8

	①	②	③	④	⑤
学習日					
理解度 (○/△/×)					

解説

(ア)(イ)　巻線の共通部分を**分路巻線**といい，共通でない部分を**直列巻線**という。

(ウ)　二次端子電圧 V_2 と二次電流 I_2 の積で表されるのは，**負荷容量** P_ℓ である。

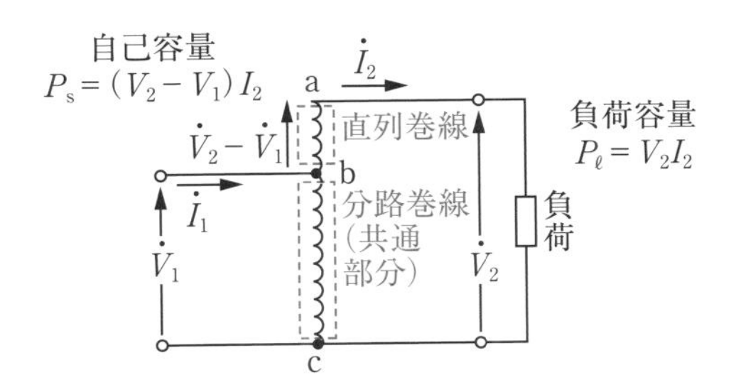

(エ)(オ)　単巻変圧器の利点は，分路巻線が共通で漏れ磁束が**少な**く，電圧変動率が**小**さいことである。

以上より，(4)が正解。

解答…　(4)

ポイント

単巻変圧器の利点は，ほかにも次のことがあげられます。

①　鉄心・巻線が少なく，小型かつ安価であること

②　損失が少ないこと

CHAPTER 03

誘導機

難易度 B

誘導電動機の回転子の構造

教科書 SECTION 02

問題42 三相誘導電動機は，[(ア)]磁界を作る固定子及び回転する回転子からなる。

回転子は，[(イ)]回転子と[(ウ)]回転子との2種類に分類される。

[(イ)]回転子では，回転子溝に導体を納めてその両端が[(エ)]で接続される。

[(ウ)]回転子では，回転子導体が[(オ)]，ブラシを通じて外部回路に接続される。

上記の記述中の空白箇所(ア)，(イ)，(ウ)，(エ)及び(オ)に当てはまる語句として，正しいものを組み合わせたのは次のうちどれか。

	(ア)	(イ)	(ウ)	(エ)	(オ)
(1)	回転	円筒形	巻線形	スリップリング	整流子
(2)	固定	かご形	円筒形	端絡環	スリップリング
(3)	回転	巻線形	かご形	スリップリング	整流子
(4)	回転	かご形	巻線形	端絡環	スリップリング
(5)	固定	巻線形	かご形	スリップリング	整流子

H21-A3

	①	②	③	④	⑤
学習日					
理解度 (○/△/×)					

解説

三相誘導電動機は，(ア)回転磁界をつくる固定子と，回転する回転子から構成されている。

回転子は，(イ)かご形と(ウ)巻線形の2種類に分類され，かご形回転子は両端が(エ)端絡環で電気的に接続されている。一方，巻線形回転子は，三相巻線を(オ)スリップリング，ブラシを通して外部の端子に接続できる。

よって，(4)が正解。

解答… (4)

かご形回転子の特徴は，①構造が単純，②頑丈，③コンパクトです。

ポイント

巻線形回転子は，外部の可変抵抗器を接続して，始動特性を改善したり，速度を制御したりすることができます。

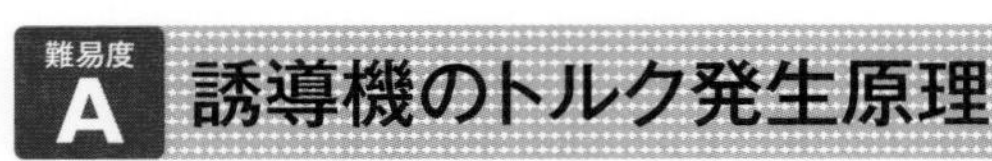

難易度 A

誘導機のトルク発生原理

教科書 SECTION 02

問題43 次の文章は，三相の誘導機に関する記述である。

固定子の励磁電流による同期速度の［ (ア) ］と回転子との速度の差（相対速度）によって回転子に電圧が発生し，その電圧によって回転子に電流が流れる。トルクは回転子の電流と磁束とで発生するので，トルク特性を制御するため，巻線形誘導機では回転子巻線の回路をブラシと［ (イ) ］で外部に引き出して二次抵抗値を調整する方式が用いられる。回転子の回転速度が停止（滑り$s=1$）から同期速度（滑り$s=0$）の間，すなわち，$1>s>0$の運転状態では，磁束を介して回転子の回転方向にトルクが発生するので誘導機は［ (ウ) ］となる。回転子の速度が同期速度より高速の場合，磁束を介して回転子の回転方向とは逆の方向にトルクが発生し，誘導機は［ (エ) ］となる。

上記の記述中の空白箇所(ア)，(イ)，(ウ)及び(エ)に当てはまる語句として，正しいものを組み合わせたのは次のうちどれか。

	(ア)	(イ)	(ウ)	(エ)
(1)	交番磁界	スリップリング	電動機	発電機
(2)	回転磁界	スリップリング	電動機	発電機
(3)	交番磁界	整流子	発電機	電動機
(4)	回転磁界	スリップリング	発電機	電動機
(5)	交番磁界	整流子	電動機	発電機

H22-A3

	①	②	③	④	⑤
学習日					
理解度 (○/△/×)					

解説

(ア) 三相誘導電動機は**回転磁界**をつくる固定子と回転する回転子で構成される。回転磁界は三相交流電流を利用してつくられる。

(イ) 回転子巻線は回転軸端に取り付けられた３個の**スリップリング**とブラシを通して外部の端子に接続できる。

(ウ) **電動機**として運転する場合，回転速度は同期速度よりも遅くなり滑りが生じる。

(エ) 回転速度が同期速度より高速の場合は誘導**発電機**となる。

よって，(2)が正解。

解答… (2)

難易度 A

二次入力・二次銅損・出力の比

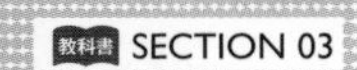

問題44 誘導電動機が滑りsで運転しているとき，二次銅損P_{c2}[W]の値は二次入力P_2[W]の［ (ア) ］倍となり，機械出力P_m[W]の値は二次入力P_2[W]の［ (イ) ］倍となる。また，滑りsが1のとき，この誘導電動機は［ (ウ) ］の状態にあり，このときの機械出力の値はP_m =［ (エ) ］[W]となる。

上記の記述中の空白箇所(ア)，(イ)，(ウ)及び(エ)に記入する語句，式又は数値として，正しいものを組み合わせたのは次のうちどれか。

	(ア)	(イ)	(ウ)	(エ)
(1)	s	$1-s$	同期速度	P_2-P_{c2}
(2)	$1-s$	s	同期速度	P_2
(3)	$\frac{1}{s}$	$\frac{1}{1-s}$	停　止	P_2-P_{c2}
(4)	$\frac{1}{s}$	$\frac{s-1}{s}$	停　止	0
(5)	s	$1-s$	停　止	0

H17-A3

	①	②	③	④	⑤
学習日					
理解度 (○/△/×)					

解説

誘導電動機が滑りsで運転しているとき，二次入力P_2[W]，二次銅損P_{c2}[W]，機械出力P_m[W]の間には次の関係が成り立つ。

$$P_2 : P_{c2} : P_m = 1 : s : (1-s)$$

$$\therefore P_{c2} = sP_2 \cdots (ア)$$

$$\therefore P_m = (1-s)P_2 \cdots (イ)$$

また，滑り$s = \dfrac{同期速度N_s - 回転速度N}{同期速度N_s}$より，$s$が1のときは(ウ)停止状態にあり，機械出力$P_m$[W]の値は，

$$P_m = (1-1)P_2 = 0\ \mathrm{W} \cdots (エ)$$

よって，(5)が正解。

解答… (5)

誘導機 CH 03

難易度 A

一次入力と二次入力の関係

教科書 SECTION 03

問題45 三相誘導電動機があり，負荷を負って滑り５％で運転している。1相当たりの二次電流が12 Aのとき，1相当たりの電動機一次入力[W]の値として，最も近いのは次のうちどれか。

ただし，この電動機の1相当たりの二次抵抗は0.08 Ω，1相当たりの鉄損は10 Wであり，一次銅損は二次銅損の2倍とする。

(1) 208　(2) 219　(3) 230　(4) 240　(5) 263

H15-A3

	①	②	③	④	⑤
学習日					
理解度 (○/△/×)					

解説

1相あたりの二次銅損P_{c2}[W]は，

$$P_{c2} = r_2 I_2^2 = 0.08 \times 12^2 = 11.52 \text{ W}$$

したがって，1相あたりの二次入力P_2[W]は$P_2 : P_{c2} = 1 : s$より，

$$P_2 = \frac{P_{c2}}{s} = \frac{11.52}{0.05} = 230.4 \text{ W}$$

また，1相あたりの一次銅損P_{c1}[W]は，

$$P_{c1} = 2P_{c2} = 2 \times 11.52 = 23.04 \text{ W}$$

以上より，1相あたりの鉄損をP_i[W]とすると，1相あたりの一次入力P_1[W]は，

$$P_1 = P_2 + P_i + P_{c1} = 230.4 + 10 + 23.04 \fallingdotseq 263 \text{ W}$$

よって，(5)が正解。

解答… (5)

ポイント

一次入力P_1は二次入力P_2と鉄損P_i，一次銅損P_{c1}に分けられます。さらに，二次入力P_2は二次銅損P_{c2}と機械的出力P_mに分けられます。

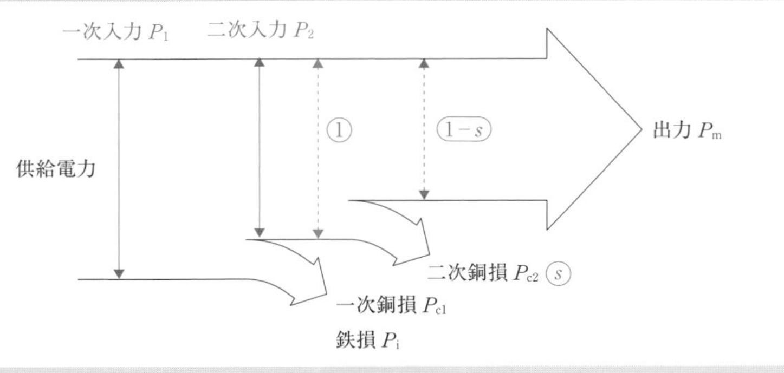

難易度 A

一次入力と損失及び機械的出力の関係

教科書 SECTION 03

問題46 三相かご形誘導電動機を周波数60 Hzの電源に接続して運転したとき，機械出力は34.8 kW，滑りは3 %，固定子の銅損（一次銅損）は3.8 kW，鉄損は1.4 kWであった。この電動機について，次の(a)及び(b)に答えよ。

ただし，機械損は無視できるものとする。

(a) この運転時の回転子の銅損（二次銅損）[kW]の値として，最も近いのは次のうちどれか。

(1) 0.89　(2) 0.93　(3) 1.08　(4) 1.16　(5) 1.20

(b) この運転時の一次入力[kW]の値として，最も近いのは次のうちどれか。

(1) 40.2　(2) 41.1　(3) 42.2　(4) 43.5　(5) 44.8

H18-B16

	①	②	③	④	⑤
学習日					
理解度 (○/△/×)					

解説

(a) 機械的出力をP_m[kW]とすると，$P_{c2}:P_m=s:(1-s)$ より，二次銅損P_{c2}[kW]は，

$$P_{c2}=\frac{s}{1-s}P_m=\frac{0.03}{1-0.03}\times 34.8\fallingdotseq 1.08\ \mathrm{kW}$$

よって，(3)が正解。

(b) 一次入力P_1[kW]の値は，鉄損をP_i[kW]，一次銅損をP_{c1}[kW]とすると，

$$\begin{aligned}P_1&=P_i+P_{c1}+P_{c2}+P_m\\&=1.4+3.8+1.08+34.8\\&\fallingdotseq 41.1\ \mathrm{kW}\end{aligned}$$

よって，(2)が正解。

解答… (a)(3) (b)(2)

難易度 A

誘導機の効率計算

教科書 SECTION 03

問題47 三相誘導電動機があり，一次巻線抵抗が15 Ω，一次側に換算した二次巻線抵抗が9 Ω，滑りが0.1のとき，効率[%]の値として，最も近いものを次の(1)～(5)のうちから一つ選べ。

ただし，励磁電流は無視できるものとし，損失は，一次巻線による銅損と二次巻線による銅損しか存在しないものとする。

(1) 75　(2) 77　(3) 79　(4) 82　(5) 85

H24-A4

	①	②	③	④	⑤
学習日					
理解度 (○/△/×)					

解説

滑りをsとすると，二次銅損P_{c2}と機械的出力P_mの比は$P_{c2}:P_m=s:(1-s)$であるから，

$$P_{c2}=\frac{0.1P_m}{1-0.1}=\frac{1}{9}P_m$$

また，一次巻線抵抗をr_1[Ω]，一次側に換算した二次巻線抵抗をr_2[Ω]とすると，一次銅損P_{c1}と二次銅損P_{c2}には$P_{c1}:P_{c2}=r_1:r_2$の関係があるから，

$$P_{c1}=\frac{15}{9}\times\frac{1}{9}P_m=\frac{5}{27}P_m$$

したがって，効率η[%]は，

$$\eta=\frac{P_m}{P_m+P_{c1}+P_{c2}}\times100$$

$$=\frac{1}{1+\frac{5}{27}+\frac{1}{9}}\times100=\frac{27}{27+5+3}\times100=\frac{27}{35}\times100\fallingdotseq77\ \%$$

よって，(2)が正解。

解答… (2)

ポイント

効率の定義式は次のとおりです。

$$効率=\frac{出力}{出力+損失}\times100[\%]$$

難易度 B

外部抵抗と機械負荷

教科書 SECTION 03

問題48 次の文章は，巻線形誘導電動機に関する記述である。

三相巻線形誘導電動機の二次側に外部抵抗を接続して，誘導電動機を運転することを考える。ただし，外部抵抗は誘導電動機内の二次回路にある抵抗に比べて十分大きく，誘導電動機内部の鉄損，銅損及び一次，二次のインダクタンスなどは無視できるものとする。

いま，回転子を拘束して，一次電圧 V_1 として200 Vを印加したときに二次側の外部抵抗を接続した端子に現れる電圧 V_{2s} は140 Vであった。拘束を外して始動した後に回転速度が上昇し，同期速度1 500 min^{-1} に対して1 200 min^{-1} に到達して，負荷と釣り合ったとする。

このときの一次電圧 V_1 は200 Vのままであると，二次側の端子に現れる電圧 V_2 は[(ア)][V]となる。

また，機械負荷に P_m[W]が伝達されるとすると，一次側から供給する電力 P_1[W]，外部抵抗で消費される電力 P_{2c}[W]との関係は次式となる。

$P_1 = P_m +$ [(イ)] $\times P_{2c}$

$P_{2c} =$ [(ウ)] $\times P_1$

したがって，P_{2c} と P_m の関係は次式となる。

$P_{2c} =$ [(エ)] $\times P_m$

接続する外部抵抗には，このような運転に使える電圧・容量の抵抗器を選択しなければならない。

上記の記述中の空白箇所(ア)，(イ)，(ウ)及び(エ)に当てはまる組合せとして，正しいものを次の(1)～(5)のうちから一つ選べ。

	(ア)	(イ)	(ウ)	(エ)
(1)	112	0.8	0.8	0.25
(2)	28	1	0.2	4
(3)	28	1	0.2	0.25
(4)	112	0.8	0.8	4
(5)	112	1	0.2	0.25

H23-A3

解説

(ア) 滑りsの定義より，

$$s=\frac{N_s-N}{N_s}=\frac{1500-1200}{1500}=0.2$$

回転子拘束時の二次端子電圧が$V_{2s}=140$ Vであるから，二次端子電圧V_2[V]は，

$$V_2=sV_{2s}=0.2\times140=28\text{ V}$$

(イ) 誘導電動機内部の損失は無視できるので，一次入力P_1と二次入力P_2は等しくなることから，

$$P_1=P_2=P_m+P_{2c}$$

$$\therefore P_1=P_m+1\times P_{2c}\cdots①$$

(ウ) 二次入力と二次銅損P_{2c}，機械的出力P_mには$P_2:P_{2c}:P_m=1:s:(1-s)$の関係があり，$P_{2c}=sP_2$であるから，

$$P_{2c}=0.2\times P_1\cdots②$$

(エ) ①式を②式に代入すると，

$$P_{2c}=0.2\times(P_m+1\times P_{2c})$$

$$\therefore P_{2c}=0.25\times P_m$$

よって，(3)が正解。

解答… (3)

ポイント

問題文には明確に書かれていませんが，この誘導機では，一次側（固定子側）と二次側（回転子側）の巻線の巻数比が1：1ではありません。そのため，誘導機内の抵抗やインダクタンスを無視できるにもかかわらず，一次電圧V_1と二次側の外部抵抗を接続した端子に現れる電圧V_{2s}が異なる値となっています。

ポイント

滑りsで運転しているとき，運転時の二次誘導起電力E_2'と停止時の二次誘導起電力E_2の間には次の関係があります。

$$E_2'=sE_2$$

	①	②	③	④	⑤
学習日					
理解度 (○/△/×)					

難易度 B

T形等価回路とL形等価回路

教科書 SECTION 03

問題49 次の文章は，三相誘導電動機の等価回路に関する記述である。

三相誘導電動機の1相当たりの等価回路は，[(ア)]と同様に表すことができ，その等価回路を使用することによって電圧V及び周波数fを同時に変化させるインバータで運転したときの磁束，トルクの特性を検討することができる。

図の[(イ)]等価回路において，誘導電動機を例えば定格周波数，定格電圧の数パーセント程度の周波数，電圧で始動するときの特性を考える。この場合，もし始動電流が定格電流と同じだけ流れると，[(ウ)]による電圧降下の一次電圧に対する比率が定格時よりも大きくなるので，磁束が減少し，発生トルクが[(エ)]することが理解できる。また，誘導電動機を例えば定格周波数，定格電圧で運転するときは，上記電圧降下による計算誤差が小さく，計算が簡単になるので，励磁回路を図の[(オ)]側に移した簡易等価回路を使うことも有効である。この運転では，もしインバータが出力する電圧Vが減少したとしても，$\dfrac{V}{f}$比を一定に保つように周波数fを減少させれば，負荷変動に影響されずに励磁電流がほぼ一定となることが分かる。

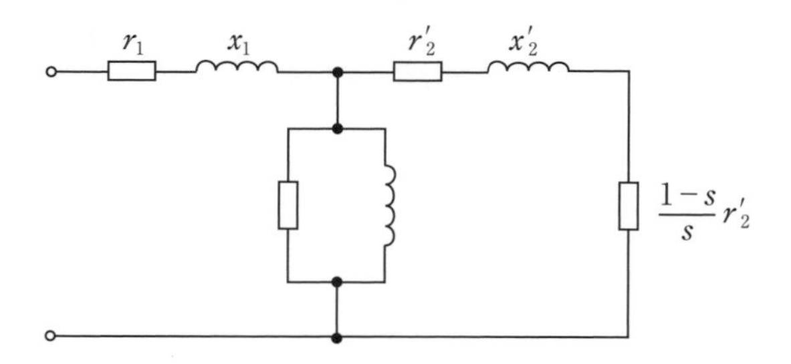

上記の記述中の空白箇所(ア)，(イ)，(ウ)，(エ)及び(オ)に当てはまる組合せとして，正しいものを次の(1)～(5)のうちから一つ選べ。

	(ア)	(イ)	(ウ)	(エ)	(オ)
(1)	同期電動機	L 形	一次抵抗	増 加	右端の 負荷抵抗
(2)	変圧器	T 形	一次抵抗	減 少	左端の 端子
(3)	同期電動機	T 形	二次漏れ リアクタンス	減 少	右端の 負荷抵抗
(4)	変圧器	L 形	一次抵抗	増 加	右端の 負荷抵抗
(5)	変圧器	T 形	二次漏れ リアクタンス	減 少	左端の 端子

H26-A6

	①	②	③	④	⑤
学習日					
理解度 (○/△/×)					

解説

(ア) 電磁気学的にみて，誘導電動機と**変圧器**は実質的に同じ構造となっている。そのため，誘導電動機の等価回路は変圧器と同様に考えることができる。

(イ) 問題の等価回路は**T形**等価回路である。

(ウ) **一次抵抗**は周波数の変化の影響を受けない。そのため，一次抵抗による電圧降下を考える場合に，周波数の影響を考える必要はない。また，一次電圧が数パーセント程度になるにもかかわらず，電流が定格電流と同じならば，一次抵抗による電圧降下は変化しないので，一次抵抗による電圧降下の一次電圧に対する比率は，定格時よりも大きくなる。

(エ) トルクTは，回転方向に作用する力Fと回転軸からの距離Dの積なので，$T = FD$[N·m]。回転方向に作用する力Fの源は電磁力なので，$F = BI\ell$[N]。磁束密度Bは，単位面積あたりの磁束なので，$B = \frac{\phi}{A}$ [Wb/m²]。ゆえに，磁束ϕが減少すると，トルクTも**減少**する。

(オ) 定格運転の場合は，励磁電流の影響を無視できるので，励磁回路を図の**左端の端子**側に移動させたL形等価回路で計算できる。

よって，(2)が正解。

解答… (2)

L形等価回路（簡易等価回路）は計算を簡単にするために，励磁回路を電源側に移動させた回路です。

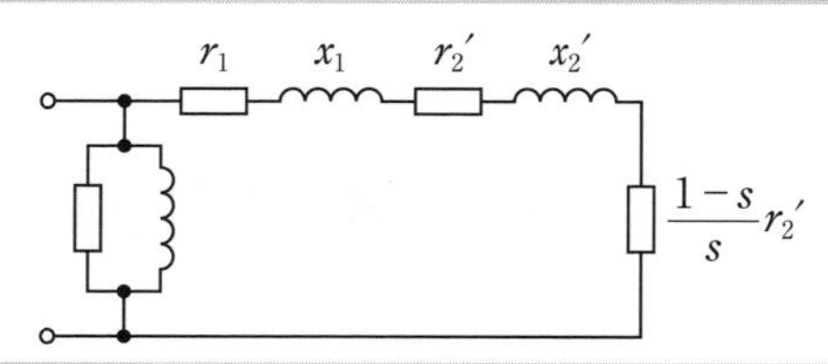

CH
03
誘導機

難易度 A

出力とトルクの関係(1)

教科書 SECTION 04

問題50 定格出力7.5 kW，定格電圧220 V，定格周波数60 Hz，8極の三相巻線形誘導電動機がある。この電動機を定格電圧，定格周波数の三相電源に接続して定格出力で運転すると，82 N･mのトルクが発生する。この運転状態のとき，次の(a)及び(b)に答えよ。

(a) 回転速度[min^{-1}]の値として，最も近いのは次のうちどれか。

(1) 575　(2) 683　(3) 724　(4) 874　(5) 924

(b) 回転子巻線に流れる電流の周波数[Hz]の値として，最も近いのは次のうちどれか。

(1) 1.74　(2) 4.85　(3) 8.25　(4) 12.4　(5) 15.5

H20-B15

	①	②	③	④	⑤
学習日					
理解度 (○/△/×)					

解説

(a)　出力とトルクの公式$P_n = \omega T = 2\pi\left(\frac{N}{60}\right)T$より，回転速度$N$[min^{-1}]は，

$$N = \frac{60P_n}{2\pi T} = \frac{60\times7.5\times10^3}{2\pi\times82} \fallingdotseq 874\ \mathrm{min}^{-1}$$

よって，(4)が正解。

(b)　同期速度N_s[min^{-1}]は，

$$N_s = \frac{120f}{p} = \frac{120\times60}{8} = 900\ \mathrm{min}^{-1}$$

であるから，滑りsは，

$$s = \frac{N_s - N}{N_s} = \frac{900-874}{900} \fallingdotseq 0.029$$

回転子巻線に流れる電流の周波数f_2[Hz]は一次側周波数f[Hz]のs倍となるから，

$$f_2 = sf$$
$$= 0.029\times60 = 1.74\ \mathrm{Hz}$$

よって，(1)が正解。

解答… (a)(4)　(b)(1)

難易度 C　出力とトルクの関係(2)

教科書 SECTION 04

問題51 三相誘導電動機について，次の(a)及び(b)に答えよ。

(a) 一次側に換算した二次巻線の抵抗r_2'と滑りsの比r_2'/sが，他の定数（一次巻線の抵抗r_1，一次巻線のリアクタンスx_1，一次側に換算した二次巻線のリアクタンスx_2'）に比べて十分に大きくなるように設計された誘導電動機がある。この電動機を電圧Vの電源に接続して運転したとき，この電動機のトルクTと滑りs，電圧Vの関係を表わす近似式として，正しいのは次のうちどれか。

ただし，kは定数である。

(1) $T = kV^2s$　(2) $T = kVs$　(3) $T = \dfrac{kV^2}{s}$

(4) $T = \dfrac{k}{Vs}$　(5) $T = \dfrac{k}{V^2s}$

(b) 上記(a)で示された条件で設計された定格電圧220 V，同期速度1 200 min^{-1}の三相誘導電動機がある。この電動機を電圧220 Vの電源に接続して，一定トルクの負荷で運転すると，1 140 min^{-1}の回転速度で回転する。この電動機に供給する電源電圧を200 Vに下げたときの電動機の回転速度[min^{-1}]の値として，最も近いのは次のうちどれか。

ただし，電源電圧を下げたとき，負荷トルクと二次抵抗は変化しないものとする。

(1) 1 000　(2) 1 091　(3) 1 113　(4) 1 127　(5) 1 150

H17-B15

	①	②	③	④	⑤
学習日					
理解度 (○/△/×)					

解説

(a)　三相誘導電動機の一相分の等価回路は下図のようになる。

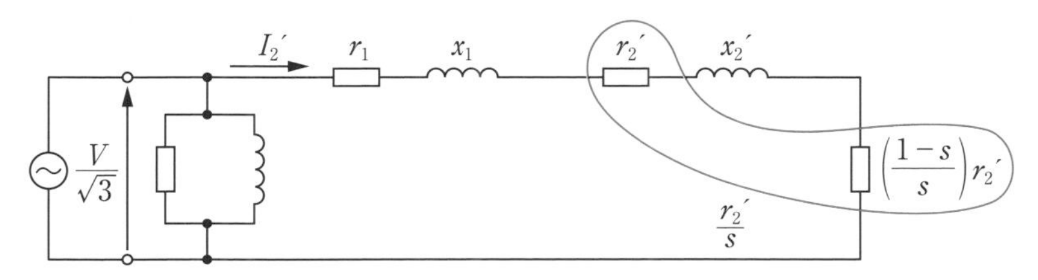

電源電圧：V[V]
一次換算した二次電流：I_2'[A]
一次抵抗：r_1[Ω]
一次漏れリアクタンス：x_1[Ω]
一次換算した二次抵抗：r_2'[Ω]
一次換算した二次漏れリアクタンス：x_2'[Ω]
滑り：s

励磁回路を省略し，$\frac{r_2'}{s} \gg r_1$，$\frac{r_2'}{s} \gg x_1$，$\frac{r_2'}{s} \gg x_2'$ という問題文の条件を考慮すると，上図は下図のように変換できる。

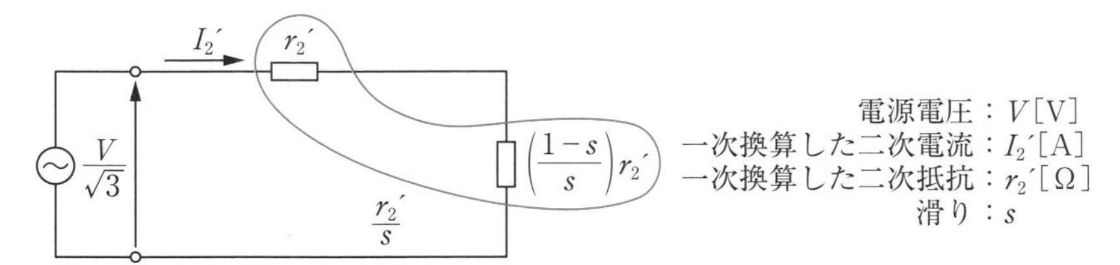

電源電圧：V[V]
一次換算した二次電流：I_2'[A]
一次換算した二次抵抗：r_2'[Ω]
滑り：s

そして，一次換算した二次電流I_2'[A]と二次入力P_2[W]は，

$$I_2' = \frac{\frac{V}{\sqrt{3}}}{\frac{r_2'}{s}} [\mathrm{A}]$$

$$P_2 = 3 \times \frac{r_2'}{s} \times (I_2')^2 = 3 \times \frac{r_2'}{s} \times \left(\frac{\frac{V}{\sqrt{3}}}{\frac{r_2'}{s}} \right)^2 = \frac{V^2 s}{r_2'} [\mathrm{W}]$$

また，トルクをT[N・m]，同期角速度をω_s[rad/s]とすると，$T = \frac{P_2}{\omega_s}$より，Tは，

$$T = \frac{P_2}{\omega_s} = \frac{1}{\omega_s} \times \frac{V^2 s}{r_2'} = \frac{V^2 s}{\omega_s r_2'} [\mathrm{N \cdot m}]$$

同期角速度ω_sと一次換算した二次抵抗r_2'[Ω]は変化しないので，$\frac{1}{\omega_s r_2'}$＝定数kとすると，

$$T = \frac{V^2 s}{\omega_s r_2'} = kV^2 s \text{[N·m]}$$

よって，(1)が正解。

(b)　同期速度をN_s = 1200 min^{-1}，電源電圧が220 Vのときの回転速度をN = 1140 min^{-1}とすると，このときの滑りsは，

$$s = \frac{N_s - N}{N_s} = \frac{1200 - 1140}{1200} = 0.05$$

$V^2 s = \frac{T}{k}$より，一定トルクで運転すると，$V^2 s$は一定となる。ゆえに，電源電圧をV' = 200 Vに下げたときの滑りs'は，$T = V^2 s = V'^2 s'$より，

$$s' = \frac{V^2 s}{V'^2} = \frac{220^2 \times 0.05}{200^2} = 0.0605$$

したがって，電源電圧を200 Vに下げたときの電動機の回転速度N'[min^{-1}]は，回転速度の公式より，

$$N' = N_s(1 - s') = 1200 \times (1 - 0.0605) \fallingdotseq 1127 \text{ min}^{-1}$$

よって，(4)が正解。

解答… (a)(1)　(b)(4)

ポイント

電験三種の三相誘導電動機の問題では，特に記載のない限り，励磁回路を省略したL形等価回路で考えることが多いです。

CH
03
誘導機

難易度 **B**

等価回路と誘導電動機の特性

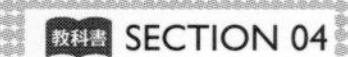

問題52 誘導電動機に関する記述として，誤っているものを次の(1)～(5)のうちから一つ選べ。

ただし，誘導電動機の滑りをsとする。

(1) 誘導電動機の一次回路には同期速度の回転磁界，二次回路には同期速度のs倍の回転磁界が加わる。したがって，一次回路と二次回路の巻数比を1とした場合，二次誘導起電力の周波数及び電圧は一次誘導起電力のs倍になる。

(2) sが小さくなると，二次誘導起電力の周波数及び電圧が小さくなるので，二次回路に流れる電流が小さくなる。この変化を電気回路に表現するため，誘導電動機の等価回路では，二次回路の抵抗の値を$\dfrac{1}{s}$倍にして表現する。

(3) 誘導電動機の等価回路では，一次巻線の漏れリアクタンス，一次巻線の抵抗，二次巻線の漏れリアクタンス，二次巻線の抵抗，及び電動機出力を示す抵抗が直列回路で表されるので，電動機の力率は1にはならない。

(4) 誘導電動機の等価回路を構成するリアクタンス値及び抵抗値は，電圧が変化してもsが一定ならば変わらない。s一定で駆動電圧を半分にすれば，等価回路に流れる電流が半分になり，電動機トルクは半分になる。

(5) 同期速度と電動機トルクとで計算される同期ワット（二次入力）は，二次銅損と電動機出力との和となる。

H24-A3

	①	②	③	④	⑤
学習日					
理解度 (○/△/×)					

解説

(4)　三相誘導電動機一相あたりの一次側に換算した簡易等価回路を図に示す。

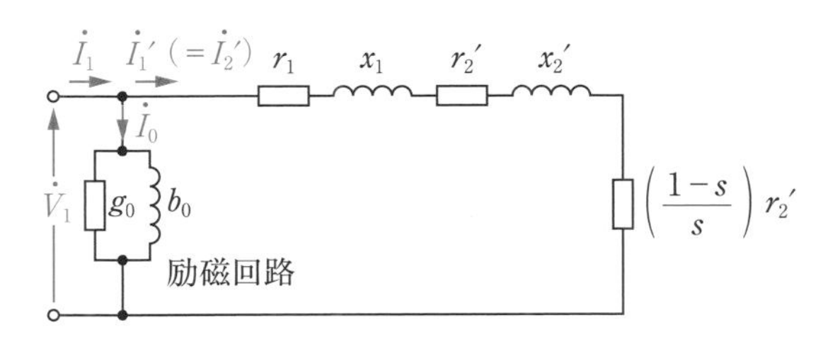

図より二次電流I_2'は$I_2'=\dfrac{V_1}{\sqrt{\left(r_1+\dfrac{r_2'}{s}\right)^2+(x_1+x_2')^2}}$と表され，$s$が一定であれば$I_2'$は電源電圧$V_1$に比例する。そのため，駆動電圧を$\dfrac{1}{2}$にすると二次電流も$\dfrac{1}{2}$になる。

しかしながら，トルクTは同期角速度をω_0とすると$T=\dfrac{P_2}{\omega_0}=\dfrac{3r_2'}{\omega_0 s}I_2'^2$より二次電流の２乗に比例するので，駆動電圧を$\dfrac{1}{2}$にするとトルクは$\dfrac{1}{4}$になる。

よって，(4)が誤り。

解答…　(4)

難易度 **B**

電動機の運転特性

教科書 SECTION 04

問題53 次の文章は，電動機と負荷のトルク特性の関係について述べたものである。

横軸が回転速度，縦軸がトルクを示す図において2本の曲線A，Bは，一方が電動機トルク特性，他方が負荷トルク特性を示している。

いま，曲線Aが［(ア)］特性，曲線Bが［(イ)］特性のときは，2本の曲線の交点Cは不安定な運転点である。これは，何らかの原因で電動機の回転速度がこの点から下降すると，電動機トルクと負荷トルクとの差により電動機が［(ウ)］されるためである。具体的に，電動機が誘導電動機であり，回転速度に対してトルクが変化しない定トルク特性の負荷のトルクの大きさが，誘導電動機の始動トルクと最大トルクとの間にある場合を考える。このとき，電動機トルクと負荷トルクとの交点は，回転速度零と最大トルクの回転速度との間，及び最大トルクの回転速度と同期速度との間の2箇所にある。交点Cは，［(エ)］との間の交点に相当する。

上記の記述中の空白箇所(ア)，(イ)，(ウ)及び(エ)に当てはまる組合せとして，正しいものを次の(1)～(5)のうちから一つ選べ。

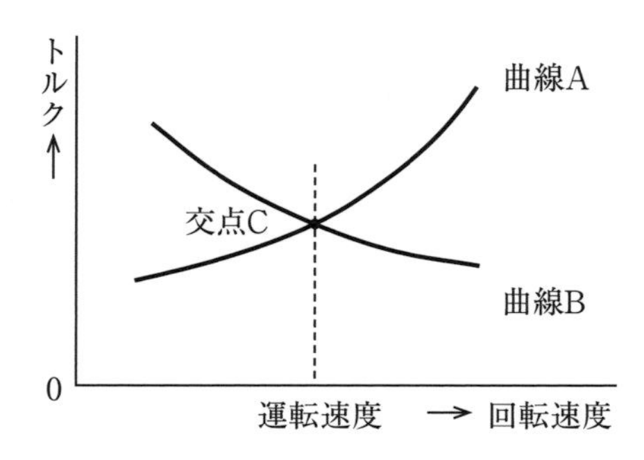

	(ア)	(イ)	(ウ)	(エ)
(1)	電動機トルク	負荷トルク	減　速	回転速度零と最大トルクの回転速度
(2)	電動機トルク	負荷トルク	減　速	最大トルクの回転速度と同期速度
(3)	負荷トルク	電動機トルク	減　速	回転速度零と最大トルクの回転速度
(4)	負荷トルク	電動機トルク	加　速	回転速度零と最大トルクの回転速度
(5)	負荷トルク	電動機トルク	加　速	最大トルクの回転速度と同期速度

H24-A5

	①	②	③	④	⑤
学習日					
理解度 (○/△/×)					

解説

曲線Aが電動機トルク特性，曲線Bが負荷トルク特性と仮定すると，電動機の回転速度が低下したとき，電動機トルクは減少し，負荷トルクは増加するので，トルク不足で電動機は減速する。このとき，交点Cは不安定な運転点となり，仮定が正しいことがわかる。すなわち，曲線Aは(ア)**電動機トルク特性**，曲線Bは(イ)**負荷トルク特性**を示す。

次に，誘導電動機トルクと定トルク特性の負荷トルクの関係を図に表すと次のようになる。

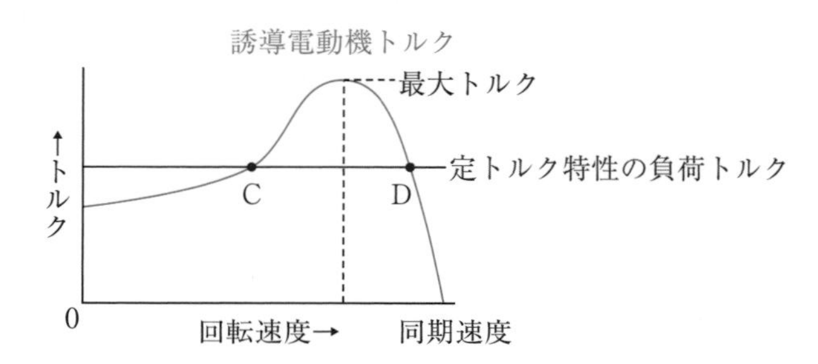

運転点Cでは，電動機の回転速度が低下すると，誘導電動機トルクも低下し，電動機はますます(ウ)**減速**する。また，電動機の回転速度が上昇すると，誘導電動機トルクは上昇し，電動機はさらに加速する。よって，不安定な運転点Cは，(エ)**回転速度零と最大トルクの回転速度**との間の交点に相当する。

よって，(1)が正解。

解答… (1)

ポイント

もし，曲線Aを負荷トルク特性，曲線Bを電動機トルク特性として考えると，電動機が減速したときに電動機のトルクは上昇することになるので，電動機は加速して交点Cに戻ります。なので交点Cが安定となります。

難易度 A 二次入力・二次銅損・出力の関係 教科書 SECTION 04

問題54 二次電流一定（トルクがほぼ一定の負荷条件）で運転している三相巻線形誘導電動機がある。滑り0.01で定格運転しているときに，二次回路の抵抗を大きくしたところ，二次回路の損失は30倍に増加した。電動機の出力は定格出力の何[%]になったか，最も近いものを次の(1)〜(5)のうちから一つ選べ。

(1) 10　(2) 30　(3) 50　(4) 70　(5) 90

H25-A4

	①	②	③	④	⑤
学習日					
理解度 (○/△/×)					

解説

二次入力P_2と機械的出力P_mの関係$P_2:P_m=1:(1-s)$ より,

$$P_m=(1-s)P_2=(1-0.01)P_2=0.99P_2$$

二次電流I_2が一定なので, 二次回路の損失$P_{c2}=3r_2I_2^2$が30倍に増加することは, 二次抵抗r_2が30倍に増加することを意味する。負荷トルクがほぼ一定なので, トルクの比例推移より, 二次抵抗r_2が30倍に増加すると, 滑りsも30倍に増加する。また, 二次電流I_2が一定で, トルクの比例推移より$\frac{r_2}{s}$も一定なので, 二次入力$P_2=3\frac{r_2}{s}I_2^2$も一定となる。

したがって, 二次回路の損失が30倍に増加したときの機械的出力と滑りを, それぞれP_m', s'とすると,

$$P_m'=(1-s')P_2=(1-0.30)P_2=0.70P_2$$

よって,

$$\frac{P_m'}{P_m}=\frac{0.70P_2}{0.99P_2}\fallingdotseq 0.7$$

となり, 電動機の出力は定格出力の70 %になるので, 正解は(4)。

解答… (4)

ポイント

トルクの比例推移より, 同一トルクの運転条件は次のようになります。

$$\frac{r_2}{s}=\frac{mr_2}{ms}=\frac{r_2+R}{s'}$$

つまり, 二次抵抗が大きくなっても, 滑りが大きくなればトルクは変わりません。

難易度 A

トルクの比例推移

教科書 SECTION 04

問題55 極数4で50 Hz用の巻線形三相誘導電動機があり，全負荷時の滑りは4 %である。全負荷トルクのまま，この電動機の回転速度を1 200 min^{-1}にするために，二次回路に挿入する1相当たりの抵抗[Ω]の値として，最も近いのは次のうちどれか。

ただし，巻線形三相誘導電動機の二次巻線は星形(Y)結線であり，各相の抵抗値は0.5 Ωとする。

(1) 2.0　(2) 2.5　(3) 3.0　(4) 7.0　(5) 7.5

H22-A4

	①	②	③	④	⑤
学習日					
理解度 (○/△/×)					

解説

同期速度の公式$N_s = \dfrac{120f}{p}$[min^{-1}]より，

$$N_s = \frac{120 \times 50}{4} = 1500\ \mathrm{min}^{-1}$$

回転速度Nが$1200\ \mathrm{min}^{-1}$のときの滑りs'は$s = \dfrac{N_s - N}{N_s}$より，

$$s' = \frac{1500 - 1200}{1500} = 0.2$$

抵抗挿入前の滑りをsとすると，二次回路に挿入する１相当たりの抵抗R[Ω]の値は，誘導電動機における同一トルクの運転条件である比例推移の性質より，$\dfrac{r_2}{s} = \dfrac{r_2 + R}{s'}$となるので，

$$\frac{0.5}{0.04} = \frac{0.5 + R}{0.2}$$

$$0.04 \times (0.5 + R) = 0.5 \times 0.2$$

$$\therefore R = \frac{0.5 \times 0.2}{0.04} - 0.5 = 2.0\ \Omega$$

よって，(1)が正解。

解答… (1)

誘導電動機の速度制御

教科書 SECTION 06

問題56 次の文章は，誘導機の速度制御に関する記述である。

誘導機の回転速度n[min^{-1}]は，滑りs，電源周波数f[Hz]，極数pを用いてn=120・ (ア) と表される。したがって，誘導機の速度は電源周波数によって制御することができ，特にかご形誘導電動機において (イ) 電源装置を用いた制御が広く利用されている。

かご形誘導機ではこの他に，運転中に固定子巻線の接続を変更して (ウ) を切り換える制御法や， (エ) の大きさを変更する制御法がある。前者は，効率はよいが，速度の変化が段階的となる。後者は，速度の安定な制御範囲を広くするために (オ) の値を大きくとり，銅損が大きくなる。

巻線形誘導機では， (オ) の値を調整することにより，トルクの比例推移を利用して速度を変える制御法がある。

上記の記述中の空白箇所(ア)，(イ)，(ウ)，(エ)及び(オ)に当てはまる組合せとして，正しいものを次の(1)～(5)のうちから一つ選べ。

	(ア)	(イ)	(ウ)	(エ)	(エ)
(1)	$\dfrac{sf}{p}$	CVCF	極数	一次電圧	一次抵抗
(2)	$\dfrac{(1-s)f}{p}$	CVCF	相数	二次電圧	二次抵抗
(3)	$\dfrac{sf}{p}$	VVVF	相数	二次電圧	一次抵抗
(4)	$\dfrac{(1-s)f}{p}$	VVVF	相数	一次電圧	一次抵抗
(5)	$\dfrac{(1-s)f}{p}$	VVVF	極数	一次電圧	二次抵抗

R1-A4

	①	②	③	④	⑤
学習日					
理解度 (○/△/×)					

解説

(ア) 誘導機の同期速度N_s[min^{-1}]は，電源周波数f[Hz]，極数pを用いて以下の式で示される。

$$N_s = \frac{120f}{p} [\text{min}^{-1}] \quad \cdots ①$$

また，誘導機の滑りsは，同期速度をN_s[min^{-1}]と回転速度n[min^{-1}]を用いて以下の式で示される。

$$s = \frac{N_s - n}{N_s}$$

これをn[min^{-1}]について変形すると，

$$sN_s = N_s - n$$

$$\therefore n = N_s - sN_s = N_s(1 - s)\,[\text{min}^{-1}]$$

上式に式①を代入すると，回転速度nを求める式は，

$$n = 120 \cdot_{(ア)} \frac{(1 - s)f}{p} [\text{min}^{-1}]$$

(イ) 誘導機の回転速度nは(ア)より$120 \cdot \frac{(1 - s)f}{p}$であるから，滑り$s$，電源周波数$f$[Hz]，極数$p$のいずれかを変化させることで制御できる。

一次周波数制御とは，誘導電動機の電源周波数を変化させることで回転速度を制御する方法であり，この一次周波数制御にはV/f制御，ベクトル制御，滑り周波数制御などがある。このうち，特にかご形誘導電動機においては，(イ)VVVF電源装置を用いたV/f制御が広く利用されている。

(ウ) かご形誘導機の速度制御方法の1つとして，固定子巻線（電源側）の接続を変更して，(ウ)**極数**を切り換えることによって速度制御する極数切替法がある。

(エ)(オ) かご形誘導機の速度制御方法の1つとして，(エ)**一次電圧**制御がある。

誘導機のトルクは一次電圧の2乗に比例するので，一次電圧を変化させることで，トルク特性曲線（縦軸にトルクと横軸に滑り（速度）の曲線）が変化して負荷トルクとつり合うときの滑りの値も変化させることができる。

ただし，この方法ではトルク特性曲線の傾きを小さくさせるために，(オ)**二次抵**

抗を大きい値で設計する必要があるので，二次銅損が大きくなってしまう。

また，巻線形誘導機では，回転子巻線（二次巻線）がスリップリングを通して外部抵抗を接続することができるので，二次側回路全体の抵抗である(ｵ)二次抵抗を変化させることができる。これを利用して，トルクの比例推移の性質より誘導機の滑りの値を変化させ，速度を制御する方法がある。

以上より，(5)が正解。

解答… (5)

CH
03
誘導機

難易度 B

電流と磁束の関係

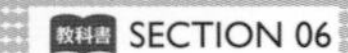

問題57 次のaからdの電動機を用いた駆動システムがある。

a．電機子用，界磁用の二つの直流電源で駆動される他励直流電動機

b．電機子及び界磁共用の一つの直流電源で駆動される直流直巻電動機

c．定格の電圧と定格の周波数との比を保って，電圧と周波数とを制御する交流電源で駆動され，一次抵抗及び漏れインダクタンスを無視できる三相誘導電動機

d．定格の0.9倍の電圧と定格の周波数との比を保って，電圧と周波数とを制御する交流電源で駆動され，一次抵抗及び漏れインダクタンスを無視できる三相誘導電動機

これらの駆動システムにおいて，ある速度で運転している電動機の負荷トルクが増加した場合に以下の運転をするとき，トルクの発生に寄与する電動機内の磁束の変動について考える。

a，bのシステムでは，直流電源で電機子電流を増加して，電動機の速度を一定に保つ。

c，dのシステムでは，交流電源の電圧と周波数を維持すると，滑りと一次電流は増加するが，滑りが小さいとすれば電動機の速度はほぼ一定に保たれる。

この運転において，a，bのシステムでは電機子電流に対して，また，c，dのシステムでは一次電流に対して，電動機内の磁束がほぼ比例して変化するのはどの駆動システムであるか。正しいものを次の(1)～(5)のうちから一つ選べ。

(1) a　(2) b　(3) cとd　(4) d　(5) bとd　　H25-A7

	①	②	③	④	⑤
学習日					
理解度 (○/△/×)					

解説

a．他励直流電動機は，界磁磁束を電機子とは別の電源から得ている。そのため，電機子電流を変化させても界磁磁束は変化しない。よって，aは**誤り**。

b．直流直巻電動機は，界磁電流と電機子電流が等しいので，界磁磁束は電機子電流に比例して変化する。よって，bは**正しい**。

c．V/f一定制御の場合，電動機内の磁束は一定で変化しない。よって，cは**誤り**。

d．定格電圧の0.9倍の電圧となっても，V/f一定制御であるから，磁束は一定である。よって，dは**誤り**。

以上より，(2)が正解。

解答… (2)

難易度 B

三相誘導電動機の始動法

教科書 SECTION 07

問題58 三相誘導電動機の始動においては，十分な始動トルクを確保し，始動電流は抑制し，かつ定常運転時の特性を損なわないように適切な方法を選定することが必要である。次の文章はその選定のために一般に考慮される特徴の幾つかを述べたものである。誤っているものを次の(1)〜(5)のうちから一つ選べ。

(1) 全電圧始動法は，直入れ始動法とも呼ばれ，かご形誘導電動機において電動機の出力が電源系統の容量に対して十分小さい場合に用いられる。始動電流は定格電流の数倍程度の値となる。

(2) 二重かご形誘導電動機は，回転子に二重のかご形導体を設けたものであり，始動時には電流が外側導体に偏り始動特性が改善されるので，普通かご形誘導電動機と比較して大きな容量まで全電圧始動法を用いることができる。

(3) Y－Δ始動法は，一次巻線を始動時のみY結線とすることにより始動電流を抑制する方法であり，定格出力が5〜15 kW程度のかご形誘導電動機に用いられる。始動トルクはΔ結線における始動時の$\dfrac{1}{\sqrt{3}}$倍となる。

(4) 始動補償器法は，三相単巻変圧器を用い，使用する変圧器のタップを切り換えることによって低電圧で始動し運転時には全電圧を加える方法であり，定格出力が15 kW程度より大きなかご形誘導電動機に用いられる。

(5) 巻線形誘導電動機の始動においては，始動抵抗器を用いて始動時に二次抵抗を大きくすることにより始動電流を抑制しながら始動トルクを増大させる方法がある。これは誘導電動機のトルクの比例推移を利用したものである。

H30-A4

解説

(1) 全電圧始動法は，直入れ始動法とも呼ばれ，停止している誘導電動機に，定格電圧をいきなり加える方法であり，主に小容量の誘導電動機に採用される。始動電流は定格電流の数倍程度となる。よって，(1)は正しい。

(2) 二重かご形誘導電動機は，回転子に二重のかご形導体を設けたものであり，始動時は二次電流は抵抗率の大きい外側導体に偏る。このため始動電流を小さくするとともに始動トルクを大きくすることができ，普通かご形誘導電動機と比較して大きな容量まで全電圧始動法を使うことができる。よって，(2)は正しい。

(3) Y-Δ始動法は，始動時に一次巻線をY結線とし，十分に加速したときΔ結線とする方法である。Y結線の相電圧は線間電圧の$\frac{1}{\sqrt{3}}$倍になるので一次電圧が$\frac{1}{\sqrt{3}}$倍になる。トルクは一次電圧の２乗に比例するため，始動トルクはΔ結線時と比較して$\frac{1}{3}$倍になる。よって，(3)は**誤り**。

(4) 始動補償器法は，誘導電動機の一次側に，三相単巻変圧器（始動補償器）を接続して，始動電圧を下げる方法である。回転速度が十分に増したとき，スイッチを切り替えて定格電圧とする。よって，(4)は正しい。

(5) 巻線形誘導電動機は，始動時に二次側回路の抵抗を大きくし，トルクの比例推移により始動トルクを大きくしつつ始動電流を小さくすることができる。よって，(5)は正しい。

以上より，(3)が正解。

解答… (3)

	①	②	③	④	⑤
学習日					
理解度 (○/△/×)					

かご形誘導電動機の速度特性

教科書 SECTION 07

問題59 次の文章は，三相かご形誘導電動機に関する記述である。

定格負荷時の効率を考慮して二次抵抗値は，できるだけ［ (ア) ］する。滑り周波数が大きい始動時には，かご形回転子の導体電流密度が［ (イ) ］となるような導体構造（たとえば深溝形）にして，始動トルクを大きくする。

定格負荷時は，無負荷時より［ (ウ) ］であり，その差は［ (エ) ］。このことから三相かご形誘導電動機は［ (オ) ］電動機と称することができる。

上記の記述中の空白箇所(ア)，(イ)，(ウ)，(エ)及び(オ)に当てはまる組合せとして，正しいものを次の(1)〜(5)のうちから一つ選べ。

	(ア)	(イ)	(ウ)	(エ)	(オ)
(1)	小さく	不均一	低速度	小さい	定速度
(2)	大きく	不均一	低速度	大きい	変速度
(3)	小さく	均　一	低速度	小さい	定速度
(4)	大きく	均　一	高速度	大きい	変速度
(5)	小さく	不均一	高速度	小さい	変速度

H26-A3

	①	②	③	④	⑤
学習日					
理解度 (○/△/×)					

解説

(ア) 定格負荷時の効率を上げるためには，二次抵抗値はできるだけ小さくする方がよい。

(イ) 導体構造を深溝形にすると，電流密度は不均一になる。

(ウ) 定格負荷時の速度は無負荷時よりも低速度である。

(エ) しかしながら，定格負荷時の滑りは小さく，無負荷時と定格負荷時の回転速度の差は小さい。

(オ) そのため，三相かご形誘導電動機は定速度電動機といえる。

以上より，(1)が正解。

解答… (1)

ポイント

導体構造を深溝形にすると，内側の漏れ磁束が大きくなり，始動時のリアクタンスが大きくなります。つまり，始動時の電流は外側に集中し，電流の流れる面積が小さくなるので抵抗が大きくなり，始動トルクも大きくなります。

ポイント

深溝かご形誘導電動機の速度が大きくなると，滑りは小さくなり，リアクタンスが減少します。すると，電流は一様に流れるようになるので運転時の抵抗は小さくなります。

難易度 C

三相誘導電動機の回転磁界

教科書 SECTION 08

問題60 三相誘導電動機の回転磁界に関する記述として，誤っているものを次の(1)～(5)のうちから一つ選べ。

(1) 三相誘導電動機の一次巻線による励磁と，三相同期電動機の電機子反作用とは，それぞれの機種固有の表現になっているが，三相巻線に電流が流れて生じる回転磁界という点では同じ現象である。

(2) 3組のコイルを互いに電気角で120°ずらして配置し，三相電源から三相交流を流せば回転磁界ができる。磁界の回転方向を逆転させるには，三相電源の3線のうち，いずれかの2線を入れ換える。

(3) 交番磁界は正転と逆転の回転磁界を合成したものである。三相電源の3線のうち1線が断線した三相誘導電動機の回転磁界は単相の交番磁界であるが，正転の回転磁界が残っているので，静止時に負荷が軽い場合は正回転を始める。

(4) 回転磁界の隣り合う磁極間（N極とS極間）の幾何学的角度は，2極機は180°，4極機は90°，6極機は60°，8極機は45°であるが，電気角は全て180°である。

(5) 三相交流の1周期の間に，回転磁界は電気角で360°回転する。幾何学的角度では，2極機は360°，4極機では180°，6極機では120°，8極機では90°回転するので，極数を多くすると，回転速度を小さくすることができる。

H25-A3

	①	②	③	④	⑤
学習日					
理解度 (○/△/×)					

解説

(3) 交番磁界は正転と逆転の回転磁界を合成したものであると考えることができる。

三相電源の3線のうち1線が断線すると，静止時は，負荷が軽い場合でも，正転方向のトルクと逆転方向の合成トルクがゼロになるので**回転しない**。したがって，記述は**誤り**である。

よって，(3)が正解。

解答… (3)

交番磁界は時間とともに大きさと方向が変化する磁界です。交番磁界は次の図のように分解できます。

交番磁界 = 正転の回転磁界 + 逆転の回転磁界

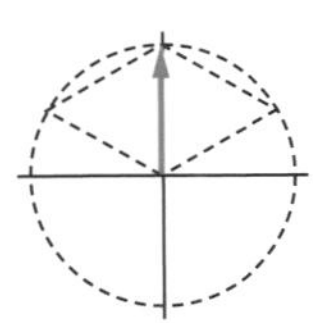

=

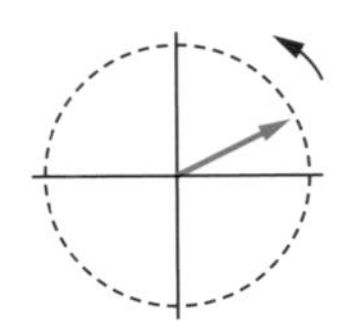

+

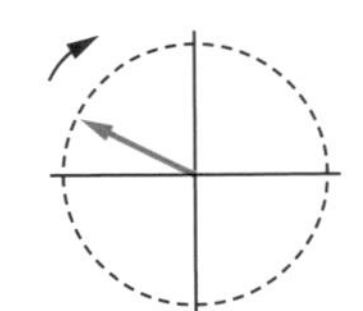

矢印はくり返し
上下する

難易度 B

誘導電動機の始動方法

教科書 SECTION 08

問題61 次の文章は，誘導電動機の始動に関する記述である。

a．三相巻線形誘導電動機は，二次回路を調整して始動する。トルクの比例推移特性を利用して，トルクが最大値となる滑りを［ (ア) ］付近になるようにする。具体的には，二次回路を［ (イ) ］で引き出して抵抗を接続し，二次抵抗値を定格運転時よりも大きな値に調整する。

b．三相かご形誘導電動機は，一次回路を調整して始動する。具体的には，始動時はY結線，通常運転時はΔ結線にコイルの接続を切り替えてコイルに加わる電圧を下げて始動する方法，［ (ウ) ］を電源と電動機の間に挿入して始動時の端子電圧を下げる方法，及び［ (エ) ］を用いて電圧と周波数の両者を下げる方法がある。

c．三相誘導電動機では，三相コイルが作る磁界は回転磁界である。一方，単相誘導電動機では，単相コイルが作る磁界は交番磁界であり，主コイルだけでは始動しない。そこで，主コイルとは［ (オ) ］が異なる電流が流れる補助コイルやくま取りコイルを固定子に設けて，回転磁界や移動磁界を作って始動する。

上記の記述中の空白箇所(ア)，(イ)，(ウ)，(エ)及び(オ)に当てはまる組合せとして，正しいものを次の(1)～(5)のうちから一つ選べ。

	(ア)	(イ)	(ウ)	(エ)	(オ)
(1)	1	スリップリング	始動補償器	インバータ	位　相
(2)	0	整流子	始動コンデンサ	始動補償器	位　相
(3)	1	スリップリング	始動抵抗器	始動コンデンサ	周波数
(4)	0	整流子	始動コンデンサ	始動抵抗器	位　相
(5)	1	スリップリング	始動補償器	インバータ	周波数

H23-A2

解説

a．三相誘導電動機には，トルクの比例推移という性質がある。トルクの比例推移とは，あるトルクを発生させる滑りsと二次抵抗rは比例関係にあり，$\dfrac{r}{s}$は一定になることをいう。そのため，始動時（滑り＝(ア)**1**）に最大トルクが発生するように，(イ)**スリップリング**，ブラシを通して二次回路に抵抗を接続すると，三相巻線形誘導電動機の始動特性を改善することができる（言い換えると，始動電流を小さく，かつ始動トルクを大きくすることができる）。

b．三相かご形誘導電動機の始動法には，Y－Δ始動法や始動補償器法がある。始動補償器法は，誘導電動機の一次側に，(ウ)**始動補償器**を接続して，始動電圧を下げる方法である。また，(エ)**インバータ**を用いて電圧と周波数を変化させる方法もあり，滑らかな始動と速度制御ができる。

c．単相誘導電動機は，始動トルクがゼロなので，始動装置が必要である。一般的には，異なる(オ)**位相**の電流が流れる補助巻線を用いて，回転磁界をつくる。

よって，(1)が正解。

解答… (1)

	①	②	③	④	⑤
学習日					
理解度 (○/△/×)					

CHAPTER 04

同期機

難易度 A 同期速度と極数(1)

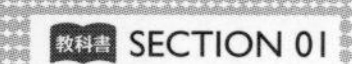

問題62 回転速度600 min^{-1}で運転している極数12の同期発電機がある。この発電機に極数8の同期発電機を並行運転させる場合，極数8の発電機の回転速度[min^{-1}]の値として，正しいのは次のうちどれか。

(1) 400　(2) 450　(3) 600　(4) 900　(5) 1 200

H13-A4

	①	②	③	④	⑤
学習日					
理解度 (○/△/×)					

難易度 A 同期速度と極数(2)

教科書 SECTION 01

問題63 定格出力2 000 kW，定格電圧3.3 kV，定格周波数60 Hz，力率80 %，回転速度240 min^{-1}と銘板に記載された同期電動機がある。この電動機の極対数として，正しいのは次のうちどれか。

(1) 15　(2) 20　(3) 30　(4) 60　(5) 120

H17-A5

	①	②	③	④	⑤
学習日					
理解度 (○/△/×)					

解説

周波数をf[Hz]，極数をpとすると，同期速度N_s[min^{-1}]を求める式より，

$$N_s = \frac{120f}{p}[\text{min}^{-1}]$$

$$\therefore f = \frac{N_s p}{120} = \frac{600 \times 12}{120} = 60\ \text{Hz}$$

以上より，極数8の同期発電機も並列運転により60 Hzで発電しているので，同期速度N_s' [min^{-1}]は，

$$N_s' = \frac{120 \times 60}{8} = 900\ \text{min}^{-1}$$

よって，(4)が正解。

解答…　(4)

解説

周波数をf[Hz]，極数をpとすると，同期速度N_s[min^{-1}]を求める式より，

$$N_s = \frac{120f}{p}[\text{min}^{-1}]$$

$$\therefore p = \frac{120f}{N_s} = \frac{120 \times 60}{240} = 30\ 極$$

極対数は，極数の半分なので，$\frac{p}{2} = \frac{30}{2} = 15$となる。

よって，(1)が正解。

解答…　(1)

ポイント

N極とS極の2極を1組と考えたときの組数を，極対数といいます。

同期発電機の電圧・電流・ベクトル図

教科書 SECTION 01

問題64 図は，三相同期発電機が負荷を負って遅れ力率角ϕで運転しているときの，電機子巻線1相についてのベクトル図である。ベクトル(ア)，(イ)，(ウ)及び(エ)が表すものとして，正しいものを組み合わせたのは次のうちどれか。

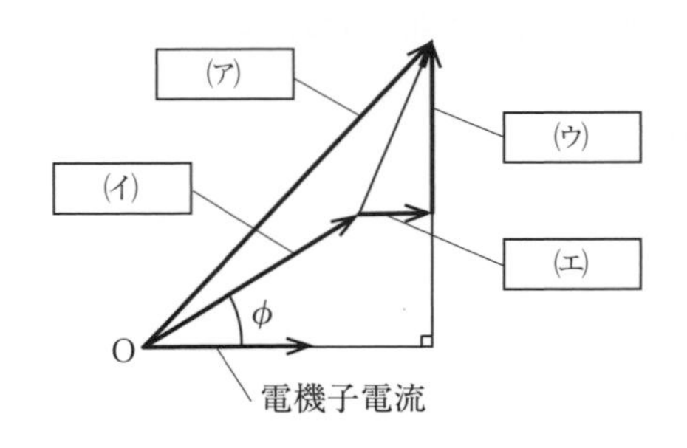

	(ア)	(イ)	(ウ)	(エ)
(1)	誘導起電力	端子電圧	同期リアクタンス降下	電機子巻線抵抗降下
(2)	誘導起電力	端子電圧	電機子巻線抵抗降下	同期インピーダンス降下
(3)	端子電圧	誘導起電力	同期リアクタンス降下	電機子巻線抵抗降下
(4)	誘導起電力	端子電圧	同期インピーダンス降下	同期リアクタンス降下
(5)	端子電圧	誘導起電力	電機子巻線抵抗降下	同期リアクタンス降下

H16-A6

	①	②	③	④	⑤
学習日					
理解度 (○/△/×)					

解説

三相同期発電機の等価回路は下図となる。

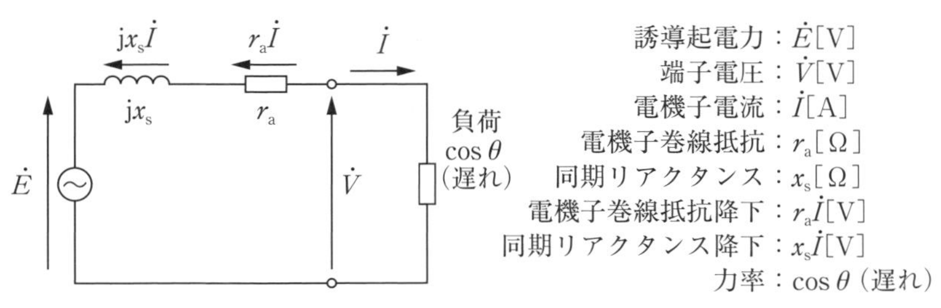

キルヒホッフの電圧則より，式を立てると，

$$\dot{E}=\dot{V}+r_a\dot{I}+jx_s\dot{I}$$

ゆえに，電機子電流$\dot{I}$を基準にすると，電圧と電流のベクトル図は下図となる。

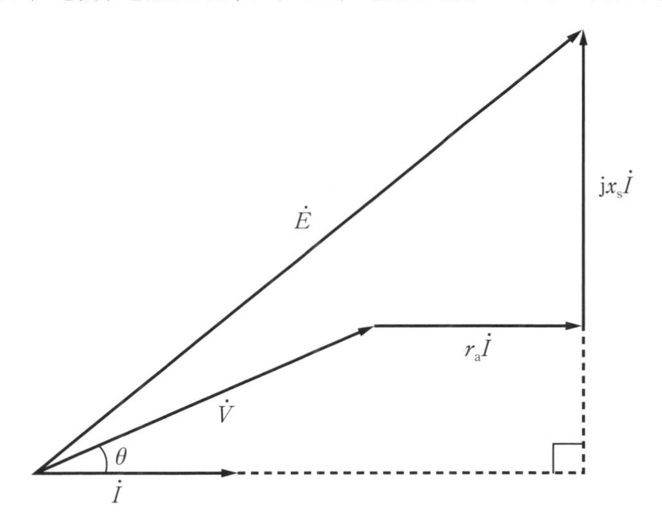

したがって，(ア)**誘導起電力**，(イ)**端子電圧**，(ウ)**同期リアクタンス降下**，(エ)**電機子巻線抵抗降下**となるので，(1)が正解。

解答… (1)

ポイント

同期リアクタンスおよび電機子巻線抵抗による電圧降下を，それぞれ同期リアクタンス降下および電機子巻線抵抗降下といいます。

難易度 A

同期発電機のベクトル計算(1)

教科書 SECTION 01

問題65 定格容量3 300 kV·A，定格電圧6 600 V，星形結線の三相同期発電機がある。この発電機の電機子巻線の一相当たりの抵抗は0.15 Ω，同期リアクタンスは12.5 Ωである。この発電機を負荷力率100 %で定格運転したとき，一相当たりの内部誘導起電力[V]の値として，最も近いのは次のうちどれか。

ただし，磁気飽和は無視できるものとする。

(1) 3 050　(2) 4 670　(3) 5 280　(4) 7 460　(5) 9 150

H20-A5

	①	②	③	④	⑤
学習日					
理解度 (○/△/×)					

解説

同期発電機の定格運転時の一相当たりの等価回路は下図となる。

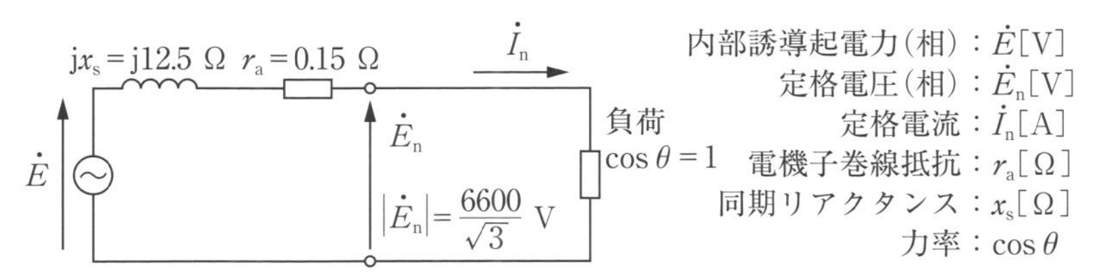

キルヒホッフの電圧則より，式を立てると，

$$\dot{E} = \dot{E}_n + r_a\dot{I}_n + jx_s\dot{I}_n$$

ゆえに，定格電圧$\dot{E}_n$を基準にすると，電圧と電流のベクトル図は下図となる。

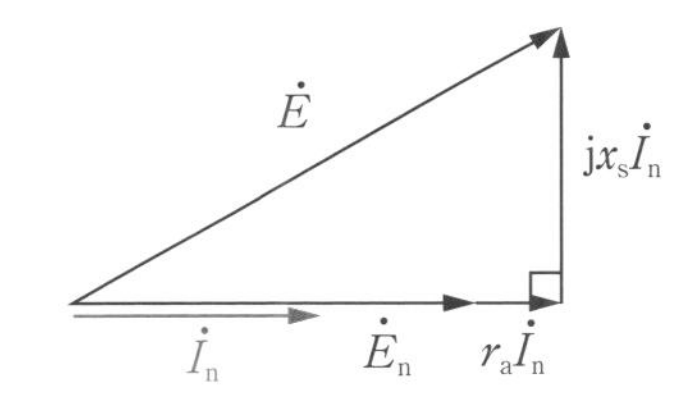

定格出力P_n[V・A]の式より，定格電流I_n[A]を求める。

$$I_n = \frac{P_n}{E_n} = \frac{3300 \times 10^3}{\sqrt{3} \times 6600} \fallingdotseq 288.7\ \text{A}$$

ベクトル図より，内部誘導起電力E[V]は，

$$E = \sqrt{(E_n + r_aI_n)^2 + (x_sI_n)^2}$$
$$= \sqrt{\left(\frac{6600}{\sqrt{3}} + 0.15 \times 288.7\right)^2 + (12.5 \times 288.7)^2} \fallingdotseq 5280\ \text{V}$$

よって，(3)が正解。

解答… (3)

CH 04 同期機

難易度 A

同期発電機のベクトル計算と出力

教科書 SECTION 01

問題66 1相当たりの同期リアクタンスが1 Ωの三相同期発電機が無負荷電圧346 V（相電圧200 V）を発生している。そこに抵抗器負荷を接続すると電圧が300 V（相電圧173 V）に低下した。次の(a)及び(b)に答えよ。

ただし，三相同期発電機の回転速度は一定で，損失は無視するものとする。

(a) 電機子電流[A]の値として，最も近いのは次のうちどれか。

(1) 27　(2) 70　(3) 100　(4) 150　(5) 173

(b) 出力[kW]の値として，最も近いのは次のうちどれか。

(1) 24　(2) 30　(3) 52　(4) 60　(5) 156

H22-B15

	①	②	③	④	⑤
学習日					
理解度 (○/△/×)					

解説

同期発電機に抵抗器負荷を接続した１相当たりの等価回路は下図となる。

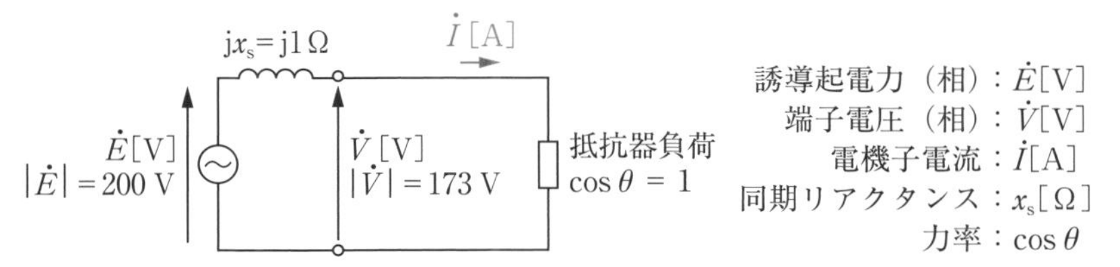

無負荷電圧＝誘導起電力となるので，$|\dot{E}| = 200$ V となる。

キルヒホッフの電圧則より，式を立てると，

$$\dot{E} = \dot{V} + jx_s\dot{I}$$

よって，端子電圧 $\dot{V}$[V]を基準にすると，電圧と電流のベクトル図は下図となる。

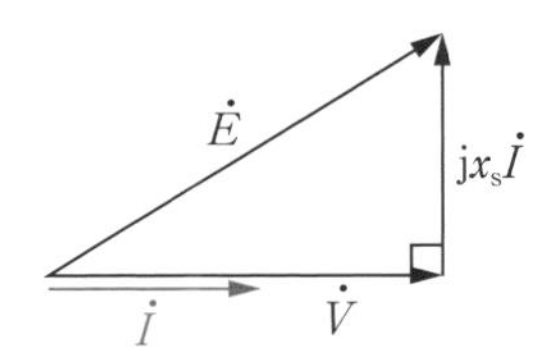

(a)　電機子電流の大きさ I[A]は，ピタゴラスの定理より，

$$E^2 = V^2 + (x_sI)^2$$

$$1 \times I^2 = 200^2 - 173^2$$

$$\therefore I = \sqrt{10071} \fallingdotseq 100 \text{ A}$$

よって，(3)が正解。

(b)　抵抗器負荷の抵抗値を R[Ω]とすると，三相同期発電機の出力 P[W]は，

$$P = 3 \times RI^2 \text{[W]}$$

$R = \dfrac{V}{I}$ なので，

$$R = \frac{173}{100} = 1.73\ \Omega$$

したがって，$P = 3 \times 1.73 \times 100^2 = 51900$ W → 52 kW

よって，(3)が正解。

解答… (a)(3)　(b)(3)

ポイント

問題文に「損失は無視するものとする」と書かれているので，電機子巻線抵抗を無視することができます。

難易度 A

同期発電機のベクトル計算(2)

教科書 SECTION 01

問題67 次の文章は，同期発電機に関する記述である。

Y結線の非突極形三相同期発電機があり，各相の同期リアクタンスが3Ω，無負荷時の出力端子と中性点間の電圧が424.2Vである。この発電機に1相当たり$R+\mathrm{j}X_{\mathrm{L}}$[Ω]の三相平衡Y結線の負荷を接続したところ各相に50Aの電流が流れた。接続した負荷は誘導性でそのリアクタンス分は3Ωである。ただし，励磁の強さは一定で変化しないものとし，電機子巻線抵抗は無視するものとする。

このときの発電機の出力端子間電圧[V]の値として，最も近いものを次の(1)～(5)のうちから一つ選べ。

(1) 300　(2) 335　(3) 475　(4) 581　(5) 735

H23-A4

	①	②	③	④	⑤
学習日					
理解度 (○/△/×)					

解説

同期発電機のY結線負荷接続時の一相あたりの等価回路を示す。

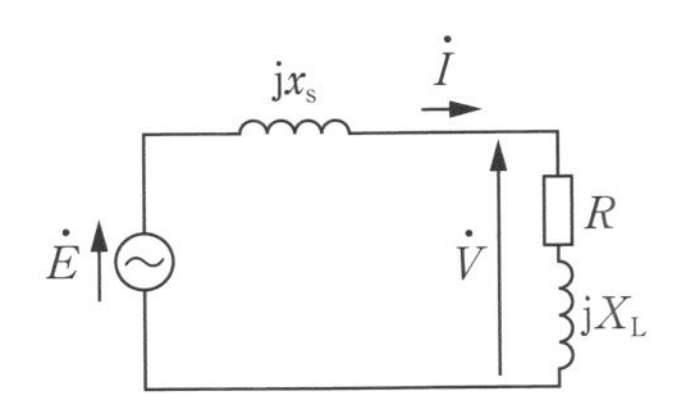

誘導起電力（相）：$\dot{E}$[V]
端子電圧（相）：$\dot{V}$[V]
電機子電流：$\dot{I}$[A]
同期リアクタンス：x_s[Ω]
Y結線負荷（相）：$R+jX_L$[Ω]

回路インピーダンスZ[Ω]の式より，上図の負荷の抵抗成分R[Ω]を求める。

$$Z=\frac{E}{I}=\sqrt{R^2+(x_s+X_L)^2} \quad \cdots ①$$

無負荷時の同期リアクタンスにおける電圧降下は無視できるので，このときの出力端子と中性点間の電圧424.2 Vは，一相あたりの誘導起電力E[V]に等しい。

よって，①式を2乗して，Rについて整理すると，

$$R^2=\frac{E^2}{I^2}-(x_s+X_L)^2$$

$$=\frac{424.2^2}{50^2}-(3+3)^2$$

$$\therefore R \fallingdotseq 6\ \Omega$$

一相あたりの負荷のインピーダンスZ_L[Ω]は，

$$Z_L=\sqrt{R^2+X_L{}^2}=\sqrt{6^2+3^2} \fallingdotseq 6.71\ \Omega$$

接続した負荷はY結線負荷であり，Y結線負荷では線間電圧$=\sqrt{3}\times$相電圧なので，出力端子間電圧V_ℓ[V]は，

$$V_\ell=\sqrt{3}Z_L I$$

$$=\sqrt{3}\times 6.71\times 50 \fallingdotseq 581\ \text{V}$$

よって，(4)が正解。

解答… (4)

難易度 A

同期機の電機子反作用

教科書 SECTION 01

問題68 次の文章は，三相同期発電機の電機子反作用に関する記述である。

三相同期発電機の電機子巻線に電流が流れると，この電流によって電機子反作用が生じる。図1は，力率1の電機子電流が流れている場合の電機子反作用を説明する図である。電機子電流による磁束は，図の各磁極の (ア) 側では界磁電流による磁束を減少させ，反対側では増加させる交差磁化作用を起こす。

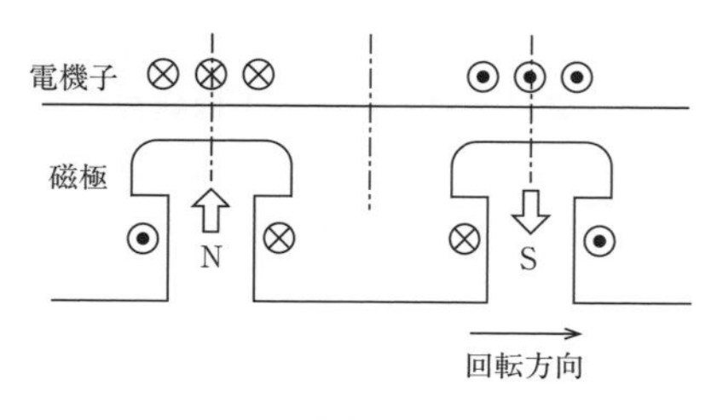

図1

次に遅れ力率0の電機子電流が流れた場合を考える。このときの磁極と電機子電流との関係は，図2 (イ) となる。このとき，N及びS両磁極の磁束はいずれも (ウ) する。進み力率0の電機子電流のときには逆になる。

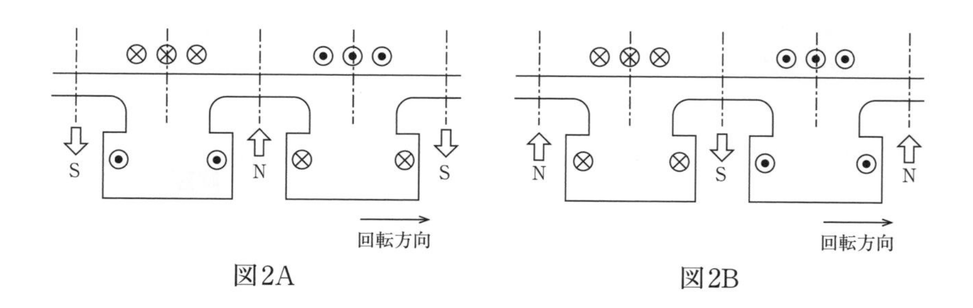

図2A　　　図2B

電機子反作用によるこれらの作用は，等価回路において電機子回路に直列に接続された (エ) として扱うことができる。

上記の記述中の空白箇所(ア), (イ), (ウ)及び(エ)に当てはまる組合せとして, 正しいものを次の(1)~(5)のうちから一つ選べ。

	(ア)	(イ)	(ウ)	(エ)
(1)	右	A	減少	リアクタンス
(2)	右	B	増加	リアクタンス
(3)	左	A	減少	抵抗
(4)	左	B	減少	リアクタンス
(5)	左	A	増加	抵抗

H26-A5

	①	②	③	④	⑤
学習日					
理解度 (○/△/×)					

解説

右ねじの法則より，電機子電流による磁束の向きを赤の矢印で，界磁電流による磁束の向きを黒の太矢印で下図に示す。

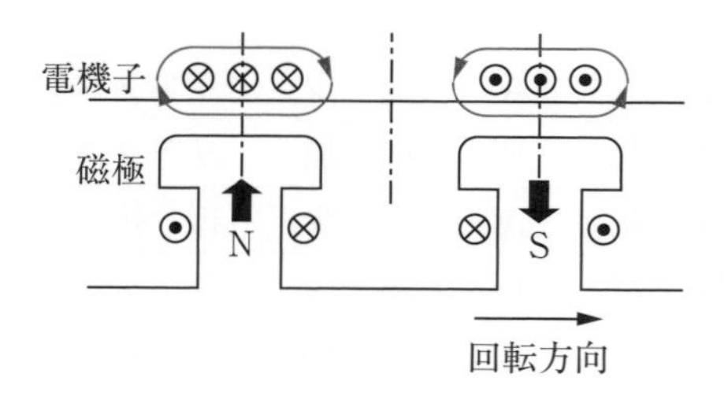

各磁極の(ア)**右**側では，赤の矢印の向きと黒の太矢印の向きが反対なので，電機子反作用により磁束が減少する。

遅れ力率0の電機子電流が流れた場合，減磁作用が起こる。電機子反作用によって磁束が減少するのは，図2(イ)**A**である。また，N及びS両磁極の磁束は，下図より，赤の矢印の向きと黒の太矢印の向きが反対なので，電機子反作用によりいずれも(ウ)**減少**する。

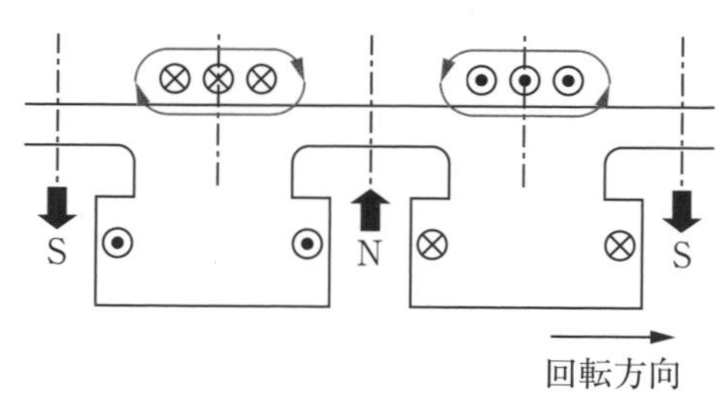

電機子反作用による作用は，等価回路において直列に接続された(エ)**リアクタンス**として扱うことができる。

よって，(1)が正解。

解答… (1)

同期機
CH
04

難易度B 無負荷飽和曲線と三相短絡曲線

教科書 SECTION 01

問題69 三相同期発電機があり，無負荷で端子電圧（線間）15.2 kVを発生させるのに必要な界磁電流は500 Aである。この界磁電流を100 Aにして短絡試験を行ったとき，短絡電流860 Aが流れた。界磁電流が500 Aのとき，この発電機の同期インピーダンス[Ω]の値として，最も近いのは次のうちどれか。

(1) 0.55　(2) 2.04　(3) 3.53　(4) 6.86　(5) 10.2

H15-A4

	①	②	③	④	⑤
学習日					
理解度 (○/△/×)					

難易度B 短絡比と銅機械・鉄機械

教科書 SECTION 01

問題70 三相同期発電機の短絡比に関する記述として，誤っているのは次のうちどれか。

(1) 短絡比を小さくすると，発電機の外形寸法が小さくなる。
(2) 短絡比を小さくすると，発電機の安定度が悪くなる。
(3) 短絡比を小さくすると，電圧変動率が小さくなる。
(4) 短絡比が小さい発電機は，銅機械と呼ばれる。
(5) 短絡比が小さい発電機は，同期インピーダンスが大きい。

H15-A5

	①	②	③	④	⑤
学習日					
理解度 (○/△/×)					

解説

問題文より，無負荷飽和曲線と三相短絡曲線は下図のようになり，三相短絡曲線における縦軸と横軸の比から$I_s = 4300$ Aとなる。

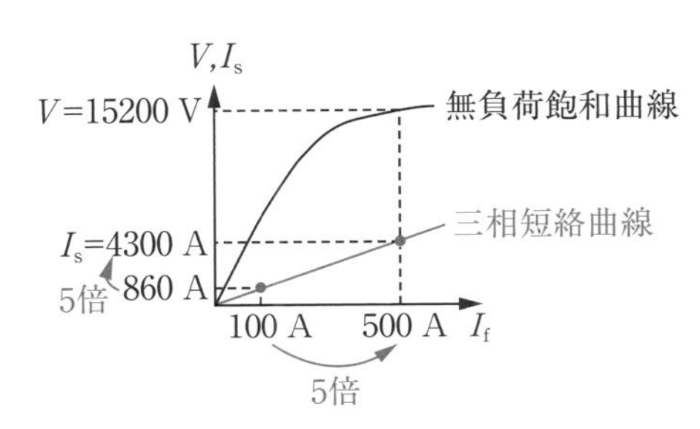

このときの同期インピーダンスZ_s[Ω]は公式から，

$$Z_s = \frac{V}{\sqrt{3} I_s} = \frac{15200}{\sqrt{3} \times 4300} \fallingdotseq 2.04\ \Omega$$

よって，(2)が正解。

解答… (2)

解説

短絡比$K_s = \dfrac{1}{\%Z_s} \times 100$の関係があり，短絡比は同期インピーダンスと反比例する。

	K_sが小さい	K_sが大きい
Z_s	大きい	小さい
電機子反作用	大きい	小さい
電圧変動率	大きい	小さい
重量	軽い	重い
外形	小型	大型
安定度	悪い	良い
名称	銅機械	鉄機械

よって，上表より，(3)が誤り。

解答… (3)

ポイント

短絡比が小さい→百分率同期インピーダンスが大きい→同期インピーダンスが大きい（＝電圧変動率が大きい）→電機子反作用が大きい→電機子巻線の巻数が多い→銅機械（＝鉄心が小さく外径が小さい）

となります。

難易度 A

短絡比(1)

教科書 SECTION 01

問題71 定格出力5 000 kV･A，定格電圧6 600 Vの三相同期発電機がある。無負荷時に定格電圧となる励磁電流に対する三相短絡電流（持続短絡電流）は，500 Aであった。この同期発電機の短絡比の値として，最も近いのは次のうちどれか。

(1) 0.660　(2) 0.875　(3) 1.00　(4) 1.14　(5) 1.52

H21-A5

	①	②	③	④	⑤
学習日					
理解度 (○/△/×)					

解説

定格出力P_n[W]の式より，定格電流I_n[A]を求める。

$$P_n = \sqrt{3} V_n I_n$$

$$\therefore I_n = \frac{P_n}{\sqrt{3} V_n} = \frac{5000 \times 10^3}{\sqrt{3} \times 6600} \doteqdot 437.4 \text{ A}$$

短絡比K_sは短絡電流I_s[A]と定格電流I_nを用いて表される。

$$K_s = \frac{I_s}{I_n} = \frac{500}{437.4} \doteqdot 1.14$$

よって，(4)が正解。

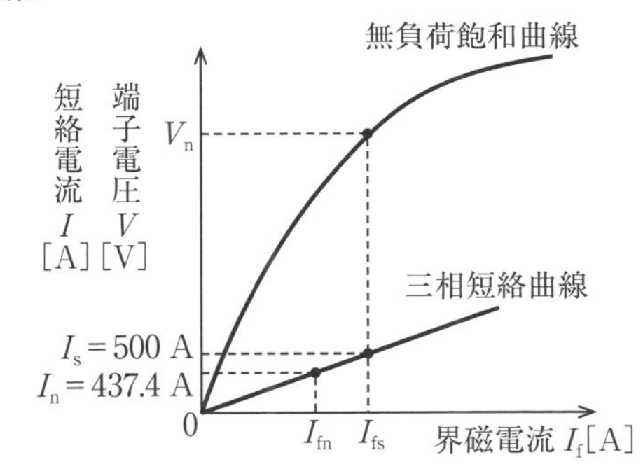

解答… (4)

難易度 B

短絡比(2)

教科書 SECTION 01

問題72 定格電圧6 600 V，定格電流500 Aの三相同期発電機がある。無負荷で定格電圧を発生させるのに必要な界磁電流は88 Aであり，三相短絡試験における界磁電流I_fと電機子電流I_sとの関係は図のとおりである。

この同期発電機の短絡比の値として，正しいのは次のうちどれか。

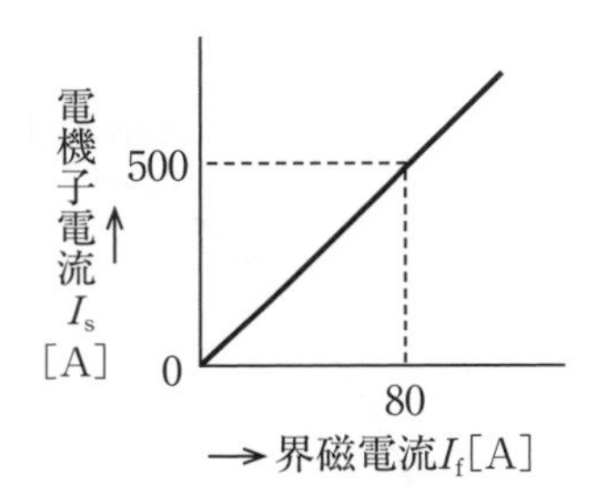

(1) 0.91　(2) 1.10　(3) 1.21　(4) 5.68　(5) 6.25

H12-A2

	①	②	③	④	⑤
学習日					
理解度 (○/△/×)					

解説

問題文における同期発電機の三相短絡曲線は下図のようになり，三相短絡曲線における縦軸と横軸の比から，$I_{f1}=80$ A となる。

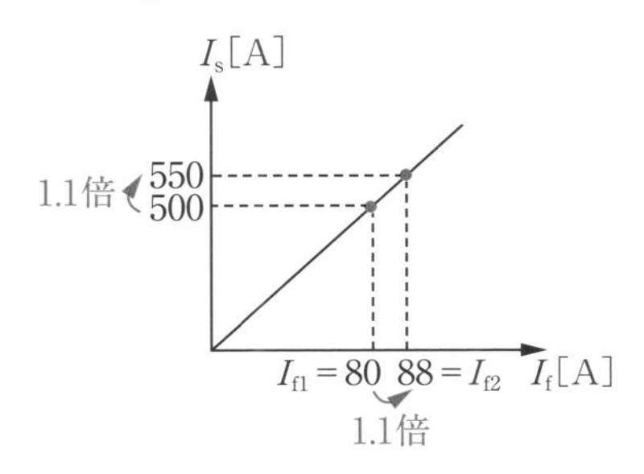

短絡比K_sは，三相短絡時に定格電流を流すために必要な界磁電流I_{f1}[A]と，無負荷時に定格電圧を発生させるのに必要な界磁電流I_{f2}[A]を用いて表される。

$$K_s=\frac{I_{f2}}{I_{f1}}=\frac{88}{80}=1.10$$

よって，(2)が正解。

解答… (2)

短絡比(3)

教科書 SECTION 01

問題73 三相同期発電機があり，定格出力は5 000 kV・A，定格電圧は6.6 kV，短絡比は1.1である。この発電機の同期インピーダンス[Ω]の値として，最も近いのは次のうちどれか。

(1) 2.64　(2) 4.57　(3) 7.92　(4) 13.7　(5) 23.8

H16-A5

	①	②	③	④	⑤
学習日					
理解度 (○/△/×)					

解説

同期インピーダンスを求めるためには，短絡電流I_sの値が必要であるが，与えられていないため，短絡比の式より求める。また，定格電流I_nの値も必要であるため，定格出力の式より求める。

定格電圧を$V_n = 6.6\ \mathrm{kV} = 6.6 \times 10^3\ \mathrm{V}$, 定格出力を$P_n = 5000\ \mathrm{kV \cdot A} = 5000 \times 10^3\ \mathrm{V \cdot A}$とすると，定格電流$I_n$[A]は，

$$P_n = \sqrt{3} V_n I_n$$

$$\therefore I_n = \frac{P_n}{\sqrt{3} V_n} = \frac{5000 \times 10^3}{\sqrt{3} \times 6600} \fallingdotseq 437\ \mathrm{A}$$

短絡比K_sの式より，短絡電流I_s[A]は，

$$K_s = \frac{I_s}{I_n}$$

$$\therefore I_s = K_s I_n = 1.1 \times 437 \fallingdotseq 481\ \mathrm{A}$$

したがって，同期インピーダンスZ_s[Ω]は，

$$Z_s = \frac{V_n}{\sqrt{3} I_s} = \frac{6600}{\sqrt{3} \times 481} \fallingdotseq 7.92\ \Omega$$

よって，(3)が正解。

解答… (3)

難易度 A 短絡比と同期インピーダンス(1)

教科書 SECTION 01

問題74 定格電圧6.6 kV，定格電流1 050 Aの三相同期発電機がある。この発電機の短絡比は1.25である。

この発電機の同期インピーダンス[Ω]の値として，最も近いものを次の(1)〜(5)のうちから一つ選べ。

(1) 0.80　(2) 2.90　(3) 4.54　(4) 5.03　(5) 7.86

H25-A6

	①	②	③	④	⑤
学習日					
理解度 (○/△/×)					

難易度 A 短絡比と同期インピーダンス(2)

問題75 定格速度，励磁電流480 A，無負荷で運転している三相同期発電機がある。この状態で，無負荷電圧（線間）を測ると12 600 Vであった。つぎに，96 Aの励磁電流を流して短絡試験を実施したところ，短絡電流は820 Aであった。この同期発電機の同期インピーダンス[Ω]の値として，最も近いのは次のうちどれか。

ただし，磁気飽和は無視できるものとする。

(1) 1.77　(2) 3.07　(3) 15.4　(4) 44.4　(5) 76.8

H19-A5

	①	②	③	④	⑤
学習日					
理解度 (○/△/×)					

解説

短絡比K_sは短絡電流I_s[A]と定格電流I_n[A]を用いて表される。

$$K_s = \frac{I_s}{I_n}$$

$$\therefore I_s = K_s \times I_n = 1.25 \times 1050 = 1312.5 \text{ A}$$

同期インピーダンスの式$Z_s = \dfrac{\frac{V_n}{\sqrt{3}}}{I_s}$[Ω]($V_n$[V]は定格電圧)より，

$$Z_s = \frac{V_n}{\sqrt{3} I_s} = \frac{6.6 \times 10^3}{\sqrt{3} \times 1312.5} \fallingdotseq 2.90 \ \Omega$$

よって，(2)が正解。

解答… (2)

解説

問題文における三相同期発電機の無負荷飽和曲線と三相短絡曲線は下図のようになり，三相短絡曲線における縦軸と横軸の比から，$I_s = 4100$ Aとなる。

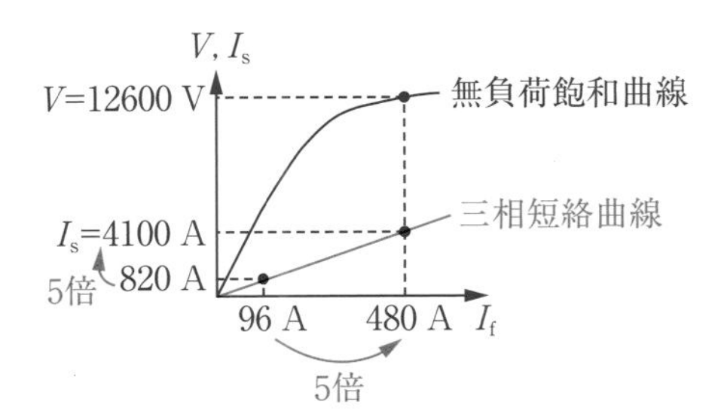

このときの条件から，同期インピーダンスZ_s[Ω]は，

$$Z_s = \frac{V}{\sqrt{3} I_s} = \frac{12600}{\sqrt{3} \times 4100} \fallingdotseq 1.77 \ \Omega$$

よって，(1)が正解。

解答… (1)

難易度 B 短絡比と同期インピーダンス(3)

教科書 SECTION 01

問題76 定格出力5 MV・A，定格電圧6.6 kV，定格回転速度1 800 min^{-1}の三相同期発電機がある。この発電機の同期インピーダンスが7.26 Ωのとき，短絡比の値として，正しいのは次のうちどれか。

(1) 0.14　(2) 0.83　(3) 1.0　(4) 1.2　(5) 1.5

H18-A3

	①	②	③	④	⑤
学習日					
理解度 (○/△/×)					

解説

定格出力をP_n=5 × 10^6 V・A，定格電圧をV_n=6.6 × 10^3 Vとすると，定格電流I_n[A]は，

$$P_n=\sqrt{3}V_nI_n$$

$$\therefore I_n=\frac{P_n}{\sqrt{3}V_n}$$

これを百分率同期インピーダンス$\%Z_s$[%]の定義式に代入して（同期インピーダンス：Z_s=7.26 Ω），

$$\%Z_s=\frac{Z_sI_n}{\dfrac{V_n}{\sqrt{3}}}=\frac{Z_s\times\dfrac{P_n}{\sqrt{3}V_n}}{\dfrac{V_n}{\sqrt{3}}}=\frac{Z_sP_n}{V_n^2}$$

$$=\frac{7.26\times5\times10^6}{6600^2}\times100\fallingdotseq83.3\ \%$$

したがって，短絡比K_sは，

$$K_s=\frac{1}{\%Z_s}\times100=\frac{100}{83.3}\fallingdotseq1.2$$

よって，(4)が正解。

難易度 B

同期発電機の特性曲線

教科書 SECTION 01

問題77 次の文章は，三相同期発電機の特性曲線に関する記述である。

a．無負荷飽和曲線は，同期発電機を［ (ア) ］で無負荷で運転し，界磁電流を零から徐々に増加させたときの端子電圧と界磁電流との関係を表したものである。端子電圧は，界磁電流が小さい範囲では界磁電流に［ (イ) ］するが，界磁電流がさらに増加すると，飽和特性を示す。

b．短絡曲線は，同期発電機の電機子巻線の三相の出力端子を短絡し，定格速度で運転して，界磁電流を零から徐々に増加させたときの短絡電流と界磁電流との関係を表したものである。この曲線は［ (ウ) ］になる。

c．外部特性曲線は，同期発電機を定格速度で運転し，［ (エ) ］を一定に保って，［ (オ) ］を一定にして負荷電流を変化させた場合の端子電圧と負荷電流との関係を表したものである。この曲線は［ (オ) ］によって形が変わる。

上記の記述中の空白箇所(ア)，(イ)，(ウ)，(エ)及び(オ)に当てはまる語句として，正しいものを組み合わせたのは次のうちどれか。

	(ア)	(イ)	(ウ)	(エ)	(オ)
(1)	定格速度	ほぼ比例	ほぼ双曲線	界磁電流	残留磁気
(2)	定格電圧	ほぼ比例	ほぼ直線	電機子電流	負荷力率
(3)	定格速度	ほぼ反比例	ほぼ双曲線	電機子電流	残留磁気
(4)	定格速度	ほぼ比例	ほぼ直線	界磁電流	負荷力率
(5)	定格電圧	ほぼ反比例	ほぼ双曲線	界磁電流	残留磁気

H20-A4

	①	②	③	④	⑤
学習日					
理解度 (○/△/×)					

解説

三相同期発電機の無負荷飽和曲線を黒で，短絡曲線を赤で下図に示す。

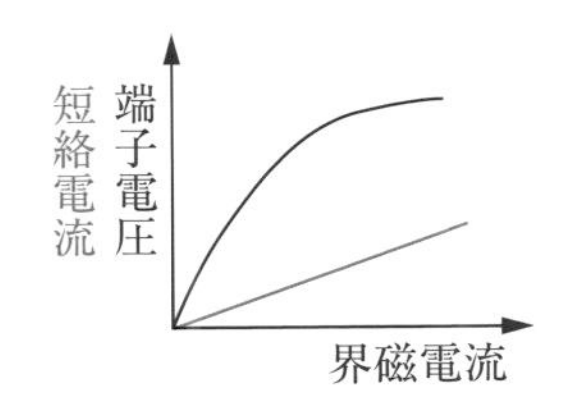

無負荷飽和曲線は，同期発電機を(ア)**定格速度**で無負荷で運転し，界磁電流を零から徐々に増加させたときの端子電圧と界磁電流との関係を表したものである。端子電圧は，界磁電流が小さい範囲では界磁電流に(イ)**ほぼ比例**するが，界磁電流がさらに増加すると，飽和特性を示す。

短絡曲線は，同期発電機の電機子巻線の三相の出力端子を短絡し，定格速度で運転して，界磁電流を零から徐々に増加させたときの短絡電流と界磁電流との関係を表したものである。この曲線は(ウ)**ほぼ直線**になる。

外部特性曲線を下図に示す。

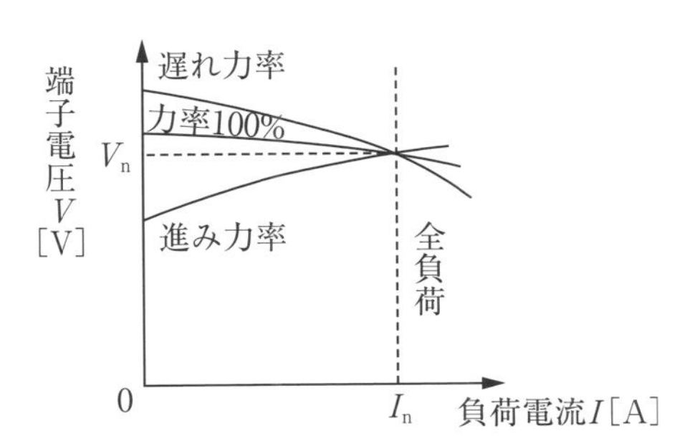

外部特性曲線は，同期発電機を定格速度で運転し，(エ)**界磁電流**を一定に保って，(オ)**負荷力率**を一定にして負荷電流を変化させた場合の端子電圧と負荷電流との関係を表したものである。この曲線は(オ)**負荷力率**によって形が変わる。

よって，(4)が正解。

解答… (4)

難易度 A

同期発電機の自己励磁現象

教科書 SECTION 01

問題78 次の文章は，同期発電機の自己励磁現象に関する記述である。

同期発電機は励磁電流が零の場合でも残留磁気によってわずかな電圧を発生し，発電機に (ア) 力率の負荷をかけると，その (ア) 電流による電機子反作用は (イ) 作用をするので，発電機の端子電圧は (ウ) する。端子電圧が (ウ) すれば負荷電流は更に (エ) する。このような現象を繰り返すと，発電機の端子電圧は (オ) 負荷に流れる電流と負荷の端子電圧との関係を示す直線と発電機の無負荷飽和曲線との交点まで (ウ) する。このように無励磁の同期発電機に (ア) 電流が流れ，電圧が (ウ) する現象を同期発電機の自己励磁という。

上記の記述中の空白箇所(ア)，(イ)，(ウ)，(エ)及び(オ)に当てはまる組合せとして，正しいものを次の(1)～(5)のうちから一つ選べ。

	(ア)	(イ)	(ウ)	(エ)	(オ)
(1)	進み	増磁	低下	増加	容量性
(2)	進み	減磁	低下	減少	誘導性
(3)	遅れ	減磁	低下	減少	誘導性
(4)	遅れ	増磁	上昇	増加	誘導性
(5)	進み	増磁	上昇	増加	容量性

H24-A6

	①	②	③	④	⑤
学習日					
理解度 (○/△/×)					

解説

同期発電機の無負荷飽和曲線と，充電特性曲線を下図に示す。

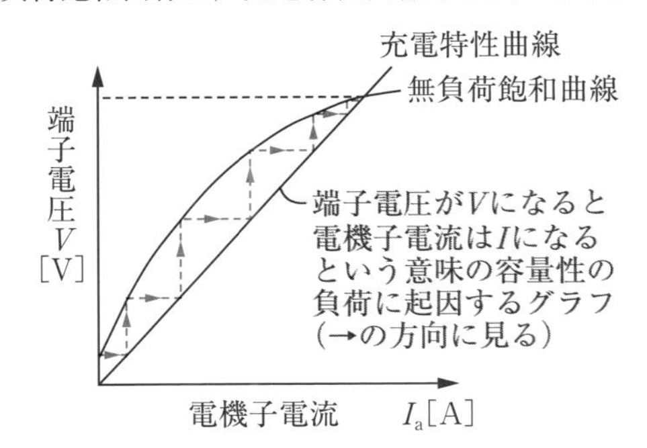

同期発電機は励磁電流が零の場合でも残留磁気によってわずかな電圧を発生し，発電機に(ア)**進み**力率の負荷をかけると，その(ア)**進み**電流による電機子反作用は(イ)**増磁**作用をするので，発電機の端子電圧は(ウ)**上昇**する。端子電圧が(ウ)**上昇**すれば負荷電流は更に(エ)**増加**する。このような現象を繰り返すと，発電機の端子電圧は(オ)**容量性**負荷に流れる電流と負荷の端子電圧との関係を示す直線（充電特性曲線）と発電機の無負荷飽和曲線との交点まで(ウ)**上昇**する。このように無励磁の同期発電機に(ア)**進み**電流が流れ，電圧が(ウ)**上昇**する現象を同期発電機の自己励磁現象という。

よって，(5)が正解。

解答… (5)

難易度 A

同期発電機の並行運転

教科書 SECTION 01

問題79 次の文章は，三相同期発電機の並行運転に関する記述である。

既に同期発電機Ａが母線に接続されて運転しているとき，同じ母線に同期発電機Ｂを並列に接続するために必要な条件又は操作として，誤っているものを次の(1)～(5)のうちから一つ選べ。

(1) 母線電圧と同期発電機Ｂの端子電圧の相回転方向が一致していること。同期発電機Ｂの設置後又は改修後の最初の運転時に相回転方向の一致を確認すれば，その後は母線への並列のたびに相回転方向を確認する必要はない。

(2) 母線電圧と同期発電機Ｂの端子電圧の位相を合わせるために，同期発電機Ｂの駆動機の回転速度を調整する。

(3) 母線電圧と同期発電機Ｂの端子電圧の大きさを等しくするために，同期発電機Ｂの励磁電流の大きさを調整する。

(4) 母線電圧と同期発電機Ｂの端子電圧の波形をほぼ等しくするために，同期発電機Ｂの励磁電流の大きさを変えずに励磁電圧の大きさを調整する。

(5) 母線電圧と同期発電機Ｂの端子電圧の位相の一致を検出するために，同期検定器を使用するのが一般的であり，位相が一致したところで母線に並列する遮断器を閉路する。

H29-A4

	①	②	③	④	⑤
学習日					
理解度 (○/△/×)					

解説

(1) R相→S相→T相のような各相の順序を相回転または相順という。相回転方向は運転途中で変化しないため，母線への並列のたびに相回転方向を確認する必要はない。よって，(1)は正しい。

(2) 同期発電機Bの駆動機の回転速度を変化させると，同期発電機Bの端子電圧の周波数が変化するため，母線電圧と同期発電機Bの端子電圧との位相差も変化する。両者の位相差が零となった時点で回転速度をもとに戻すことにより，位相を合わせることができる。よって，(2)は正しい。

(3) 同期発電機において，励磁電流を変化させると磁束が変化し，電機子に生じる誘導起電力が変化するので，端子電圧が母線電圧と等しくなるよう調整することができる。よって，(3)は正しい。

(4) 同期発電機において，端子電圧の波形を変化させるためには誘導起電力の波形を変化させなければならず，励磁電流の大きさを変える必要がある。よって，(4)は誤り。

(5) 発電機を並行運転する際，同期検定器を用いて電圧の位相差を検出するのが一般的であり，位相が一致してから発電機を母線に接続する。よって，(5)は正しい。

以上より，(4)が正解。

解答… (4)

誘導起電力が変化すれば端子電圧も変化します。

ポイント

複数の並列した三相同期発電機の電圧の波形を一致させるためにはさまざまな条件（実効値の大きさ，位相，周波数，相順）が必要です。

難易度 B

電動機の始動方法

教科書 SECTION 02

問題80 次の文章は，一般的な三相同期電動機の始動方法に関する記述である。

同期電動機は始動のときに回転子を同期速度付近まで回転させる必要がある。

一つの方法として，回転子の磁極面に施した［ (ア) ］を利用して，始動トルクを発生させる方法があり，［ (ア) ］は誘導電動機のかご形［ (イ) ］と同じ働きをする。この方法を［ (ウ) ］法という。

この場合，［ (エ) ］に全電圧を直接加えると大きな始動電流が流れるので，始動補償器，直列リアクトル，始動用変圧器などを用い，低い電圧にして始動する。

他の方法には，誘導電動機や直流電動機を用い，これに直結した三相同期電動機を回転させ，回転子が同期速度付近になったとき同期電動機の界磁巻線を励磁し電源に接続する方法があり，これを［ (オ) ］法という。この方法は主に大容量機に採用されている。

上記の記述中の空白箇所(ア)，(イ)，(ウ)，(エ)及び(オ)に当てはまる組合せとして，正しいものを次の(1)～(5)のうちから一つ選べ。

	(ア)	(イ)	(ウ)	(エ)	(オ)
(1)	制動巻線	回転子導体	自己始動	固定子巻線	始動電動機
(2)	界磁巻線	回転子導体	Y－Δ始動	固定子巻線	始動電動機
(3)	制動巻線	固定子巻線	Y－Δ始動	回転子導体	自己始動
(4)	界磁巻線	固定子巻線	自己始動	回転子導体	始動電動機
(5)	制動巻線	回転子導体	Y－Δ始動	固定子巻線	自己始動

H25-A5

解説

同期電動機は始動のときに回転子を同期速度付近まで回転させる必要がある。一つの方法として，回転子の磁極面に施した(ア)**制動巻線**を利用して，始動トルクを発生させる方法があり，(ア)**制動巻線**は誘導電動機のかご形(イ)**回転子導体**と同じ働きをする。この方法を(ウ)**自己始動法**という。

この場合，(エ)**固定子巻線**に全電圧を直接加えると大きな始動電流が流れるので，始動補償器，直列リアクトル，始動用変圧器などを用い，低い電圧にして始動する。

他の方法には，誘導電動機や直流電動機を用い，これに直結した三相同期電動機を回転させ，回転子が同期速度付近になったとき同期電動機の界磁巻線を励磁し電源に接続する方法があり，これを(オ)**始動電動機法**という。この方法は主に大容量機に採用されている。

よって，(1)が正解。

解答… (1)

	①	②	③	④	⑤
学習日					
理解度 (○/△/×)					

難易度 A

同期機の出力とトルク

教科書 SECTION 02

問題81 6極，定格周波数60 Hz，電機子巻線がY結線の円筒形三相同期電動機がある。この電動機の一相当たりの同期リアクタンスは3.52 Ωであり，また，電機子抵抗は無視できるものとする。端子電圧(線間)440 V，定格周波数の電源に接続し，励磁電流を一定に保ってこの電動機を運転したとき，次の(a)及び(b)に答えよ。

(a) この電動機の同期速度を角速度[rad/s]で表した値として，最も近いのは次のうちどれか。

(1) 12.6　(2) 48　(3) 63　(4) 126　(5) 253

(b) 無負荷誘導起電力(線間)が400 V，負荷角が60°のとき，この電動機のトルク[N·m]の値として，最も近いのは次のうちどれか。

(1) 115　(2) 199　(3) 345　(4) 597　(5) 1 034

H19-B15

	①	②	③	④	⑤
学習日					
理解度 (○/△/×)					

解説

(a)　同期速度をN_s[min^{-1}]としたとき，同期角速度ω_s[rad/s]を求める。

$$\omega_s = 2\pi \times \frac{N_s}{60} [\text{rad/s}]$$

周波数を$f = 60$ Hz，極数をpとすると，同期速度N_s[min^{-1}]は，

$$N_s = \frac{120f}{p} [\text{min}^{-1}]$$

よって，

$$\omega_s = 2\pi \times \frac{120f}{60p}$$

$$= 2\pi \times \frac{120 \times 60}{60 \times 6} \fallingdotseq 126 \text{ rad/s}$$

よって，(4)が正解。

(b)　無負荷誘導起電力$E = 400$ V，負荷角$\delta = 60°$のとき，端子電圧（線間）をV[V]とすると，出力P[W]は，

$$P = \frac{VE}{x_s} \sin\delta$$

$$= \frac{440 \times 400}{3.52} \sin 60° \fallingdotseq 43301 \text{ W}$$

次に，トルクT[N･m]を求める。$P = \omega_s T$より，

$$T = \frac{P}{\omega_s} = \frac{43301}{125.6} \fallingdotseq 345 \text{ N･m}$$

よって，(3)が正解。

解答…　(a)(4)　(b)(3)

同期機 CH04

ポイント

出力P[W]，角速度ω[rad/s]，トルクT[N･m]の間の関係式$P = \omega T$は回転機の種類によらず成り立ちます。同期電動機は同期速度で回転するため$P = \omega_s T$となります。

難易度 A

同期電動機のトルクと誘導起電力

教科書 SECTION 02

問題82 周波数が60 Hzの電源で駆動されている4極の三相同期電動機（星形結線）があり，端子の相電圧V[V]は$\dfrac{400}{\sqrt{3}}$ V，電機子電流I_M[A]は200 A，力率1で運転している。1相の同期リアクタンスx_s[Ω]は1.00 Ωであり，電機子の巻線抵抗，及び機械損などの損失は無視できるものとして，次の(a)及び(b)の問に答えよ。

(a) 上記の同期電動機のトルクの値[N·m]として最も近いものを，次の(1)～(5)のうちから一つ選べ。

(1) 12.3　(2) 368　(3) 735　(4) 1 270　(5) 1 470

(b) 上記の同期電動機の端子電圧及び出力を一定にしたまま界磁電流を増やしたところ，電機子電流がI_{M1}[A]に変化し，力率$\cos\theta$が$\dfrac{\sqrt{3}}{2}$（$\theta = 30°$）の進み負荷となった。出力が一定なので入力電力は変わらない。図はこのときの状態を説明するための1相の概略のベクトル図である。このときの1相の誘導起電力E[V]として，最も近いEの値を次の(1)～(5)のうちから一つ選べ。

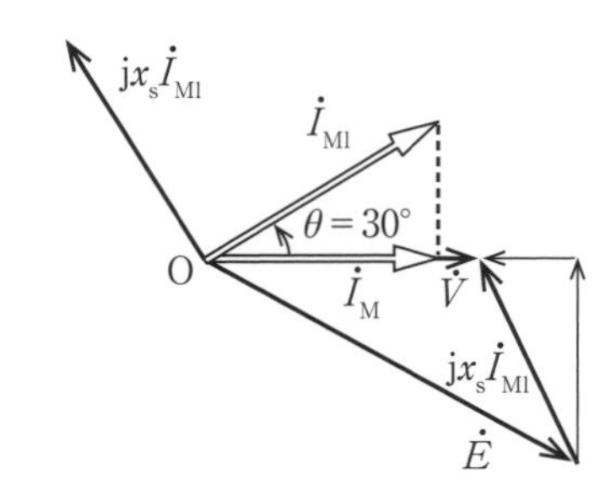

(1) 374　(2) 387　(3) 400　(4) 446　(5) 475

H26-B15

	①	②	③	④	⑤
学習日					
理解度 (○/△/×)					

解説

(a) 電機子抵抗などの損失は無視できるので，力率を $\cos\theta$ とすると，この三相同期電動機の出力 P[W]は，

$$P = 3VI_{\mathrm{M}}\cos\theta = 3 \times \frac{400}{\sqrt{3}} \times 200 \times 1 \fallingdotseq 138728\ \mathrm{W}$$

周波数を f[Hz]，極数を p とすると，同期速度 N_{s}[min^{-1}]は，

$$N_{\mathrm{s}} = \frac{120f}{p} = \frac{120 \times 60}{4} = 1800\ \mathrm{min}^{-1}$$

同期角速度 ω_{s}[rad/s]は，

$$\omega_{\mathrm{s}} = 2\pi \times \frac{N_{\mathrm{s}}}{60} = 2\pi \times \frac{1800}{60} = 60\pi\ \mathrm{rad/s}$$

したがって，トルク T[N･m]は，

$$T = \frac{P}{\omega_{\mathrm{s}}} = \frac{138728}{60\pi} \fallingdotseq 735\ \mathrm{N \cdot m}$$

よって，(3)が正解。

(b) 下図のように，問題文の図に赤の補助線を引く。

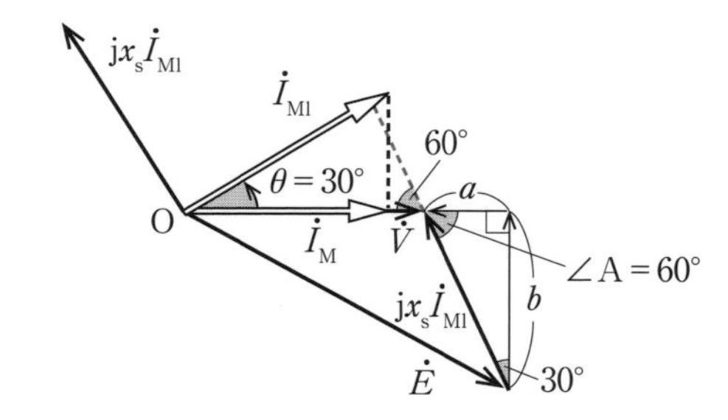

すると，∠A = 60° とわかるので，$a = x_{\mathrm{s}}I_{\mathrm{M1}}\cos 60°$，$b = x_{\mathrm{s}}I_{\mathrm{M1}}\sin 60°$ とわかる。したがって，ピタゴラスの定理より，誘導起電力 E[V]は，

$$E = \sqrt{(V + x_{\mathrm{s}}I_{\mathrm{M1}}\cos 60°)^2 + (x_{\mathrm{s}}I_{\mathrm{M1}}\sin 60°)^2}\ [\mathrm{V}]$$

変化後の電機子電流 I_{M1}[A]は，

$$I_{\mathrm{M1}}\cos 30° = I_{\mathrm{M}}$$

$$\therefore I_{\mathrm{M1}} = \frac{200}{\frac{\sqrt{3}}{2}} \fallingdotseq 231\ \mathrm{A}$$

したがって，

$$E = \sqrt{\left(\frac{400}{\sqrt{3}} + 1.00 \times 231 \times \frac{1}{2}\right)^2 + \left(1.00 \times 231 \times \frac{\sqrt{3}}{2}\right)^2} \fallingdotseq 400\ \mathrm{V}$$

よって，(3)が正解。

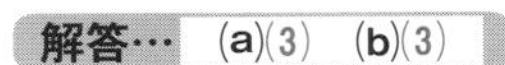
解答… (a)(3)　(b)(3)

同期機 CH 04

難易度 B

同期電動機の誘導起電力

教科書 SECTION 02

問題83 三相同期電動機が定格電圧3.3 kVで運転している。

ただし，三相同期電動機は星形結線で1相当たりの同期リアクタンスは10 Ωであり，電機子抵抗，損失及び磁気飽和は無視できるものとする。

次の(a)及び(b)の問に答えよ。

(a) 負荷電流(電機子電流)110 A，力率$\cos\varphi = 1$で運転しているときの1相当たりの内部誘導起電力[V]の値として，最も近いものを次の(1)～(5)のうちから一つ選べ。

(1) 1 100　(2) 1 600　(3) 1 900　(4) 2 200　(5) 3 300

(b) 上記(a)の場合と電圧及び出力は同一で，界磁電流を1.5倍に増加したときの負荷角(電動機端子電圧と内部誘導起電力との位相差)をδ'とするとき，$\sin\delta'$の値として，最も近いものを次の(1)～(5)のうちから一つ選べ。

(1) 0.250　(2) 0.333　(3) 0.500　(4) 0.707　(5) 0.866

H24-B16

	①	②	③	④	⑤
学習日					
理解度 (○/△/×)					

解説

三相同期電動機の1相分の等価回路は下図のようになる。

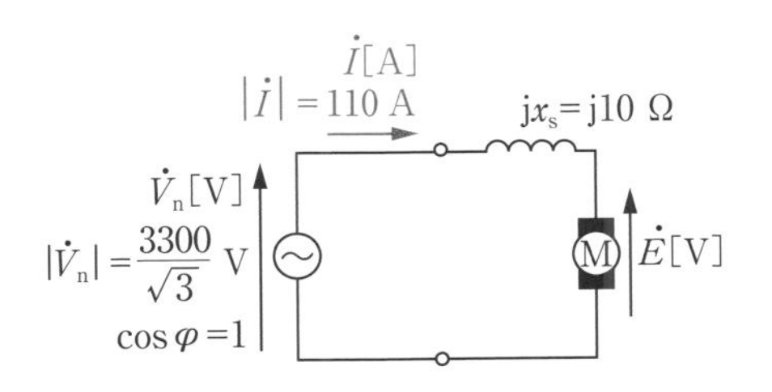

内部誘導起電力（相）：$\dot{E}$[V]
定格電圧（相）：$\dot{V}_n$[V]
負荷電流（電機子電流）：$\dot{I}$[A]
同期リアクタンス：x_s[Ω]
力率：cos φ

(a) キルヒホッフの電圧則より，$\dot{V} = \dot{E} + jx_s\dot{I}$なので，$\dot{V}$を基準としてベクトル図を描くと，下図のようになる。

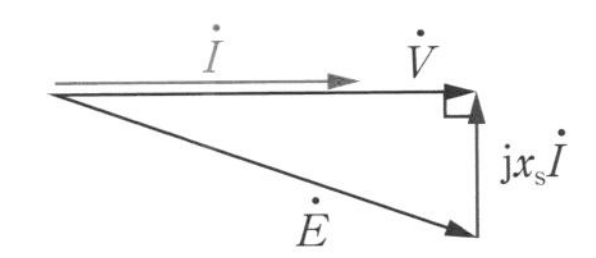

ピタゴラスの定理より，

$$E = \sqrt{V^2 + (x_s I)^2}$$

$$= \sqrt{\left(\frac{3300}{\sqrt{3}}\right)^2 + (10 \times 110)^2} = 2200 \text{ V}$$

よって，(4)が正解。

(b) 界磁電流を1.5倍に増加したときの内部誘導起電力をE'[V]として，三相同期電動機の一相分の出力Pの式より，$\sin\delta'$を求める。

$$P = \frac{VE'}{x_s}\sin\delta'$$

$$\therefore \sin\delta' = \frac{Px_s}{VE'}$$

問題文より，電圧及び出力は(a)と同一であり，損失は無視できるので，三相同期電動機の入力と出力は等しくなるから，三相同期電動機の一相分の入力P_{in}[W]の式より，

$$P_{in} = P = VI\cos\varphi = \frac{3300}{\sqrt{3}} \times 110 \times 1 \fallingdotseq 209578 \text{ W}$$

また，内部誘導起電力は界磁電流に比例するため，

$$E' = 1.5E = 1.5 \times 2200 = 3300 \text{ V}$$

したがって,

$$\sin\delta' = \frac{209578 \times 10}{\frac{3300}{\sqrt{3}} \times 3300} \fallingdotseq 0.333$$

よって,(2)が正解。

解答… (a)(4) (b)(2)

ポイント

誘導起電力$E=4.44fN\phi$ [V](f:電源周波数,N:電機子巻線巻数,ϕ:界磁1極当たりの磁束)であり,ϕは界磁電流I_fに比例するので,誘導起電力Eは界磁電流I_fに比例します。

難易度 B

同期機の特性

教科書 SECTION 02

問題84 交流電動機に関する記述として，誤っているものを次の(1)〜(5)のうちから一つ選べ。

(1) 同期機と誘導機は，どちらも三相電源に接続された固定子巻線（同期機の場合は電機子巻線，誘導機の場合は一次側巻線）が，同期速度の回転磁界を発生している。発生するトルクが回転磁界と回転子との相対位置の関数であれば同期電動機であり，回転磁界と回転子との相対速度の関数であれば誘導電動機である。

(2) 同期電動機の電機子端子電圧をV[V]（相電圧実効値），この電圧から電機子電流の影響を除いた電圧（内部誘導起電力）をE_0[V]（相電圧実効値），VとE_0との位相角をδ[rad]，同期リアクタンスをX[Ω]とすれば，三相同期電動機の出力は，$3\times\left(E_0\cdot\dfrac{V}{X}\right)\sin\delta$[W]となる。

(3) 同期電動機では，界磁電流を増減することによって，入力電力の力率を変えることができる。電圧一定の電源に接続した出力一定の同期電動機の界磁電流を減少していくと，V曲線に沿って電機子電流が増大し，力率100％で電機子電流が最大になる。

(4) 同期調相機は無負荷運転の同期電動機であり，界磁電流が作る磁束に対する電機子反作用による増磁作用や減磁作用を積極的に活用するものである。

(5) 同期電動機では，回転子の磁極面に設けた制動巻線を利用して停止状態からの始動ができる。

H23-A5

	①	②	③	④	⑤
学習日					
理解度（○/△/×）					

解説

(1) 正しい。

(2) 正しい。

(3) V曲線では，力率1（100%）のとき，電機子電流が最小になる。

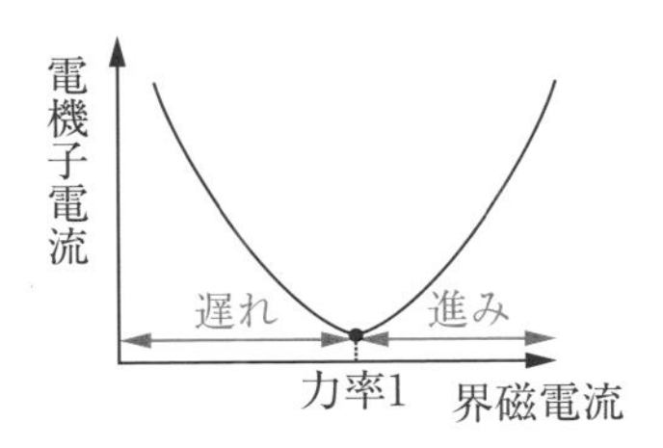

進み力率の状態から界磁電流を減少していくと，V曲線に沿って電機子電流は減少し，力率1（100%）で電機子電流は**最小**になる。よって，**誤り**。

(4) 正しい。

(5) 同期電動機の回転子磁極面に制動巻線を設けることで，かご形誘導電動機と同じ原理で始動することができる。正しい。

以上より，(3)が正解。

解答… (3)

CHAPTER 05

パワーエレクトロニクス

難易度 A

種々の半導体素子(1)

教科書 SECTION 01

問題85 パワーエレクトロニクスのスイッチング素子として，逆阻止3端子サイリスタは，素子のカソード端子に対し，アノード端子に加わる電圧が［　(ア)　］のとき，ゲートに電流を注入するとターンオンする。同様に，npn形のバイポーラトランジスタでは，素子のエミッタ端子に対し，コレクタ端子に加わる電圧が［　(イ)　］のとき，ベースに電流を注入するとターンオンする。

なお，オンしている状態をターンオフさせる機能がある素子は［　(ウ)　］である。

上記の記述中の空白箇所(ア)，(イ)及び(ウ)に記入する語句として，正しいものを組み合わせたのは次のうちどれか。

	(ア)	(イ)	(ウ)
(1)	正	正	npn形バイポーラトランジスタ
(2)	正	正	逆阻止3端子サイリスタ
(3)	正	負	逆阻止3端子サイリスタ
(4)	負	正	逆阻止3端子サイリスタ
(5)	負	負	npn形バイポーラトランジスタ

H16-A10

	①	②	③	④	⑤
学習日					
理解度 (○/△/×)					

解説

パワーエレクトロニクスのスイッチング素子として，逆阻止3端子サイリスタは，素子のカソード端子に対し，アノード端子に加わる電圧が(ア)正のとき，ゲートに電流を注入するとターンオンする。

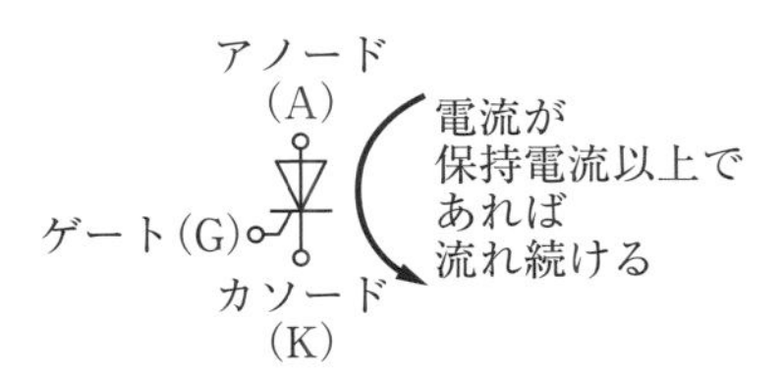

同様に，npn形のバイポーラトランジスタでは，素子のエミッタ端子に対し，コレクタ端子に加わる電圧が(イ)正のとき，ベースに電流を注入するとターンオンする。

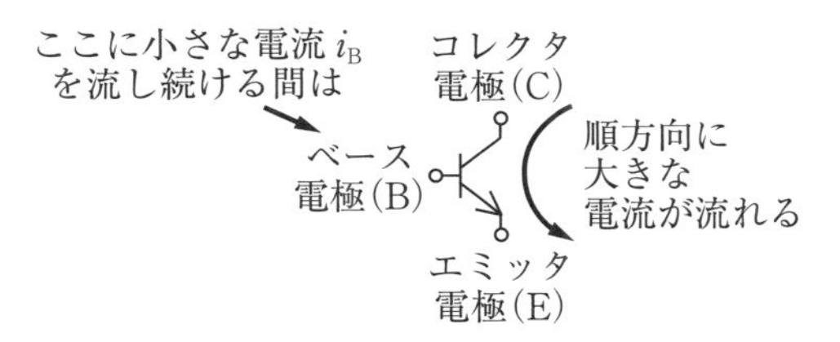

なお，オンしている状態をターンオフさせる機能がある素子は(ウ)npn形バイポーラトランジスタである。

よって，(1)が正解。

解答… (1)

難易度 C IGBT

教科書 SECTION 01

問題86 電力用半導体素子(半導体バルブデバイス)であるIGBT(絶縁ゲートバイポーラトランジスタ)に関する記述として，正しいのは次のうちどれか。

(1) ターンオフ時の駆動ゲート電力がGTOに比べて大きい。

(2) 自己消弧能力がない。

(3) MOS構造のゲートとバイポーラトランジスタとを組み合わせた構造をしている。

(4) MOS形FETパワートランジスタより高速でスイッチングできる。

(5) 他の大電力用半導体素子に比べて，並列接続して使用することが困難な素子である。

H20-A9

	①	②	③	④	⑤
学習日					
理解度 (○/△/×)					

解説

(1) IGBTはGTOよりも新しくつくられたもので，駆動ゲート電力がGTOに比べて小さい。よって，誤り。

(2) IGBTはGTOと同様に自己消弧能力がある。よって，誤り。

(3) 正しい。

(4) 高速でスイッチングできる順に，MOS形FET，IGBT，GTOである。よって，誤り。

(5) IGBTを並列接続して使用することは容易である。よって，誤り。

以上より，(3)が正解。

解答… (3)

ポイント

IGBT（Insulated Gate Bipolar Transistor）の図記号は下図となります。

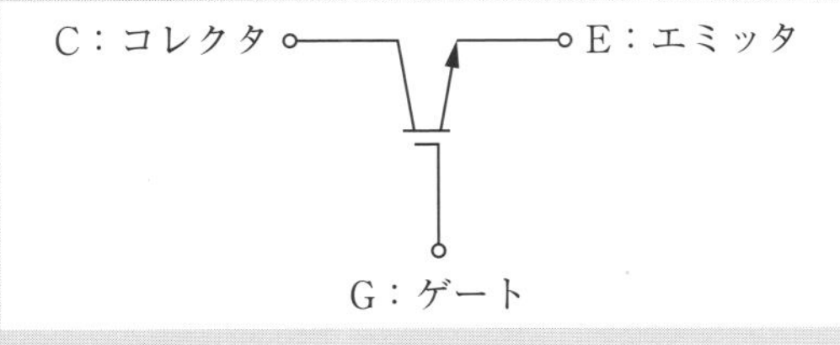

ポイント

GTOは，Gate Turn Offの略称です。

難易度 C

種々の半導体素子(2)

教科書 SECTION 01

問題87 半導体電力変換装置では，整流ダイオード，サイリスタ，パワートランジスタ（バイポーラパワートランジスタ），パワーMOSFET，IGBTなどのパワー半導体デバイスがバルブデバイスとして用いられている。

バルブデバイスに関する記述として，誤っているものを次の(1)〜(5)のうちから一つ選べ。

(1) 整流ダイオードは，n形半導体とp形半導体とによるpn接合で整流を行う。

(2) 逆阻止三端子サイリスタは，ターンオンだけが制御可能なバルブデバイスである。

(3) パワートランジスタは，遮断領域と能動領域とを切り換えて電力スイッチとして使用する。

(4) パワーMOSFETは，主に電圧が低い変換装置において高い周波数でスイッチングする用途に用いられる。

(5) IGBTは，バイポーラとMOSFETとの複合機能デバイスであり，それぞれの長所を併せもつ。

H23-A10

	①	②	③	④	⑤
学習日					
理解度 (○/△/×)					

解説

(1) 正しい。

(2) 正しい。逆阻止三端子サイリスタをターンオフさせるためには，電流を保持電流以下にするか，逆電圧を加える必要がある。

(3) パワートランジスタは，遮断領域（オフ）と**飽和領域**（オン）とを切り替えて電力スイッチとして使用する。よって，**誤り**。

(4) 正しい。

(5) 正しい。

以上より，(3)が正解。

解答… (3)

難易度 B　単相半波整流回路の直流平均電圧

教科書 SECTION 02

問題88　図1は整流素子としてサイリスタを使用した単相半波整流回路で，図2は，図1において負荷が［　(ア)　］の場合の電圧と電流の関係を示す。電源電圧vが$\sqrt{2}\,V\sin\omega t$[V]であるとき，ωtが0からπ radの間においてサイリスタThを制御角α[rad]でターンオンさせると，電流i_{d}[A]が流れる。このとき，負荷電圧v_{d}の直流平均値V_{d}[V]は，次式で示される。ただし，サイリスタの順方向電圧降下は無視できるものとする。

$$V_{\mathrm{d}} = 0.450V \times \boxed{\quad (イ) \quad}$$

したがって，この制御角αが［　(ウ)　］[rad]のときにV_{d}は最大となる。

上記の記述中の空白箇所(ア)，(イ)及び(ウ)に記入する語句，式又は数値として，正しいものを組み合わせたのは次のうちどれか。

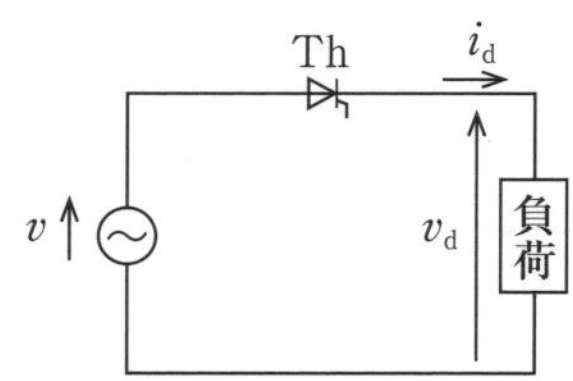
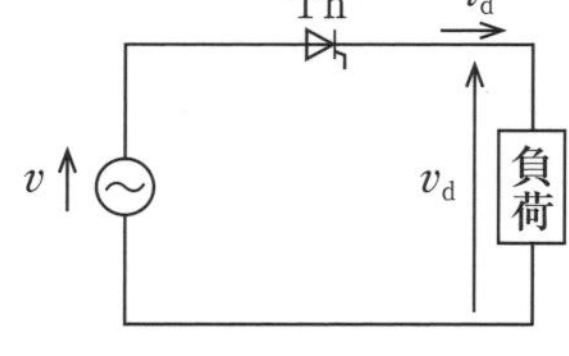

図1　単相半波整流回路

図2　電圧と電流の関係

	(ア)	(イ)	(ウ)
(1)	抵　抗	$\dfrac{(1+\cos\alpha)}{2}$	0
(2)	誘導性	$(1+\cos\alpha)$	$\pi/2$
(3)	抵　抗	$(1-\cos\alpha)$	0
(4)	抵　抗	$\dfrac{(1-\cos\alpha)}{2}$	$\pi/2$
(5)	誘導性	$(1+\cos\alpha)$	0

H17-A9

	①	②	③	④	⑤
学習日					
理解度 (○/△/×)					

解説

電圧と電流は同相であるから，負荷は(ア)**抵抗**となる。

電源電圧が$v=\sqrt{2}V\sin\omega t$であるので，最大値（振幅）は$\sqrt{2}V$，一山の面積はその2倍であるから$2\sqrt{2}V$である。単純な波形でこれを示すと下図のようになる。

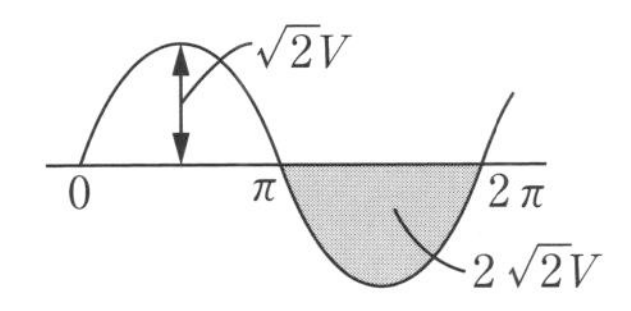

本問は制御角αでターンオンする半波整流回路なので，これを示すと下図のようになる。面積は，山の右半分と左半分とに分けて考え，右半分は一山の面積÷2で計算し，$2\sqrt{2}V\div2=\sqrt{2}V$，左半分は最大値×$\cos\alpha$で計算し，$\sqrt{2}V\times\cos\alpha=\sqrt{2}V\cos\alpha$となる。

右半分の面積と左半分の面積を合計すると，$\sqrt{2}V(1+\cos\alpha)$となる。

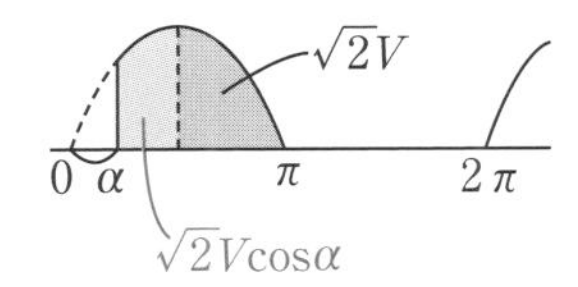

半波整流回路なので，平均値は面積を2π（1サイクル＝横幅）で割ることによって求める。

$$V_{\mathrm{d}}=\frac{\sqrt{2}V(1+\cos\alpha)}{2\pi}$$

問題文中の式の(イ)をxとおくと，$\sqrt{2}\div\pi\fallingdotseq0.450$であるから，

$$0.450V\times x=\frac{\sqrt{2}V(1+\cos\alpha)}{2\pi}$$

$$\therefore x=\frac{(1+\cos\alpha)}{2}$$

よって，(イ)$\dfrac{(1+\cos\alpha)}{2}$となる。

V_{d}が最大になる条件は，$V_{\mathrm{d}}=0.450V\times\dfrac{(1+\cos\alpha)}{2}$より，$\cos\alpha$が最大になるときである。よって，$\alpha=$(ウ)0 radとなる。

以上より，(1)が正解。

解答… (1)

難易度 B

サイリスタ全波整流回路の平均電圧

教科書 SECTION 02

問題89 交流電圧 v_a[V]の実効値 V_a[V]が100 Vで，抵抗負荷が接続された図1に示す半導体電力変換装置において，図2に示すようにラジアンで表した制御遅れ角 α [rad]を変えて出力直流電圧 v_d[V]の平均値 V_d[V]を制御する。

度数で表した制御遅れ角 α [°]に対する V_d[V]の関係として，適切なものを次の(1)～(5)のうちから一つ選べ。

ただし，サイリスタの電圧降下は，無視する。

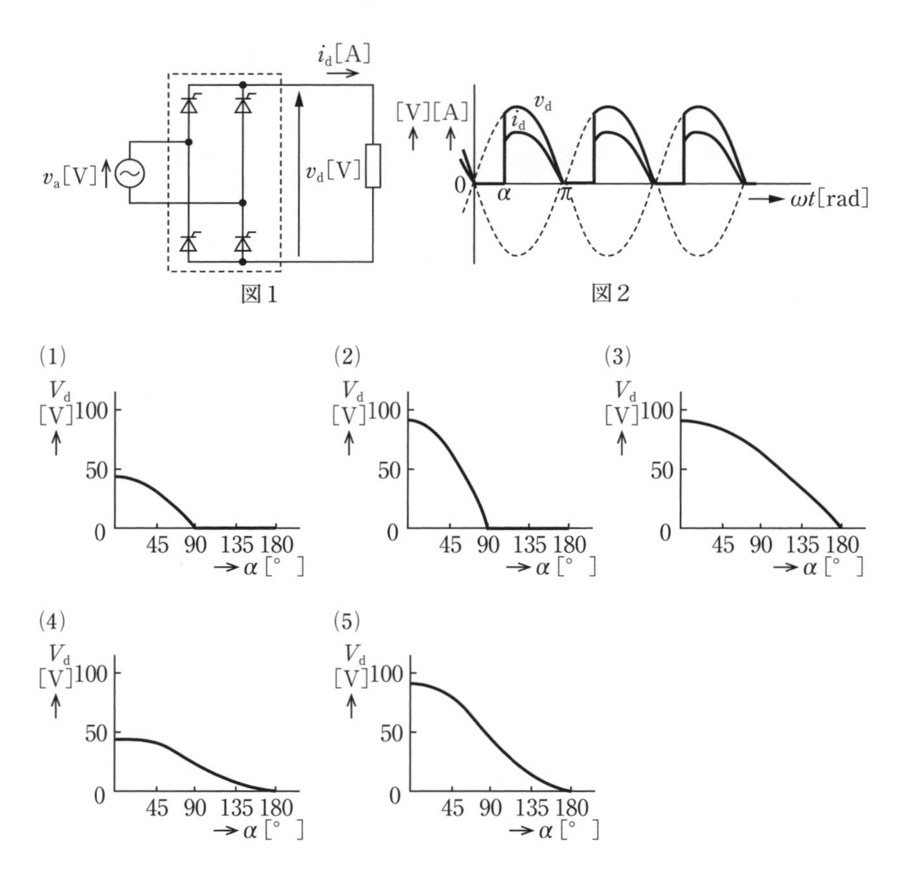

H24-A10

解説

交流電圧 v_a を式で表すと $v_a = 100\sqrt{2}\sin\omega t$ であるので，最大値（振幅）は $100\sqrt{2}$，面積は，山の右半分と左半分とに分けて考え，右半分は $100\sqrt{2}$，左半分は最大値×$\cos\alpha$ で計算し，$100\sqrt{2} \times \cos\alpha = 100\sqrt{2}\cos\alpha$ となる。

右半分の面積と左半分の面積を合計すると，$100\sqrt{2}(1 + \cos\alpha)$ となる。

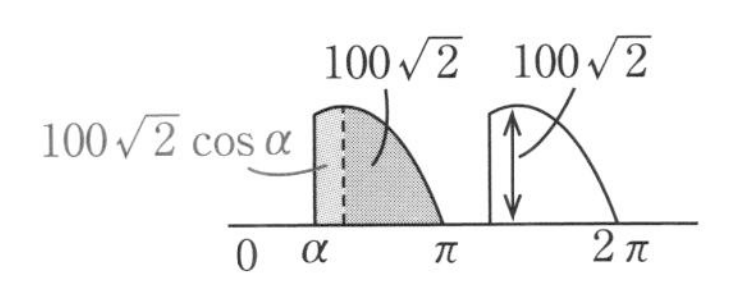

全波整流回路なので，平均値は面積を π（一山の横幅）で割ることによって求める。

$$V_d = \frac{100\sqrt{2}(1 + \cos\alpha)}{\pi} \fallingdotseq 45 \times (1 + \cos\alpha)$$

V_d の式に α を代入して，選択肢のグラフから数値が近いものを選ぶ。

$\alpha = 0°$ のとき，$V_d = 45 \times (1 + 1) = 90$ V

$\alpha = 90°$ のとき，$V_d = 45 \times (1 + 0) = 45$ V

以上より，α に対する V_d のグラフは下図のようになる。

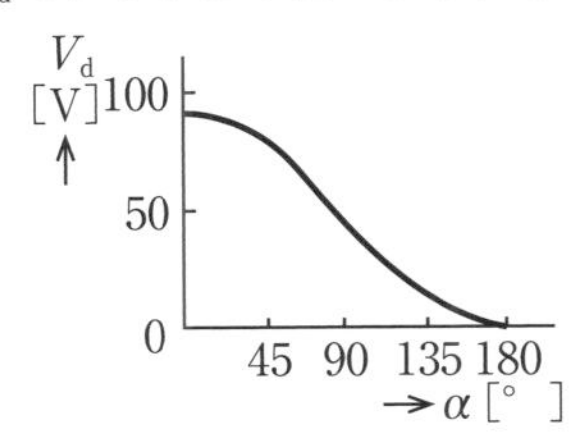

よって，(5)が正解。

解答…　(5)

	①	②	③	④	⑤
学習日					
理解度 (○/△/×)					

難易度 **B**

ダイオード整流回路

教科書 SECTION 02

問題90 次の文章は，単相半波ダイオード整流回路に関する記述である。

抵抗とリアクトルとを直列接続した負荷に電力を供給する単相半波ダイオード整流回路を図1に示す。スイッチSを開いて運転したときに，負荷力率に応じて負荷電圧e_dの波形は図2の［　(ア)　］となり，負荷電流i_dの波形は図2の［　(イ)　］となった。次にスイッチSを閉じ，環流ダイオードを接続して運転したときには，負荷電圧e_dの波形は図2の［　(ウ)　］となり，負荷電流の流れる期間は，スイッチSを開いて運転したときよりも［　(エ)　］。

上記の記述中の空白箇所(ア)，(イ)，(ウ)及び(エ)に当てはまる組合せとして，正しいものを次の(1)～(5)のうちから一つ選べ。

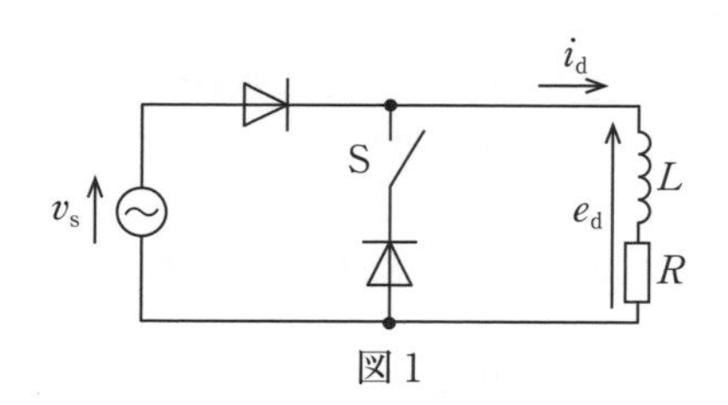

図1

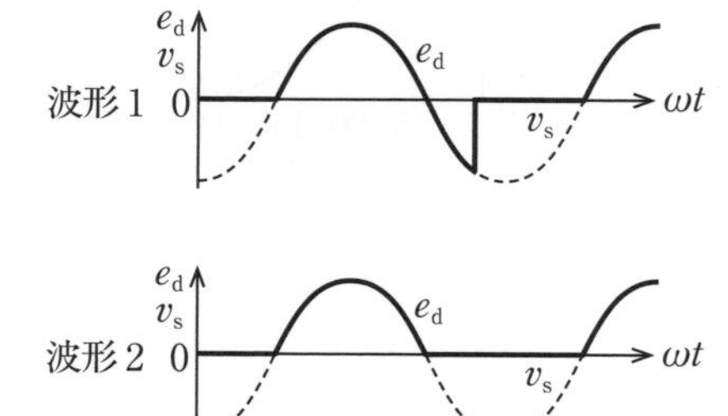

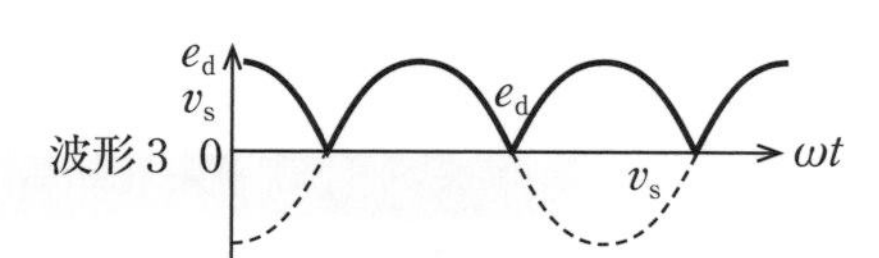

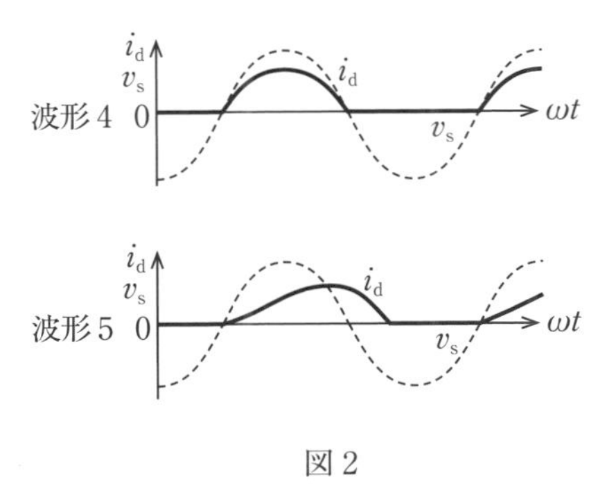

図2

	(ア)	(イ)	(ウ)	(エ)
(1)	波形2	波形4	波形3	長くなる
(2)	波形1	波形5	波形2	長くなる
(3)	波形1	波形5	波形3	短くなる
(4)	波形1	波形4	波形2	長くなる
(5)	波形2	波形5	波形3	短くなる

H26-A10

	①	②	③	④	⑤
学習日					
理解度 (○/△/×)					

解説

与えられた図1の回路は，スイッチSが開いているときは還流ダイオードD_FがOFF，閉じているときはD_FがONとなる回路である。

スイッチSを開いて運転したとき，D_FはOFFとなるため，電流i_dは回路の外周（下図の赤線部分）に流れ，そのときの波形は下図のようになる。

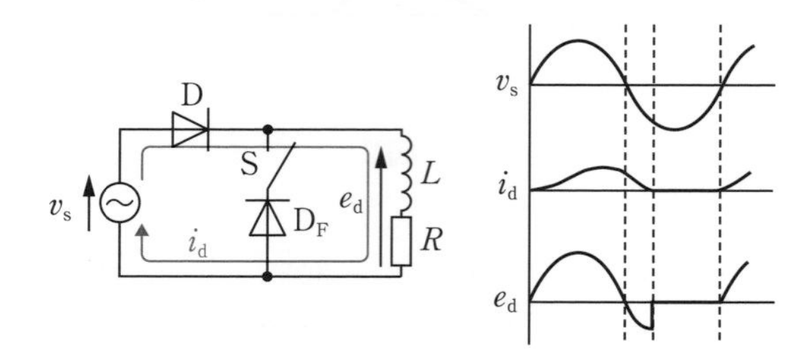

右上の波形より，v_sが0になっても，Lの電流維持作用によってi_dは直ちに0にならない。i_dが減衰し0になった瞬間，e_dはただちに0になる。よって，このときe_dおよびi_dの波形は(ア)**波形**1 (イ)**波形**5となる。

次に，スイッチSを閉じて運転したとき，v_sが順電圧として加わると（正の波形の時は），先ほどと同じく電流は回路の外周を流れるが，v_sが逆電圧として加わると（負の波形の時は），Dはただちに OFFになり，D_FがONとなり，短絡閉回路が構成され，e_dは負にならず0になる。よって，このときのe_dの波形は(ウ)**波形**2となる。

また，負荷電流の流れる期間は，スイッチSを開いて運転した（D_FがOFFの）ときよりも(エ)**長くなる**。

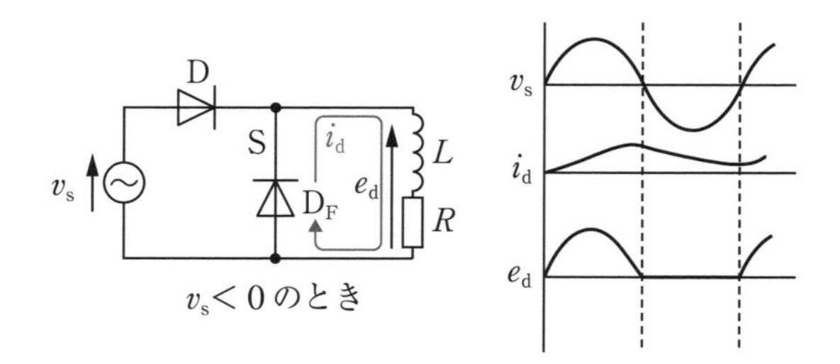

よって，(2)が正解。

解答… (2)

難易度 B 整流回路の性質

教科書 SECTION 02

問題91 半導体電力変換装置に関する記述として，誤っているのは次のうちどれか。

(1) ダイオードを用いた単相ブリッジ整流回路は，コンデンサと組み合わせて逆変換動作を行うことができる。

(2) サイリスタを用いた単相半波整流回路で負荷が誘導性の場合，環流ダイオード(フリーホイリングダイオード)を用いると直流平均電圧の低下を抑制することができる。

(3) ダイオードを用いた単相ブリッジ整流回路に抵抗負荷を接続したとき，直流平均電圧は交流側電圧の最大値の$\dfrac{2}{\pi}$倍に等しい。

(4) パワートランジスタ(バイポーラパワートランジスタ)は，ダーリントン接続形にすれば電流増幅率が大きくなり，小さなベース電流で動作できる。

(5) 交流電力制御は，正負の各半サイクル毎に同一の位相制御を行うことが必要である。トライアックはこの用途に適している。

H12-A4

	①	②	③	④	⑤
学習日					
理解度 (○/△/×)					

解説

(1) ダイオードを用いた単相ブリッジ整流回路は，コンデンサと組み合わせて順変換動作を行うことができる。よって，誤り。

(2) 正しい。

(3) 交流側電圧の最大値をV_{m}とすると，直流平均電圧は$\dfrac{2}{\pi}V_{\mathrm{m}}$で求めることができる。よって，正しい。

(4) ダーリントン接続とは，2個のトランジスタを組み合わせて一つにしたもので，電流増幅率は各トランジスタの積になり（大きくなり），小さなベース電流で動作できる。よって，正しい。

(5) トライアックは双方向の位相制御を行うことができるため，交流電力制御に適している。よって，正しい。

以上より，(1)が正解。

解答… (1)

難易度 B

ダイオードブリッジ整流回路

教科書 SECTION 02

問題92 次の文章は，下図に示すような平滑コンデンサをもつ単相ダイオードブリッジ整流回路に関する記述である。

図の回路において，平滑コンデンサの電流i_Cは，交流電流i_sを整流した電流と負荷に供給する電流i_dとの差となり，電圧v_dは［ (ア) ］波形となる。この平滑コンデンサをもつ整流回路は，負荷側からみると直流の［ (イ) ］として動作する。

交流電源は，負荷インピーダンスに比べ電源インピーダンスが非常に小さいことが一般的であるので，通常の用途では交流の［ (ウ) ］として扱われる。この回路の交流電流i_sは，正負の［ (エ) ］波形となる。これに対して，図には示していないが，リアクトルを交流電源と整流回路との間に挿入するなどして，波形を改善することが多い。

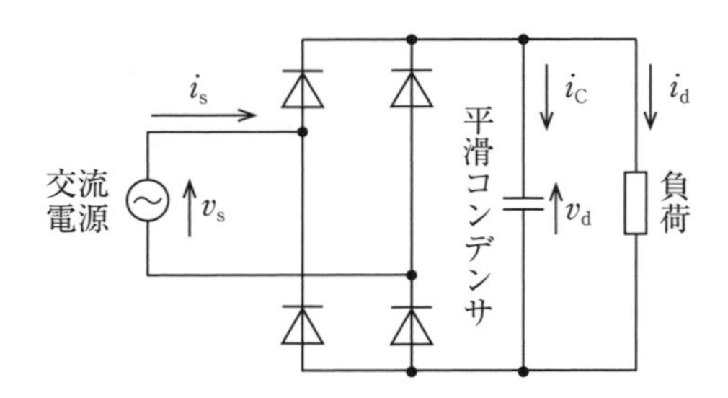

上記の記述中の空白箇所(ア)，(イ)，(ウ)及び(エ)に当てはまる組合せとして，正しいものを次の(1)～(5)のうちから一つ選べ。

	(ア)	(イ)	(ウ)	(エ)
(1)	脈動する	電圧源	電圧源	パルス状の
(2)	正負に反転する	電流源	電圧源	パルス状の
(3)	脈動する	電圧源	電圧源	ほぼ方形波の
(4)	正負に反転する	電圧源	電流源	パルス状の
(5)	正負に反転する	電流源	電流源	ほぼ方形波の

H25-A9

	①	②	③	④	⑤
学習日					
理解度 (○/△/×)					

解説

v_sが正の波形であり，コンデンサ電圧より大きいときの電流の流れる経路を黒，v_sが負の波形であり，コンデンサ電圧より大きいときの電流の流れる経路を赤で示す。

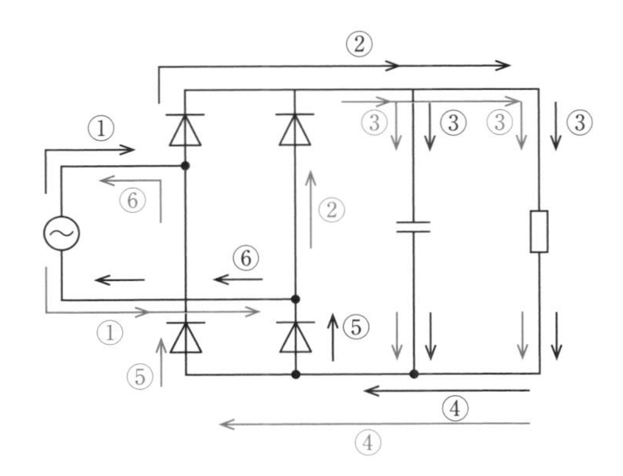

正・負の波形ともに，コンデンサと負荷に流れる電流は同一方向なので，これは全波整流回路であることがわかる。コンデンサは充電と放電を繰り返し，電圧v_dの波形は下図のような(ア)**脈動する**波形になる。

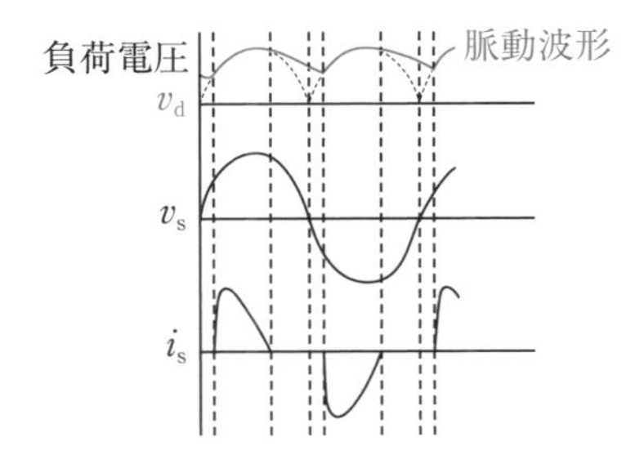

また，平滑コンデンサは，負荷側からみると直流の(イ)**電圧源**として動作する。交流電源は，通常の用途では交流の(ウ)**電圧源**として扱われる。

交流電流i_sは，コンデンサに充電している期間のみ変化のある上図のような正負の(エ)**パルス状の**波形になる。

以上より，(1)が正解。

解答… (1)

難易度 **B**

電力変換回路の電圧波形と電流波形

問題93 入力交流電圧波形v_sに対し，図のような入力電流波形i_sとなる電力変換回路として，正しいのは次のうちどれか。

ただし，交流電源のインピーダンスは無視できるものとし，電力変換回路における平滑リアクトルは十分に大きなインダクタンスを持っているものとする。

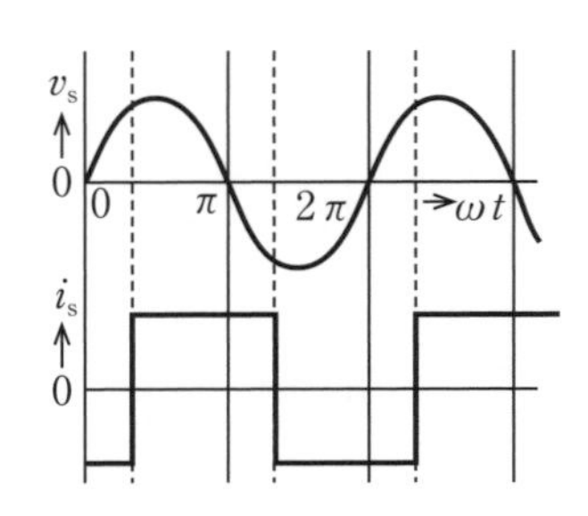

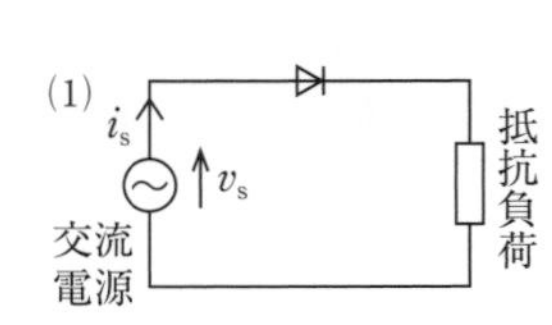

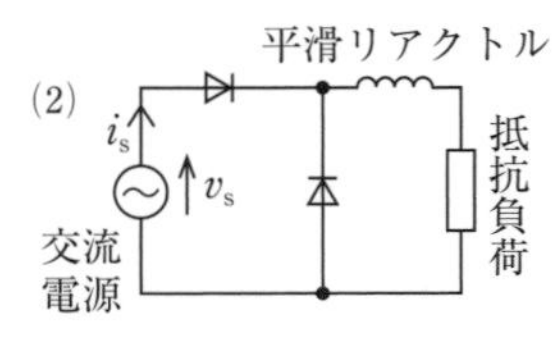

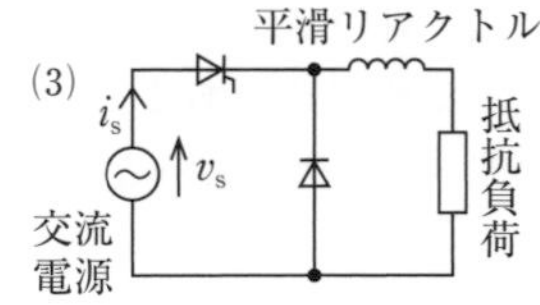

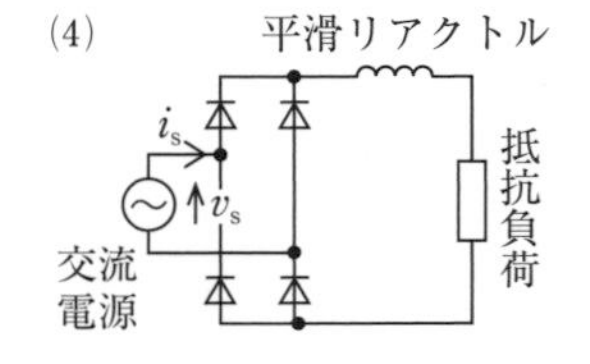

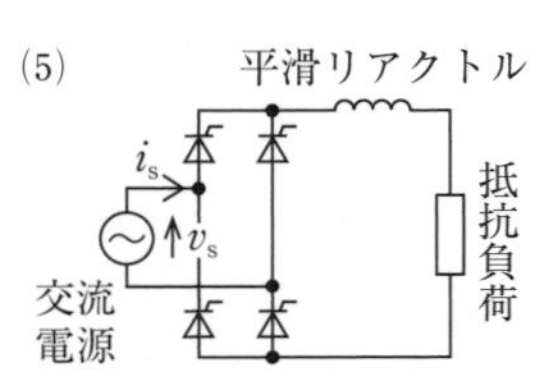

H19-A9

	①	②	③	④	⑤
学習日					
理解度 (○/△/×)					

解説

(1) 半波整流回路だが，問題文の入力電流波形i_sは全波である。よって，誤り。

(2)(3) ダイオードが使われているかサイリスタが使われているかの違いである。v_sが負の半サイクルに入ると，外周のダイオード（サイリスタ）はただちにOFFになると同時に，還流ダイオードがONとなり，短絡閉回路が構成されて，i_sは0になり負にならない。よって，(2)(3)とも誤り。

(4)(5) ダイオードが使われているか，サイリスタが使われているかの違いである。ダイオードは電圧が0のときから導通するが，サイリスタは位相制御角αのときから導通する。入力電流波形i_sは，αだけ遅れた波形である。よって，(4)は誤りだが，(5)は正しい。

以上より，(5)が正解。

解答… (5)

難易度 A

整流回路と脈流の関係

教科書 SECTION 02

問題94 単相整流回路の出力電圧に含まれる主な脈動成分(脈流)の周波数は，半波整流回路では入力周波数と同じであるが，全波整流回路では入力周波数の[(ア)]倍である。

単相整流回路に抵抗負荷を接続したとき，負荷端子間の脈動成分を減らすために，平滑コンデンサを整流回路の出力端子間に挿入する。この場合，その静電容量が[(イ)]，抵抗負荷電流が[(ウ)]ほど，コンデンサからの放電が緩やかになり，脈動成分は小さくなる。

上記の記述中の空白箇所(ア)，(イ)及び(ウ)に記入する語句又は数値として，正しいものを組み合わせたのは次のうちどれか。

	(ア)	(イ)	(ウ)
(1)	1/2	大きく	小さい
(2)	2	小さく	大きい
(3)	2	大きく	大きい
(4)	1/2	小さく	大きい
(5)	2	大きく	小さい

H16-A9

	①	②	③	④	⑤
学習日					
理解度 (○/△/×)					

解説

全波整流回路では，脈動成分の周波数が入力周波数の(ア) 2 倍である。

時定数$T = CR$が大きいほど，コンデンサからの放電は緩やかになる。したがって，静電容量が(イ)大きく，抵抗負荷電流が(ウ)小さい（＝抵抗が大きい）ほど，コンデンサからの放電が緩やかになる。

よって，(5)が正解。

解答… (5)

難易度 A

整流回路における電圧と電流の波形

 SECTION 02

問題95　図1のように，サイリスタを用いた単相ブリッジ接続の変換装置により，誘導性負荷に電力を供給している。図2のv_d及びi_dは，それぞれ負荷の電圧及び電流の波形である。これに関する記述として，正しいのは次のうちどれか。

ただし，変換装置の位相制御角はαとし，重なり角は無視するものとする。

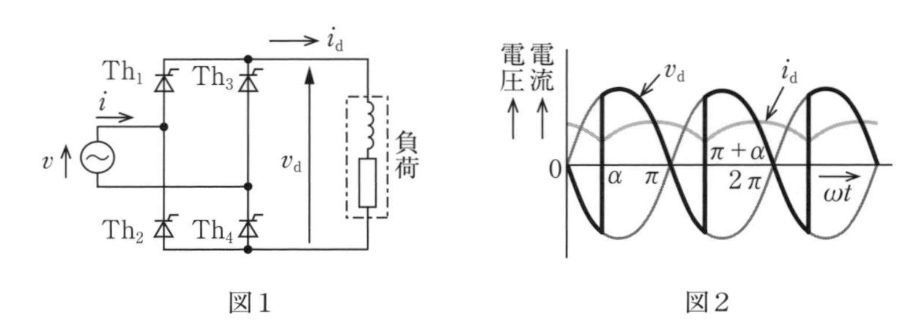

図1　　図2

(1)　サイリスタがオン状態にあるためには，必ず正のゲート電流を流さなければならない。

(2)　直流電流i_dの方向はαを大きくすると反転する。

(3)　負荷のインダクタンスが大きく，αが小さければ，直流電流i_dは連続して流れる。

(4)　直流電流i_dが連続して流れているとき，交流電圧vを$v=\sqrt{2}V\sin\omega t$とすれば，直流電圧v_dの平均値V_dは$V_d=\sqrt{2}V\cos\alpha$となる。

(5)　直流電流i_dが完全に平滑であるとすれば，交流電流iは正弦波となる。

H15-A9

	①	②	③	④	⑤
学習日					
理解度 (○/△/×)					

解説

(1) 表現が難しいが，これは，「必ず正のゲート電流を流し続けなければならない」と読み取る。一度正の電流を流してオンにすれば，ゲート電流を遮断してもオン状態が保持されるため，誤り。

(2) 負荷を流れる電流の方向は一定であり，反転しない。よって，誤り。

(3) 正しい。

(4) $v=\sqrt{2}V\sin\omega t$であるので，最大値（振幅）は$\sqrt{2}V$，波形の正の山の左半分は最大値×$\cos\alpha$で計算し，$\sqrt{2}V\times\cos\alpha=\sqrt{2}V\cos\alpha$となる。下図に赤で示した山のマイナス部分を下図に赤で示した山の右半分の一部と相殺すると，残る面積は左半分＝右半分となり，合計すると$2\sqrt{2}V\cos\alpha$となる。

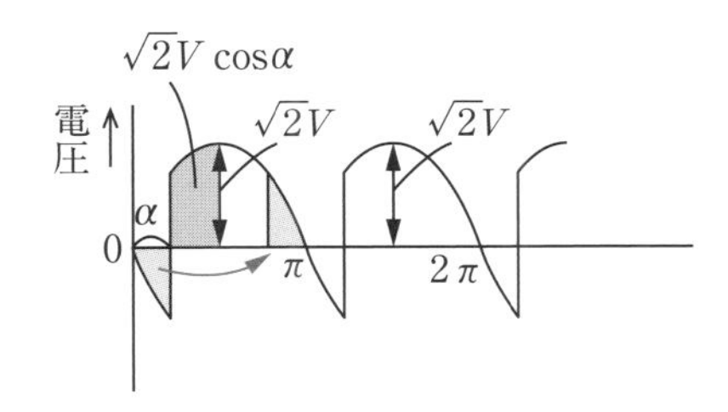

これをπ（一山の横幅）で割って平均値を求めると，$V_d=\dfrac{2\sqrt{2}V\cos\alpha}{\pi}$となる。よって，誤り。

(5) i_dが完全に平滑であるとき，交流電流iは方形波になる。よって，誤り。

以上より，(3)が正解。

解答… (3)

難易度 B

単相全波整流回路

教科書 SECTION 02

問題96 図には，バルブデバイスとしてサイリスタを用いた単相全波整流回路を示す。交流電源電圧を$e=\sqrt{2}E\sin\omega t$[V]，単相全波整流回路出力の直流電圧をe_d[V]，サイリスタの電流をi_T[A]として，次の(a)及び(b)に答えよ。

ただし，重なり角などは無視し，平滑リアクトルにより直流電流は一定とする。

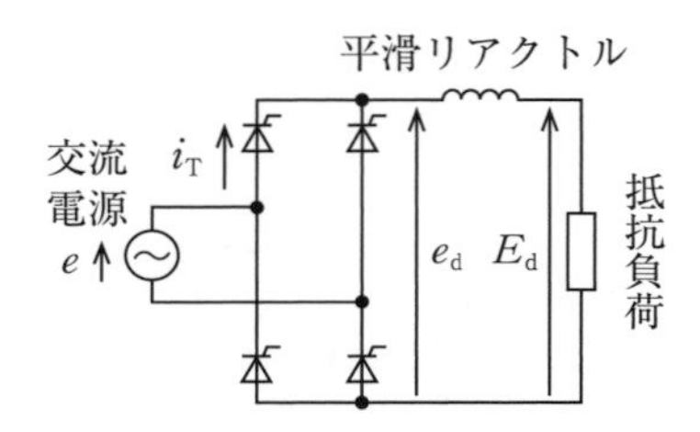

(a) サイリスタの制御遅れ角αが$\dfrac{\pi}{3}$ radのときに，eに対する，e_d，i_Tの波形として，正しいのは次のうちどれか。

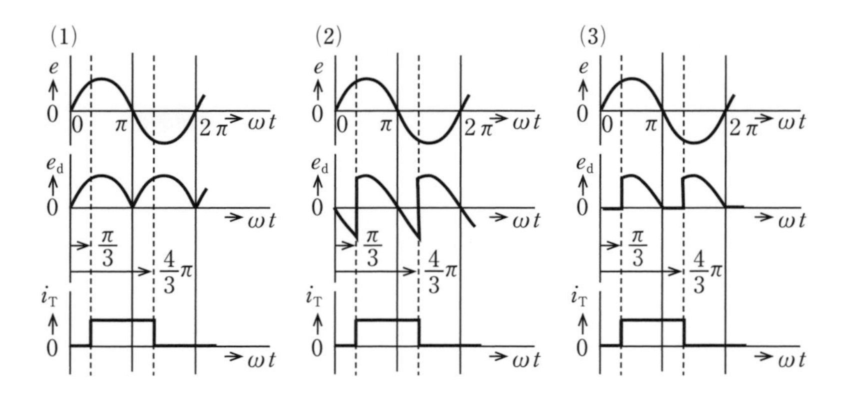

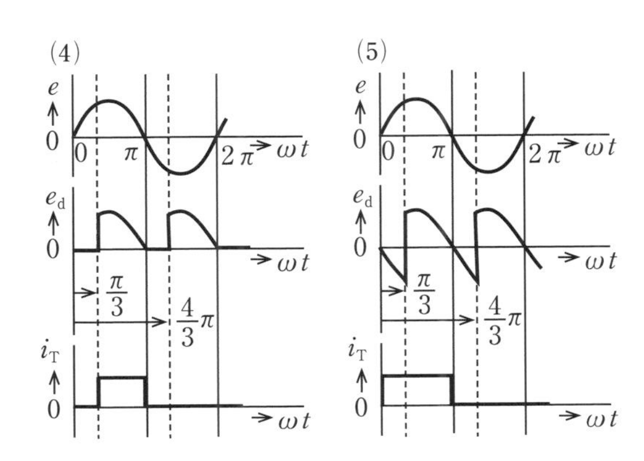

(b) 負荷抵抗にかかる出力の直流電圧E_d[V]は上記(a)に示された瞬時値波形の平均値となる。制御遅れ角αを$\frac{\pi}{2}$ radとしたときの電圧[V]の値として，正しいのは次のうちどれか。

(1) 0　(2) $\frac{\sqrt{2}}{\pi}E$　(3) $\frac{1}{2}E$　(4) $\frac{\sqrt{2}}{2}E$　(5) $\frac{2\sqrt{2}}{\pi}E$

H22-B16

	①	②	③	④	⑤
学習日					
理解度 (○/△/×)					

解説

(a)　平滑リアクトルの電流維持作用によって，サイリスタの電流i_Tは，αだけ遅れて導通し，半サイクル流れる。平滑リアクトルの作用によって，電源電圧が0になっても電流が流れているため，e_dの切り替わりのタイミングも$\frac{4}{3}\pi$まで延びる。

したがって，eに対するe_dおよびi_Tの波形は下図のようになる。

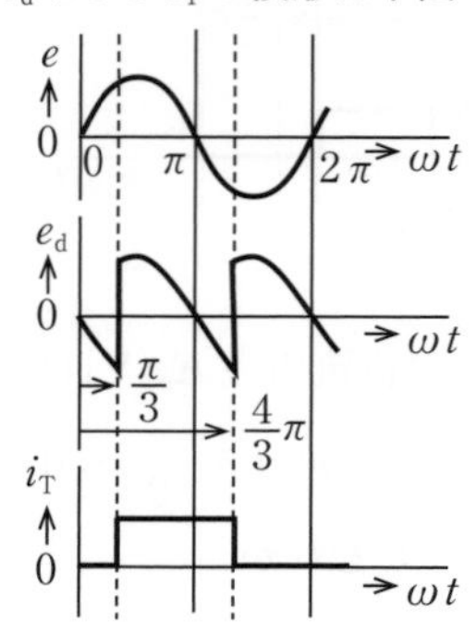

よって，(2)が正解。

(b)　制御遅れ角αが$\frac{\pi}{2}$ radのとき，直流電圧e_dは，下図の波形のようになり，山のマイナス部分の面積とプラス部分の面積が等しいため，相殺すると平均値は0になる。

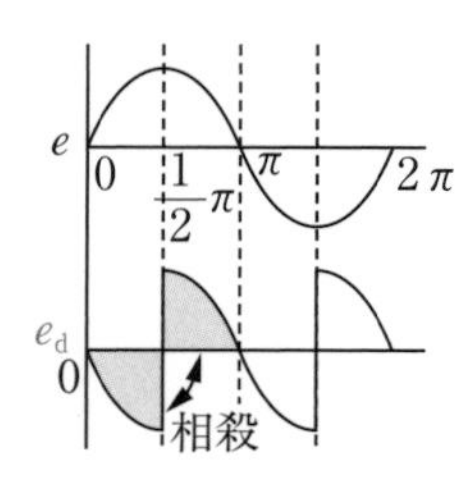

よって，(1)が正解。

解答…　(a)(2)　(b)(1)

難易度 B

電力変換回路

教科書 SECTION 02

問題97 図に示す出力電圧波形 v_R を得ることができる電力変換回路として，正しいものを次の(1)～(5)のうちから一つ選べ。

ただし，回路中の交流電源は正弦波交流電圧源とする。

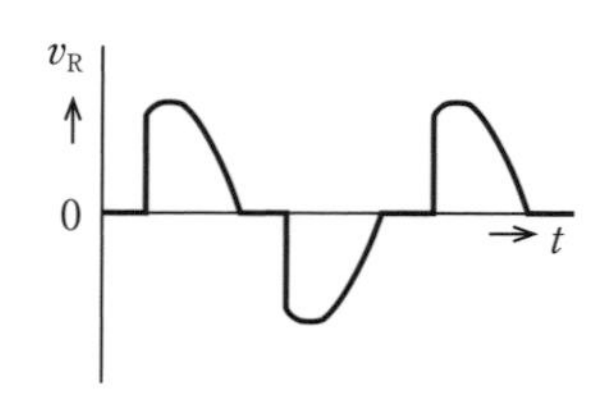

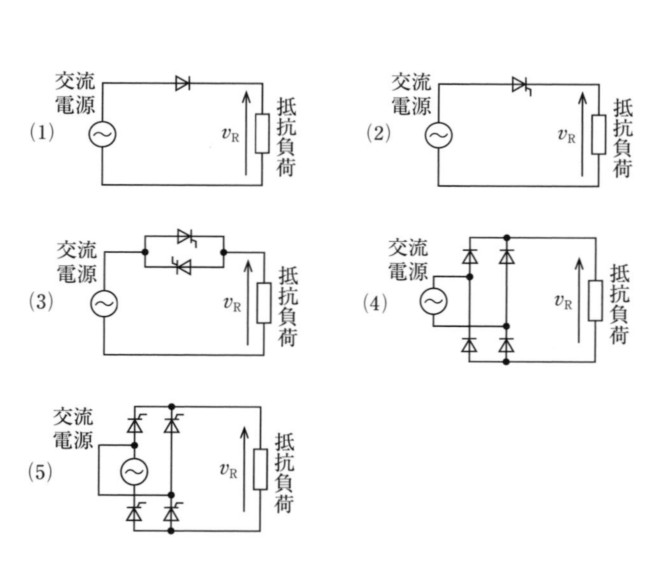

R4下-A10

解説

波形をみると，ある位相で制御されており，サイリスタが使用されていることがわかる。正の半波と負の半波があることから，サイリスタが2個，それぞれ逆向きに接続されていると推定できる。

したがって，v_Rの波形を出力できる回路は(3)の**サイリスタ交流電力調整回路**である。

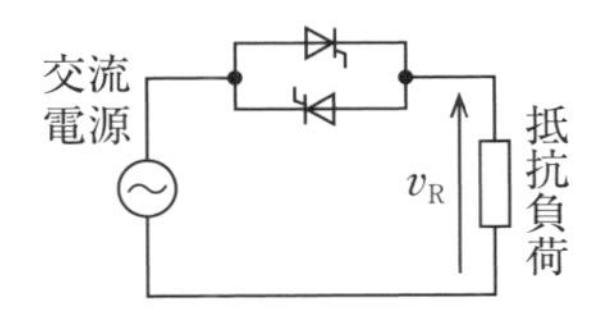

よって，(3)が正解。

解答… (3)

	①	②	③	④	⑤
学習日					
理解度 (○/△/×)					

難易度 B

単相双方向サイリスタスイッチ

教科書 SECTION 02

問題98 次の文章は，単相双方向サイリスタスイッチに関する記述である。

図1は，交流電源と抵抗負荷との間にサイリスタS_1，S_2で構成された単相双方向スイッチを挿入した回路を示す。図示する電圧の方向を正とし，サイリスタの両端にかかる電圧v_{th}が図2(下)の波形であった。

サイリスタS_1，S_2の運転として，このような波形となりえるものを次の(1)〜(5)のうちから一つ選べ。

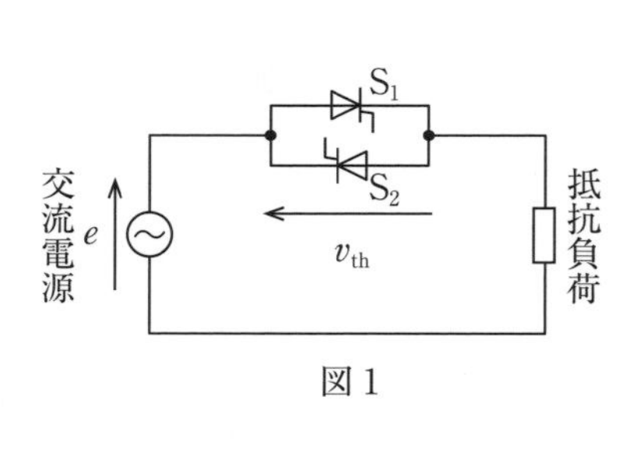

図1

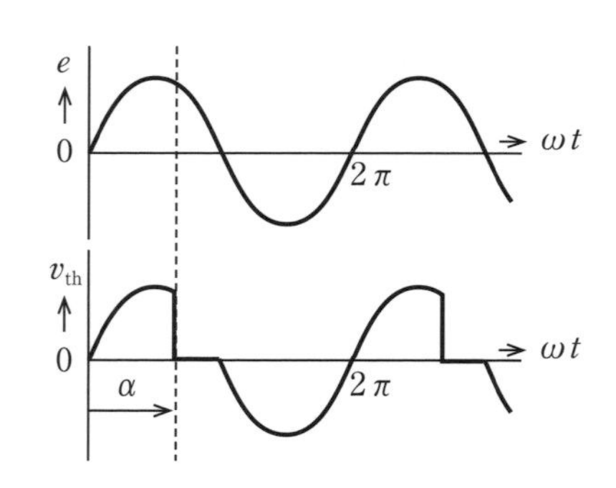

図2 （上）交流電源電圧波形
（下）サイリスタS_1, S_2の両端電圧v_{th}の波形

(1)	S_1，S_2とも制御遅れ角αで運転
(2)	S_1は制御遅れ角α，S_2は制御遅れ角0で運転
(3)	S_1は制御遅れ角α，S_2はサイリスタをトリガ（点弧）しないで運転
(4)	S_1は制御遅れ角0，S_2は制御遅れ角αで運転
(5)	S_1はサイリスタをトリガ（点弧）しないで，S_2は制御遅れ角αで運転

H23-A9

	①	②	③	④	⑤
学習日					
理解度 (○/△/×)					

解説

eが正の半サイクルのときはS_1，負の半サイクルのときはS_2によって，電圧を制御している。

正の半サイクルのとき，v_{th}は制御遅れ角αまで，eと同じ波形をしているため，S_1はOFF状態であることがわかる。αでS_1がONになって導通し，$v_{th}=0$になる。

負の半サイクルのとき，v_{th}はeと完全に同じ波形をしているため，S_2は継続してOFF状態であることがわかる。

以上より，サイリスタS_1は制御遅れ角αで運転，サイリスタS_2はトリガ（点弧）しないで運転する。

よって，(3)が正解。

解答… (3)

ポイント

サイリスタがON状態のとき，サイリスタはただの電線と同じになるので，サイリスタに加わる電圧は0Vになります。サイリスタがOFF状態のとき，サイリスタは電流を通さず，開放状態と同じになるので，サイリスタに加わる電圧は電源電圧と等しくなります。

難易度 B

降圧チョッパのフリーホイリングダイオードに流れる電流

教科書 SECTION 03

問題99 図1は，降圧チョッパの基本回路である。オンオフ制御バルブデバイスQは，IGBTを用いており，$\frac{T}{2}$[s]の期間はオン，残りの$\frac{T}{2}$[s]の期間はオフで，周期T[s]でスイッチングし，負荷抵抗Rには図2に示す波形の電流i_R[A]が流れているものとする。

このとき，ダイオードDに流れる電流i_D[A]の波形に最も近い波形は，図2の(1)から(5)のうちどれか。

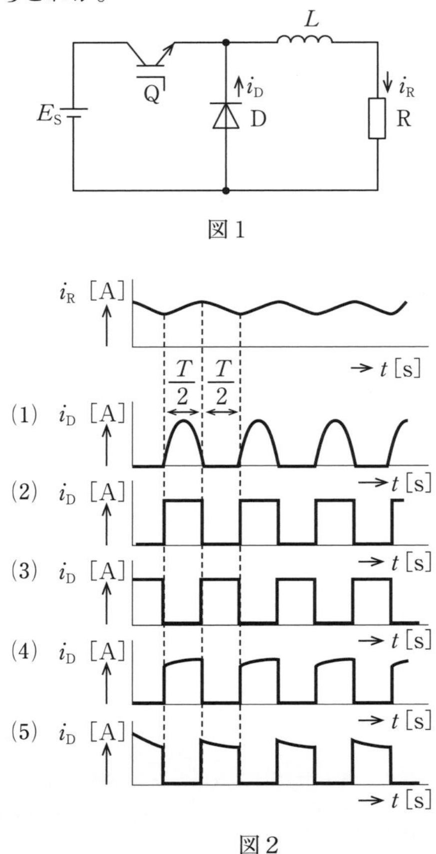

図1

図2

H22-A10

	①	②	③	④	⑤
学習日					
理解度 (○/△/×)					

解説

Qが ONのときは，電流はダイオードには流れず回路の外周側を流れ，i_Rは増加する。QがOFFのときはDがONとなり，短絡閉回路が構成されるが，Lの電流維持作用によってi_Rはただちに0にならずに減衰する。したがって，i_Rの波形におけるQのONとOFFの期間は下図のようになる。

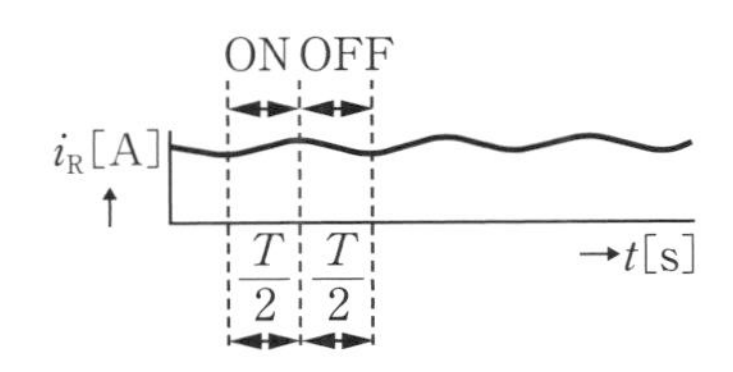

QがOFFのときにi_Dが流れるが，減衰するため，下図のような右肩下がりの波形になる。

よって，(5)が正解。

解答… (5)

難易度 C

昇圧チョッパの原理

教科書 SECTION 03

問題100 図は直流昇圧チョッパ回路であり，スイッチングの周期をT[s]とし，その中での動作を考える。ただし，直流電源Eの電圧をE_0[V]とし，コンデンサCの容量は十分に大きく出力電圧E_1[V]は一定とみなせるものとする。

半導体スイッチSがオンの期間T_{on}[s]では，E－リアクトルL－S－Eの経路とC－負荷R－Cの経路の二つで電流が流れ，このときにLに蓄えられるエネルギーが増加する。Sがオフの期間T_{off}[s]では，E－L－ダイオードD－(CとRの並列回路)－Eの経路で電流が流れ，Lに蓄えられたエネルギーが出力側に放出される。次の(a)及び(b)の問に答えよ。

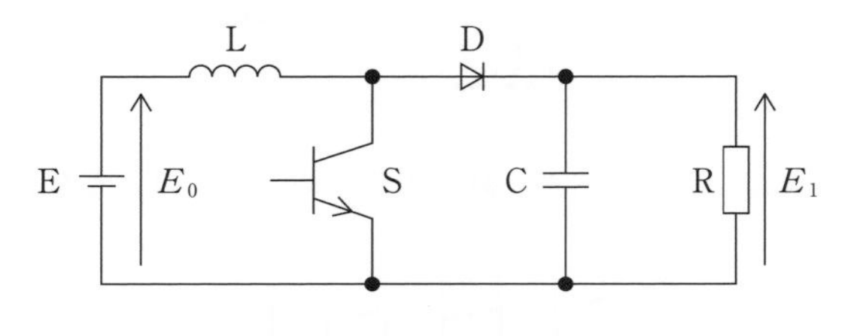

昇圧チョッパ回路

(a) この動作において，Lの磁束を増加させる電圧時間積は［(ア)］であり，磁束を減少させる電圧時間積は［(イ)］である。定常状態では，増加する磁束と減少する磁束が等しいとおけるので，入力電圧と出力電圧の関係を求めることができる。

上記の記述中の空白箇所(ア)及び(イ)に当てはまる組合せとして，正しいものを次の(1)～(5)のうちから一つ選べ。

	(ア)	(イ)
(1)	$E_0 \cdot T_{on}$	$(E_1 - E_0) \cdot T_{off}$
(2)	$E_0 \cdot T_{on}$	$E_1 \cdot T_{off}$
(3)	$E_0 \cdot T$	$E_1 \cdot T_{off}$
(4)	$(E_0 - E_1) \cdot T_{on}$	$(E_1 - E_0) \cdot T_{off}$
(5)	$(E_0 - E_1) \cdot T_{on}$	$(E_1 - E_0) \cdot T$

(b) 入力電圧$E_0 = 100$ V，通流率$\alpha = 0.2$のときに，出力電圧E_1の値[V]として，最も近いものを次の(1)～(5)のうちから一つ選べ。

(1) 80　(2) 125　(3) 200　(4) 400　(5) 500

R1-B16

	①	②	③	④	⑤
学習日					
理解度 (○/△/×)					

解説

(a)

(ア) 半導体スイッチSがオンの期間T_{on}[s]では，電流は下図の経路を流れる。

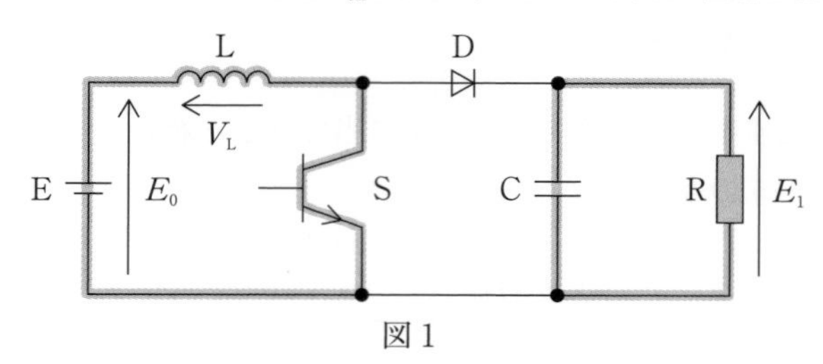

図1

このとき，リアクトルの電圧V_L[V]は直流電源Eの電圧と等しく，

$V_L = E_0$[V]

また，スイッチがオンの時間はT_{on}[s]であるため，電圧時間積は$E_0 \cdot T_{on}$になる。

(イ) 半導体スイッチSがオフの期間T_{off}[s]では，電流は下図の経路を流れる。

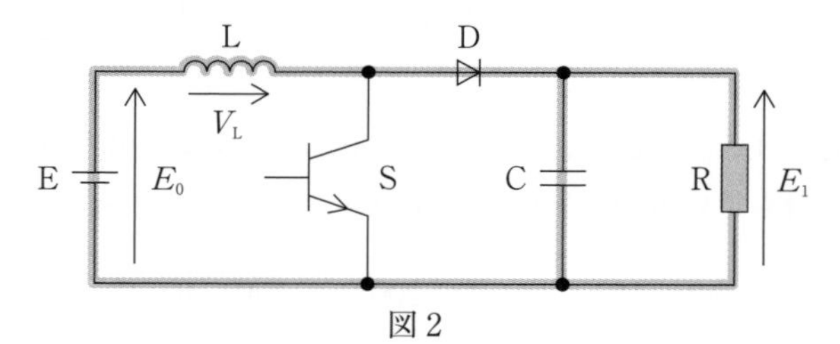

図2

このとき，リアクトルの電圧V_L[V]は，上の回路にキルヒホッフの電圧則を適用して，

$E_0 + V_L = E_1$

$\therefore V_L = E_1 - E_0$

スイッチがオフの時間はT_{off}[s]であるため，電圧時間積は$(E_1 - E_0) \cdot T_{off}$になる。

よって，(1)が正解。

(b)

昇圧チョッパの出力電圧を求める公式より，出力電圧E_1[V]は，

$$E_1 = \frac{1}{1-\alpha} E_0$$

$$= \frac{1}{1 - 0.2} \times 100$$

$$= 125 \text{ V}$$

よって，(2)が正解。

解答… (a)(1) (b)(2)

難易度 C

直流チョッパ

教科書 SECTION 03

問題101 図のように他励直流機を直流チョッパで駆動する。電源電圧は$E=200$ Vで一定とし，直流機の電機子電圧をVとする。IGBT Q_1及びQ_2をオンオフ動作させるときのスイッチング周波数は500 Hzであるとする。なお，本問では直流機の定常状態だけを扱うものとする。次の(a)及び(b)の問に答えよ。

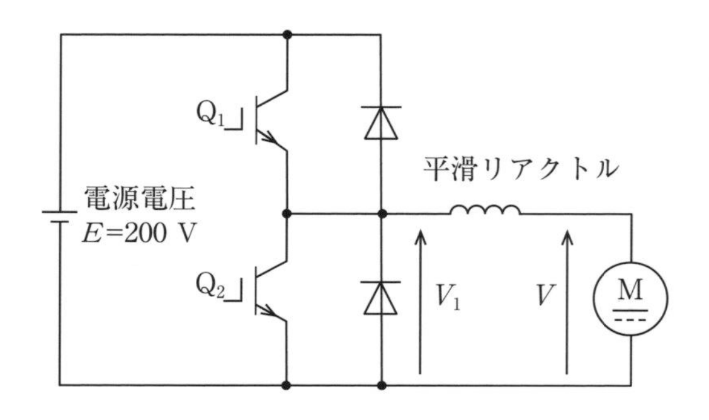

(a) この直流機を電動機として駆動する場合，Q_2をオフとし，Q_1をオンオフ制御することで，Vを調整することができる。電圧V_1の平均値が150 Vのとき，1周期の中でQ_1がオンになっている時間の値[ms]として，最も近いものを次の(1)～(5)のうちから一つ選べ。

(1) 0.75　(2) 1.00　(3) 1.25　(4) 1.50　(5) 1.75

(b) Q_1をオフしてQ_2をオンオフ制御することで，電機子電流の向きを(a)の場合と反対にし，直流機に発電動作（回生制動）をさせることができる。

この制御において，スイッチングの1周期の間でQ_2がオンになっている時間が0.4 msのとき，この直流機の電機子電圧V[V]として，最も近いVの値を次の(1)～(5)のうちから一つ選べ。

(1) 40　(2) 160　(3) 200　(4) 250　(5) 1 000

H26-B16

	①	②	③	④	⑤
学習日					
理解度 (○/△/×)					

解説

スイッチング周波数$f=500$ Hzを周期T[ms]に直すと，

$$T=\frac{1}{f}=\frac{1}{500}=2\times10^{-3}=2\text{ ms}$$

(a)　Q_2がOFFの時の等価回路は下図となる。

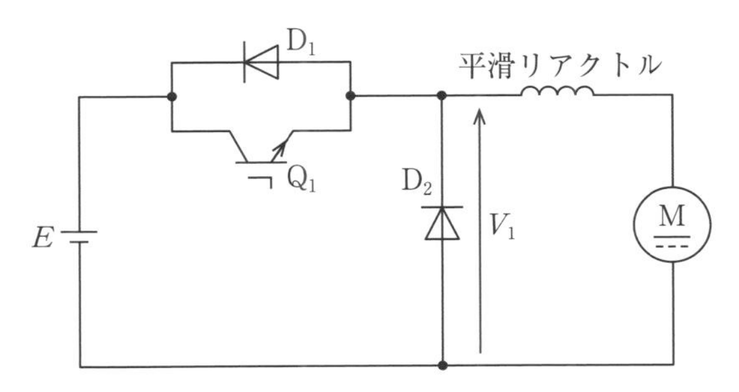

ここで，Q_1がONの時の電圧V_1[V]は，電源電圧のE[V]（上記の等価回路でQ_1と電線による電圧降下はないので，$V_1=E$となる）。

一方，Q_1がOFFの時の電圧V_1は，0 V（平滑リアクトルと電動機とダイオードD_2からなる回路に電流が流れる。また，このときダイオードD_2には順方向の電流が流れているので，ダイオードはただの電線とみなせる）。

したがって，Q_1がONになっている時間をT_{ON}[ms]とすると，電圧V_1の平均値V_{1d}[V]は，

$$V_{1d}=E\times\frac{T_{ON}}{T}\qquad\therefore T_{ON}=\frac{V_{1d}\times T}{E}=\frac{150\times2}{200}=1.5\text{ ms}$$

よって，(4)が正解。

(b)　Q_2がOFFになっている時間をT_{OFF}[s]とすると，OFFになっている時間に直流機から電源に電流が流れるため，電機子電圧V[V]は，

$$V=E\times\frac{T_{OFF}}{T}=200\times\frac{2-0.4}{2}=160\text{ V}$$

よって，(2)が正解。

解答… (a)(4)　(b)(2)

難易度 B

単相電圧形インバータ

教科書 SECTION 04

問題102 図１は，IGBTを用いた単相ブリッジ接続の電圧形インバータを示す。直流電圧E_d[V]は，一定値と見なせる。出力端子には，インダクタンスL[H]で抵抗値R[Ω]の誘導性負荷が接続されている。この電圧形インバータの出力電圧v_0，出力電流i_0が図2のようになった。インバータの動作モードを図２に示す①～④として本モードは周期T[s]で繰り返されるものとする。なお，上下スイッチの短絡を防ぐデッドタイムは考慮しない。

次の(a)及び(b)の問に答えよ。

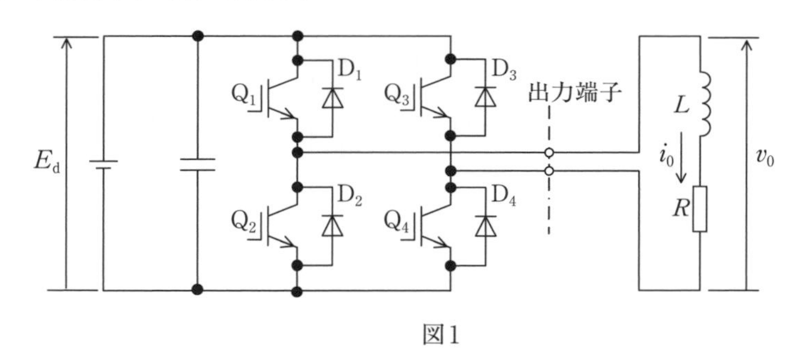

図1

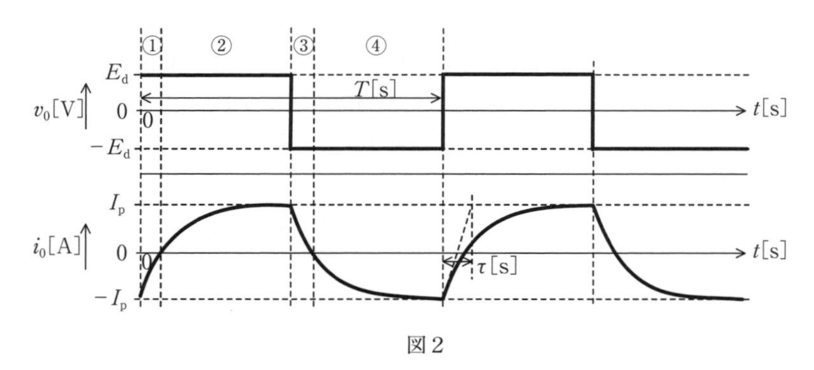

図2

(a) 図2に示した区間①～④において電流が流れているデバイスの組合せとして正しいものを次の(1)～(5)のうちから一つ選べ。

	①	②	③	④
(1)	D_2-D_3	Q_2-Q_3	D_1-D_4	Q_1-Q_4
(2)	D_1-D_4	Q_1-Q_4	D_2-D_3	Q_2-Q_3
(3)	Q_1-Q_4	Q_1-Q_4	Q_2-Q_3	Q_2-Q_3
(4)	Q_1-D_3	Q_1-Q_4	Q_2-D_4	Q_2-Q_3
(5)	Q_2-Q_3	Q_2-Q_3	Q_1-Q_4	Q_1-Q_4

(b) 電源電圧E_dが100 V，インダクタンスLを2 mHとし，抵抗Rを1 Ωとすると，区間①②の電流は$-I_p$[A]からI_p[A]まで時定数τ[s]で増加する。τに最も近い値を次の(1)～(5)のうちから一つ選べ。

(1) 0.001　(2) 0.002　(3) 0.003 2　(4) 0.006 3　(5) 0.02

R4下-B16

	①	②	③	④	⑤
学習日					
理解度 (○/△/×)					

解説

(a)　図２の区間①～④における電流の経路を示すと，それぞれ下図の色線のようになる。

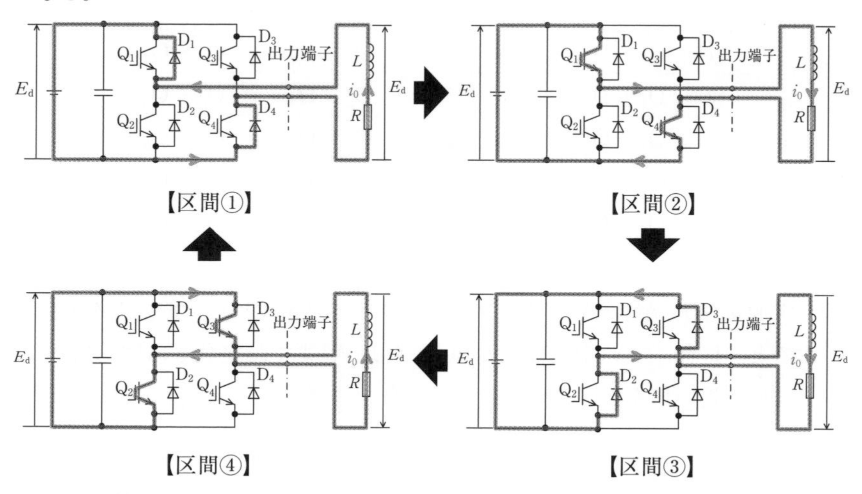

なお，区間①～④において，電流が流れるデバイスは次のとおり。

区間①：

$v_0 = E_d$[V]であり，デッドタイムを考慮しないためQ_1およびQ_4のゲート信号がオンになる。一方で，図２より$i_0 < 0$であり，Q_1およびQ_4には素子記号の矢印（ゲート・エミッタ間）の方向しか電流が流れないため，代わりに並列に接続されたダイオードD_1およびD_4に電流が流れる。

区間②：

$v_0 = E_d$[V]であり，Q_1およびQ_4のゲート信号がオンとなる。ただし，図２より$i_0 > 0$であるため，この場合はQ_1およびQ_4を電流が流れる。

区間③：

$v_0 = -E_d$[V]であり，デッドタイムを考慮しないためQ_2およびQ_3のゲート信号がオンになる。一方で，図２より$i_0 > 0$であり，Q_2およびQ_3には素子記号の矢印の方向しか電流が流れないため，代わりに並列に接続されたダイオードD_2およびD_3に電流が流れる。

区間④：

$v_0 = -E_d$[V]であり，Q_2およびQ_3のゲート信号がオンとなる。ただし，図２より$i_0 < 0$であるため，この場合はQ_2およびQ_3を電流が流れる。

以上より，図２の各区間において電流が流れるデバイスの組み合わせをまとめると，下記となる。

①	②	③	④
D_1-D_4	Q_1-Q_4	D_2-D_3	Q_2-Q_3

よって，(2)が正解。

(b)

誘導性負荷はRL直列回路とみなせるため，求める時定数τ[s]は，抵抗$R=1\ \Omega$，インダクタンス$L=2\ \text{mH}\rightarrow 2\times10^{-3}\ \text{H}$を用いて，

$$\tau=\frac{L}{R}=\frac{2\times10^{-3}}{1}=0.002\ \text{s}$$

よって，(2)が正解。

解答… (a)(2) (b)(2)

ポイント

Q_2およびQ_3（あるいはQ_1およびQ_4）のゲート信号をオフにしてからQ_1およびQ_4（あるいはQ_2およびQ_3）のゲート信号をオンにするまでの時間を，デッドタイムといいます。この時間が不十分であると，前者がターンオフする前に後者がターンオンすることにより，上下スイッチが短絡してしまいます。本問では，デッドタイムは考慮しないこととなっています。

難易度 B

無停電電源装置

教科書 SECTION 04

問題103 図は無停電電源装置の回路構成の一例を示す。常時は，交流電源から整流回路を通して得た直流電力を［(ア)］と呼ばれる回路Bで交流に変換して負荷に供給するが，交流電源が停電あるいは電圧低下した場合には，［(イ)］の回路Dから半導体スイッチ及び回路Bを介して交流電力を供給する方式である。主にコンピュータシステムや［(ウ)］などの電源に用いられる。

運転状態によって直流電圧が変動するので，回路BはPWM制御などの電圧制御機能を利用して，出力に［(エ)］の交流を得ることが一般的である。

上記の記述中の空白箇所(ア)，(イ)，(ウ)及び(エ)に当てはまる語句として，正しいものを組み合わせたのは次のうちどれか。

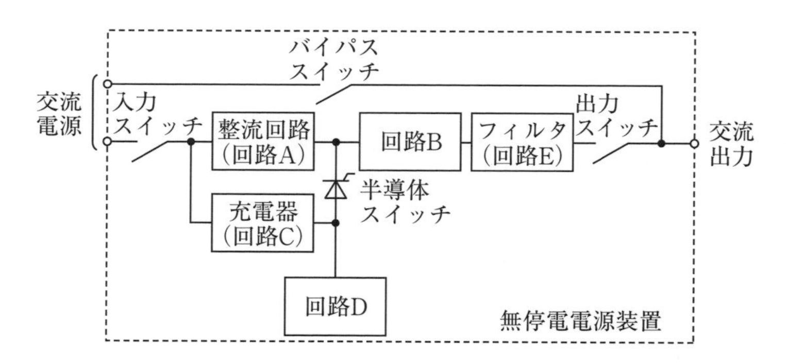

	(ア)	(イ)	(ウ)	(エ)
(1)	インバータ	二次電池	放送・通信用機器	定電圧・定周波数
(2)	DC/DC コンバータ	一次電池	家庭用空調機器	定電圧・定周波数
(3)	DC/DC コンバータ	二次電池	放送・通信用機器	可変電圧・可変周波数
(4)	インバータ	二次電池	家庭用空調機器	定電圧・定周波数
(5)	インバータ	一次電池	放送・通信用機器	可変電圧・可変周波数

H19-A10

	①	②	③	④	⑤
学習日					
理解度 (○/△/×)					

解説

問題文の図は無停電電源装置の回路構成の一例である。常時は，交流電源から整流回路を通して得た直流電力を(ア)**インバータ**と呼ばれる回路Bで交流電力に変換して負荷に供給するが，交流電源が停電あるいは電圧低下した場合には，(イ)**二次電池**の回路Dから半導体スイッチ及び回路Bを介して交流電力を供給する方式である。主にコンピュータシステムや(ウ)**放送・通信用機器**などの電源に用いられる。

運転状態によって直流電圧が変動するので，回路BはPWM制御などの電圧制御機能を利用して，出力に(エ)**定電圧・定周波数**の交流を得ることが一般的である。

よって，(1)が正解。

解答… (1)

PWM制御（パルス幅変調）とは

オンとオフを一定周期で繰り返しスイッチングを行い，出力電圧を制御する方法です。一定電圧の入力から，パルスの幅を制御することで，出力電圧を制御します。

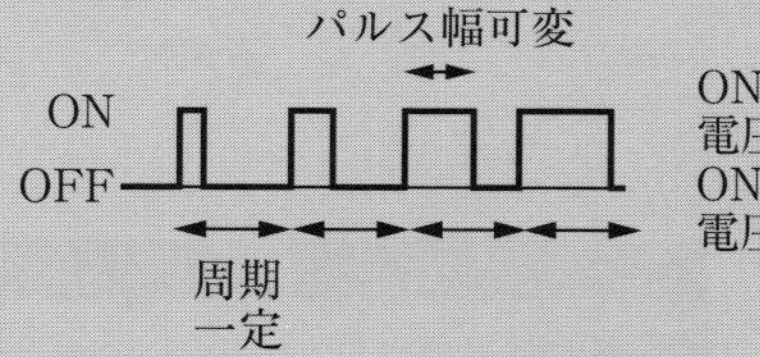

ONの時間を長くすると
電圧は高く，
ONの時間を短くすると
電圧は低くなる。

CHAPTER 06

自動制御

難易度 A

シーケンス制御

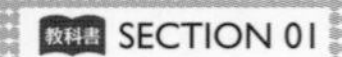

問題104 シーケンス制御に関する記述として，誤っているものを次の(1)〜(5)のうちから一つ選べ。

(1) 前もって定められた工程や手順の各段階を，スイッチ，リレー，タイマなどで構成する制御はシーケンス制御である。

(2) 荷物の上げ下げをする装置において，扉の開閉から希望階への移動を行う制御では，シーケンス制御が用いられる。

(3) 測定した電気炉内の温度と設定温度とを比較し，ヒータの発熱量を電力制御回路で調節して，電気炉内の温度を一定に保つ制御はシーケンス制御である。

(4) 水位の上限を検出するレベルスイッチと下限を検出するレベルスイッチを取り付けた水のタンクがある。水位の上限から下限に至る容積の水を次段のプラントに自動的に送り出す装置はシーケンス制御で実現できる。

(5) プログラマブルコントローラでは，スイッチ，リレー，タイマなどをソフトウェアで書くことで，変更が容易なシーケンス制御を実現できる。

H26-A13

	①	②	③	④	⑤
学習日					
理解度 (○/△/×)					

解説

(1)　シーケンス制御とは順序制御であり，正しい。

(2)　扉の開閉や希望階の選択は決められた順序で決められたボタンなどを操作して行う。これも順序制御であるため，シーケンス制御が用いられる。正しい。

(3)　比較して一定に保つということは，フィードバック制御である。よって，誤り。

(4)　順序制御であるため，正しい。

(5)　プログラマブルコントローラに対するこの記述は正しい。

以上より，(3)が正解。

解答…　(3)

ポイント

(2)の荷物の上げ下げをする装置というと考えにくいかもしれませんが，身近なものでいうとエレベーターがあります。身近なものに置き換えて考えるとわかりやすくなります。

難易度 A

自動制御系の基本構成

教科書 SECTION 01

問題105 図は，制御系の基本的構成を示す。制御対象の出力信号である［(ア)］が検出部によって検出される。その検出部の出力が比較器で［(イ)］と比較され，その差が調節部に加えられる。その調節部の出力によって操作部で［(ウ)］が決定され，制御対象に加えられる。このような制御方式を［(エ)］制御と呼ぶ。

上記の記述中の空白箇所(ア)，(イ)，(ウ)及び(エ)に記入する語句として，正しいものを組み合わせたのは次のうちどれか。

ただし，(ア)，(イ)及び(ウ)は図中のそれぞれに対応している。

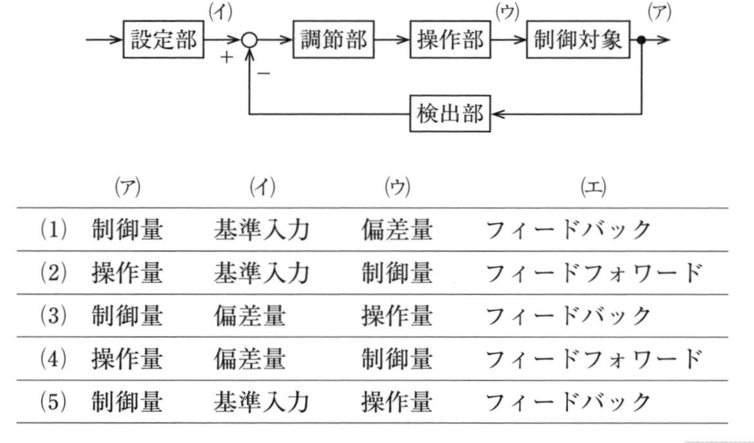

	(ア)	(イ)	(ウ)	(エ)
(1)	制御量	基準入力	偏差量	フィードバック
(2)	操作量	基準入力	制御量	フィードフォワード
(3)	制御量	偏差量	操作量	フィードバック
(4)	操作量	偏差量	制御量	フィードフォワード
(5)	制御量	基準入力	操作量	フィードバック

H14-A9

	①	②	③	④	⑤
学習日					
理解度 (○/△/×)					

解説

制御対象の出力信号（制御したい量）のことを制御量という。比較器は，基準入力と制御量を差し引きして比較し，調節部に信号を与える。調節部はその信号をもとに制御系が働くための信号を操作部に出力し，操作部は操作量を決定する。制御対象にはこの操作量が加えられる。これがフィードバック制御の流れである。

したがって，空白箇所に記入する語句は，(ア)**制御量**，(イ)**基準入力**，(ウ)**操作量**，(エ)**フィードバック**となる。

よって，(5)が正解。

解答… (5)

ポイント

フィードバック制御は，身近なところでは，エアコンなどの温度制御に使われています。

難易度 **B**

フィードバック制御の計算

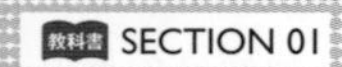

問題106 図は，負荷に流れる電流i_L[A]を電流センサで検出して制御するフィードバック制御系である。

減算器では，目標値を設定する電圧v_r[V]から電流センサの出力電圧v_f[V]を減算して，誤差電圧$v_e = v_r - v_f$を出力する。

電源は，減算器から入力される入力電圧（誤差電圧）v_e[V]に比例して出力電圧v_p[V]が変化し，入力信号v_e[V]が1Vのときには出力電圧v_p[V]が90 Vとなる。

負荷は，抵抗Rの値が2 Ωの抵抗器である。

電流センサは，検出電流（負荷に流れる電流）i_L[A]が50 Aのときに出力電圧v_f[V]が10 Vとなる。

この制御系において目標値設定電圧v_r[V]を8 Vとしたときに負荷に流れる電流i_L[A]の値として，最も近いのは次のうちどれか。

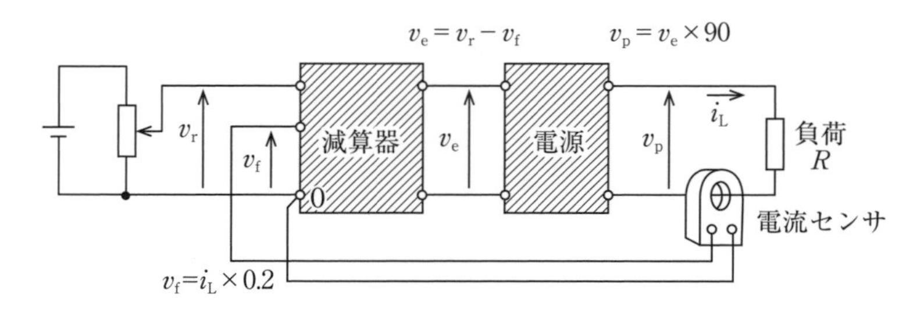

（1） 8.00　（2） 36.0　（3） 37.9　（4） 40.0　（5） 72.0

H22-A13

	①	②	③	④	⑤
学習日					
理解度（○/△/×）					

解説

図中で与えられた式と数値を用いると，v_p[V]は以下のように表すことができる。

$$v_p = v_e \times 90 = 90v_e$$
$$= 90 \times (v_r - v_f)$$
$$= 90 \times (v_r - 0.2i_L)$$
$$= 90 \times (8 - 0.2i_L)$$

また，オームの法則より，i_L[A]は，

$$i_L = \frac{v_p}{R} = \frac{v_p}{2} \text{[A]}$$

これを変形して，

$$v_p = 2i_L$$

v_pについて以下の等式が成り立つ。

$$90 \times (8 - 0.2i_L) = 2i_L$$

これを解くと，

$$i_L = 36.0 \text{ A}$$

よって，(2)が正解。

解答… (2)

CH 06 自動制御

ポイント

先に文字の状態で式変形を進めておくと，間違いを減らすことができます。

難易度 B

ブロック線図(1)

教科書 SECTION 01

問題107 図のようなブロック線図で示す制御系がある。入力信号$R(\mathrm{j}\omega)$と出力信号$C(\mathrm{j}\omega)$間の合成の周波数伝達関数$\dfrac{C(\mathrm{j}\omega)}{R(\mathrm{j}\omega)}$を示す式として，正しいのは次のうちどれか。

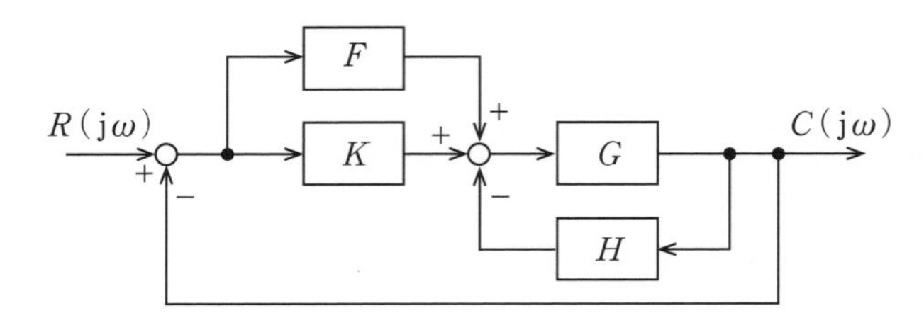

(1) $\dfrac{G(F+K)}{1+G(H+F+K)}$

(2) $\dfrac{G(F-K)}{1+G(H+F-K)}$

(3) $\dfrac{G(F+K)}{1-G(H+F+K)}$

(4) $\dfrac{GH(F+K)}{1-GH(H+F+K)}$

(5) $\dfrac{GHK}{1+G(H+F+K)}$

H14-C10

	①	②	③	④	⑤
学習日					
理解度 (○/△/×)					

解説

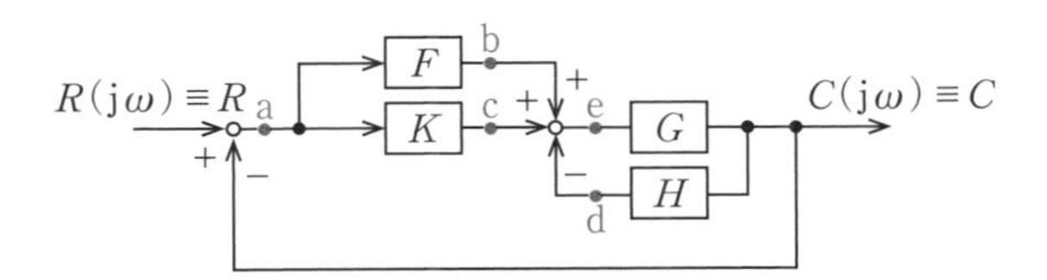

入力信号R（$\mathrm{j}\omega$）をR，出力信号C（$\mathrm{j}\omega$）をCとおき，図のa点〜e点の信号をそれぞれ考えると，a点：$R-C$となり，b点はそのF倍，c点はK倍なので，b点：$(R-C)F$　c点：$(R-C)K$となる。また，d点：CHであり，e点はb点＋c点－d点であるため，$\{(R-C)F+(R-C)K-CH\}$ となる。出力信号CはそのG倍であるため，以下の式となる。

$$\{(R-C)F+(R-C)K-CH\}G=C$$

これを式変形する。その際，$\dfrac{C}{R}$の形にするので，RとCでくくれるように変形する。

$$\{R(F+K)-C(F+K)-CH\}G=C$$

$$GR(F+K)-GC(F+K)-GCH=C$$

$$\therefore GR(F+K)=C\{1+G(F+K)+HG\}$$

問題中の式にあわせると，

$$\frac{C(\mathrm{j}\omega)}{R(\mathrm{j}\omega)}=\frac{G(F+K)}{1+G(H+F+K)}$$

よって，(1)が正解。

解答…　(1)

ポイント

1点1点順番に考えることで簡単に問題を解くことができます。

難易度 B

ブロック線図(2)

教科書 SECTION 01

問題108 図は，フィードバック制御におけるブロック線図を示している。この線図において，出力 V_2 を，入力 V_1 及び外乱 D を使って表現した場合，正しいものを次の(1)～(5)のうちから一つ選べ。

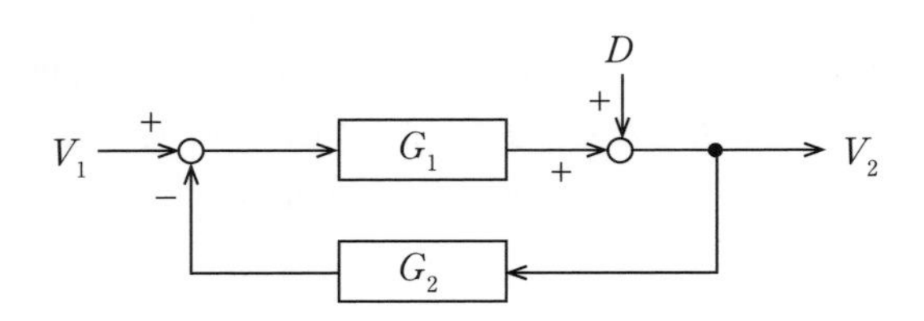

(1) $V_2 = \dfrac{1}{1+G_1G_2}V_1 + \dfrac{G_2}{1+G_1G_2}D$

(2) $V_2 = \dfrac{G_2}{1+G_1G_2}V_1 + \dfrac{1}{1+G_1G_2}D$

(3) $V_2 = \dfrac{G_2}{1+G_1G_2}V_1 - \dfrac{1}{1+G_1G_2}D$

(4) $V_2 = \dfrac{G_1}{1+G_1G_2}V_1 - \dfrac{1}{1+G_1G_2}D$

(5) $V_2 = \dfrac{G_1}{1+G_1G_2}V_1 + \dfrac{1}{1+G_1G_2}D$

H25-A13

	①	②	③	④	⑤
学習日					
理解度 (○/△/×)					

解説

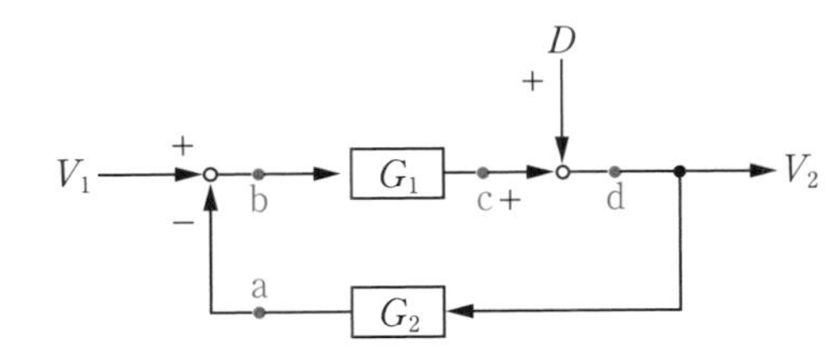

図のa点～d点をそれぞれ考えると，a点：G_2V_2，b点：$V_1 - G_2V_2$となり，c点はb点のG_1倍なので$(V_1 - G_2V_2)G_1$，それに外乱を加えたものがd点：$(V_1 - G_2V_2)G_1 + D$で，これはV_2に等しい。

よって，以下の式が成り立つ。

$$(V_1 - G_2V_2)G_1 + D = V_2$$

これを展開して移項すると，

$$V_1G_1 - G_1G_2V_2 + D = V_2$$

$$\therefore V_1G_1 + D = V_2(1 + G_1G_2)$$

問題ではV_2が問われているため変形すると，

$$V_2 = \frac{G_1V_1 + D}{1 + G_1G_2} = \frac{G_1}{1 + G_1G_2}V_1 + \frac{1}{1 + G_1G_2}D$$

よって，(5)が正解。

解答… (5)

ポイント

自分が導き出した式が選択肢のなかになくても，式変形をすれば選択肢と同じになる場合があるので式変形を試みてください。

難易度 B

過渡応答特性(1)

教科書 SECTION 01

問題109 あるフィードバック制御系にステップ入力を加えたとき，出力の過渡応答は図のようになった。図中の過渡応答の時間に関する諸量(ア)，(イ)及び(ウ)に記入する語句として，正しいものを組み合わせたのは次のうちどれか。

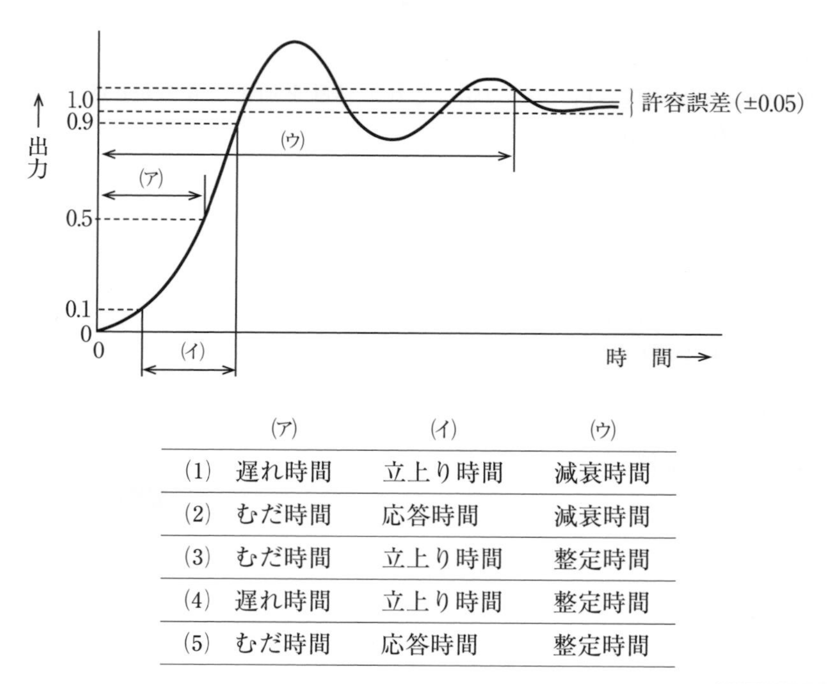

	(ア)	(イ)	(ウ)
(1)	遅れ時間	立上り時間	減衰時間
(2)	むだ時間	応答時間	減衰時間
(3)	むだ時間	立上り時間	整定時間
(4)	遅れ時間	立上り時間	整定時間
(5)	むだ時間	応答時間	整定時間

H16-A13

	①	②	③	④	⑤
学習日					
理解度 (○/△/×)					

解説

図中の(ア)は遅れ時間（50％に達するまでの時間）である。(イ)は立上り時間（10％から90％に達するまでの時間）である。(ウ)は目標値の±5％幅に最終的に入り込む時間であり，これを整定時間という。

したがって，空白箇所に記入する語句は，(ア)遅れ時間，(イ)立上り時間，(ウ)整定時間となる。

よって，(4)が正解。

解答… (4)

難易度 B

過渡応答特性(2)

教科書 SECTION 01

問題110 一般のフィードバック制御系においては，制御系の安定性が要求され，制御系の特性を評価するものとして，[(ア)]特性と過渡特性がある。

サーボ制御系では，目標値の変化に対する追従性が重要であり，過渡特性を評価するものとして，[(イ)]応答の遅れ時間，立上り時間，[(ウ)]などが用いられる。

上記の記述中の空白箇所(ア)，(イ)及び(ウ)に記入する語句として，正しいものを組み合わせたのは次のうちどれか。

	(ア)	(イ)	(ウ)
(1)	定　常	ステップ	定常偏差
(2)	追　従	ステップ	定常偏差
(3)	追　従	インパルス	行過ぎ量
(4)	定　常	ステップ	行過ぎ量
(5)	定　常	インパルス	定常偏差

H15-A13

	①	②	③	④	⑤
学習日					
理解度 (○/△/×)					

解説

フィードバック制御系の特性を評価するのは，定常特性と過渡特性である。サーボ制御系の過渡特性を評価するものとしては，ステップ応答の遅れ時間や立上り時間，行過ぎ量などがある。

したがって，空白箇所に記入する語句は，(ア)定常，(イ)ステップ，(ウ)行過ぎ量となる。

よって，(4)が正解。

解答… (4)

ポイント

過渡と定常は対義語になっています。

ポイント

遅れ時間とは出力が目標値の50%になるまでの時間のことをいいます。

難易度 C

周波数伝達関数(1)

教科書 SECTION 01

問題111 図1は，調節計の演算回路などによく用いられるブロック線図を示す。

次の(a)及び(b)に答えよ。

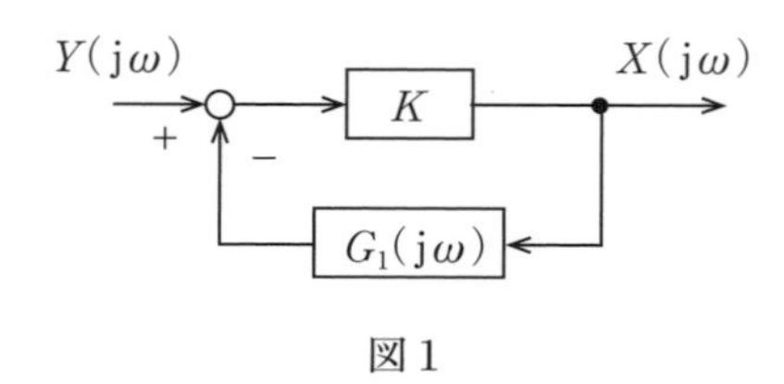

図1

(a) 図2は，図1のブロック$G_1(\mathrm{j}\omega)$の詳細を示し，静電容量C[F]と抵抗R[Ω]からなる回路を示す。この回路の入力量$V_1(\mathrm{j}\omega)$に対する出力量$V_2(\mathrm{j}\omega)$の周波数伝達関数$G_1(\mathrm{j}\omega)=\dfrac{V_2(\mathrm{j}\omega)}{V_1(\mathrm{j}\omega)}$を表す式として，正しいのは次のうちどれか。

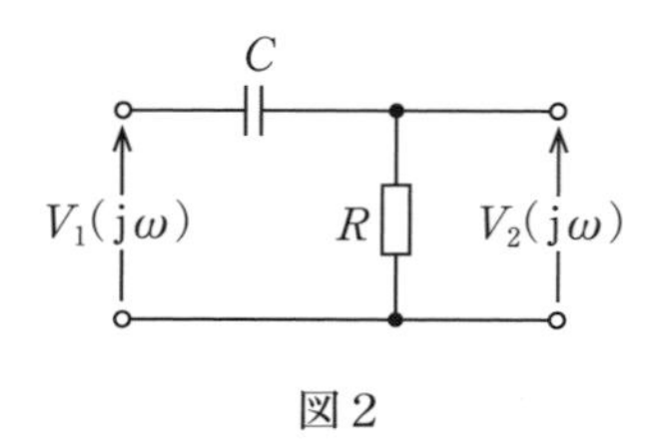

図2

(1) $\dfrac{1}{CR+\mathrm{j}\omega}$　(2) $\dfrac{1}{1+\mathrm{j}\omega CR}$　(3) $\dfrac{CR}{CR+\mathrm{j}\omega}$

(4) $\dfrac{CR}{1+\mathrm{j}\omega CR}$　(5) $\dfrac{\mathrm{j}\omega CR}{1+\mathrm{j}\omega CR}$

(b) 図1のブロック線図において，閉ループ周波数伝達関数$G(\mathrm{j}\omega)=\dfrac{X(\mathrm{j}\omega)}{Y(\mathrm{j}\omega)}$で，ゲイン$K$が非常に大きな場合の近似式として，正しいのは次のうちどれか。

なお，この近似式が成立する場合，この演算回路は比例プラス積分要素と呼ばれる。

(1) $1+\mathrm{j}\omega CR$　(2) $1+\dfrac{CR}{\mathrm{j}\omega}$　(3) $1+\dfrac{1}{\mathrm{j}\omega CR}$　(4) $\dfrac{1}{1+\mathrm{j}\omega CR}$

(5) $\dfrac{1+CR}{\mathrm{j}\omega CR}$

H20-C17

	①	②	③	④	⑤
学習日					
理解度 (○/△/×)					

解説

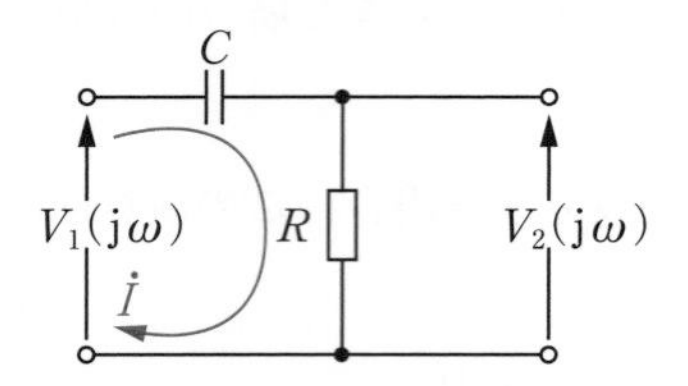

(a) $V_1(\mathrm{j}\omega)$ に対する $V_2(\mathrm{j}\omega)$ の周波数伝達関数 $G_1(\mathrm{j}\omega)$ は，

$$G_1(\mathrm{j}\omega)=\frac{V_2(\mathrm{j}\omega)}{V_1(\mathrm{j}\omega)}$$

図の電流 $\dot{I}$ は，

$$\dot{I}=\frac{V_1(\mathrm{j}\omega)}{R+\dfrac{1}{\mathrm{j}\omega C}}$$

よって，$V_2(\mathrm{j}\omega)$ は，

$$V_2(\mathrm{j}\omega)=R\dot{I}=\frac{RV_1(\mathrm{j}\omega)}{R+\dfrac{1}{\mathrm{j}\omega C}}=\frac{\mathrm{j}\omega CRV_1(\mathrm{j}\omega)}{1+\mathrm{j}\omega CR}$$

この式を変形すると，

$$G_1(\mathrm{j}\omega)=\frac{V_2(\mathrm{j}\omega)}{V_1(\mathrm{j}\omega)}=\frac{\mathrm{j}\omega CR}{1+\mathrm{j}\omega CR}$$

よって，(5)が正解。

(b) 閉ループ周波数伝達関数 $G(\mathrm{j}\omega)$ は，

$$G(\mathrm{j}\omega)=\frac{X(\mathrm{j}\omega)}{Y(\mathrm{j}\omega)}=\frac{K}{1+KG_1(\mathrm{j}\omega)}=\frac{K}{1+K\dfrac{\mathrm{j}\omega CR}{1+\mathrm{j}\omega CR}}$$

分母分子に $(1+\mathrm{j}\omega CR)$ を掛けて，

$$G(\mathrm{j}\omega)=\frac{K(1+\mathrm{j}\omega CR)}{1+\mathrm{j}\omega CR+\mathrm{j}\omega KCR}$$

ゲイン K が非常に大きいため，上式の分母は $1+\mathrm{j}\omega CR+\mathrm{j}\omega KCR\fallingdotseq\mathrm{j}\omega KCR$ となるから，上式は以下のように近似できる。

$$G(\mathrm{j}\omega)\fallingdotseq\frac{K(1+\mathrm{j}\omega CR)}{\mathrm{j}\omega KCR}=\frac{1+\mathrm{j}\omega CR}{\mathrm{j}\omega CR}=1+\frac{1}{\mathrm{j}\omega CR}$$

よって，(3)が正解。

解答… (a)(5) (b)(3)

ポイント

近似計算のしかたはしっかりと押さえておきましょう。

難易度 C

周波数伝達関数(2)

教科書 SECTION 01

問題112 図1及び図2について，次の(a)及び(b)に答えよ。

(a) 図1は，抵抗R[Ω]と静電容量C_1[F]による一次遅れ要素の回路を示す。この回路の入力電圧に対する出力電圧の周波数伝達関数を$G(\mathrm{j}\,\omega)=\dfrac{1}{1+\mathrm{j}\,\omega\,T_1}$として表したとき，$T_1$[s]を示す式として，正しいのは次のうちどれか。

ただし，入力電圧の角周波数はω[rad/s]である。

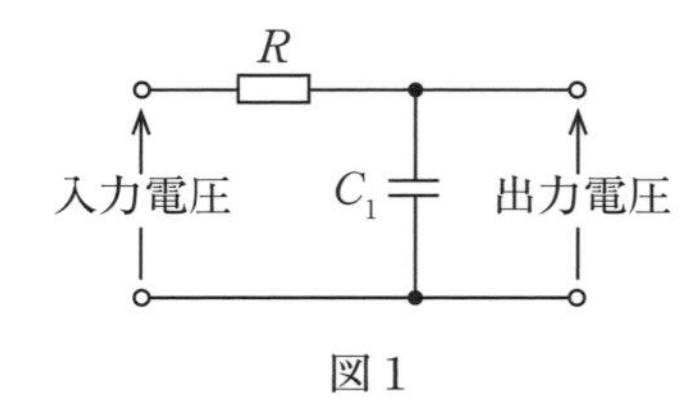

図1

(1) $T_1=\dfrac{1}{C_1R}$　(2) $T_1=C_1R$　(3) $T_1=1+C_1R$

(4) $T_1=\dfrac{1+C_1R}{C_1R}$　(5) $T_1=\dfrac{C_1}{1+C_1R}$

(b) 図2は，図1の回路の過渡応答を改善するために静電容量C_2[F]を付加した回路を示す。この回路の周波数伝達関数を$G(\mathrm{j}\omega)=\dfrac{1+\mathrm{j}\,\omega\,T_3}{1+\mathrm{j}\,\omega\,T_2}$で表したとき，$T_2$[s]及び$T_3$[s]を示す式として，正しいものを組み合わせたのは次のうちどれか。

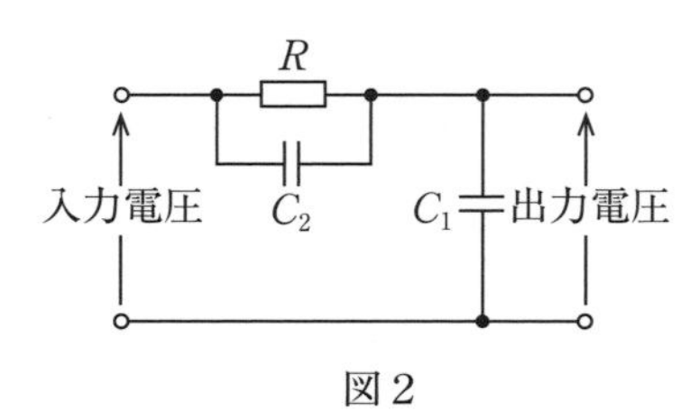

図2

(1)	$T_2 = C_2 R$	$T_3 = C_1 R$
(2)	$T_2 = C_1 R$	$T_3 = C_2 R$
(3)	$T_2 = (C_1 + C_2) R$	$T_3 = C_2 R$
(4)	$T_2 = \left(\frac{1}{C_1} + \frac{1}{C_2}\right) R$	$T_3 = C_2 R$
(5)	$T_2 = C_1 R$	$T_3 = (C_1 + C_2) R$

H19-C17

	①	②	③	④	⑤
学習日					
理解度 (○/△/×)					

解説

(a) 入力電圧を $V_i(j\omega)$，出力電圧を $V_o(j\omega)$ とすると，出力電圧は直列回路の分圧計算と同様に考えてよいので，

$$V_i(j\omega)\times\frac{\dfrac{1}{j\omega C_1}}{R+\dfrac{1}{j\omega C_1}}=V_o(j\omega)$$

$$\therefore\frac{V_i(j\omega)}{1+j\omega C_1R}=V_o(j\omega)$$

これを変形すると，求める周波数伝達関数 $G(j\omega)$ は，

$$G(j\omega)=\frac{V_o(j\omega)}{V_i(j\omega)}=\frac{1}{1+j\omega C_1R}$$

したがって，$T_1=C_1R$ となる。

よって，(2)が正解。

(b)

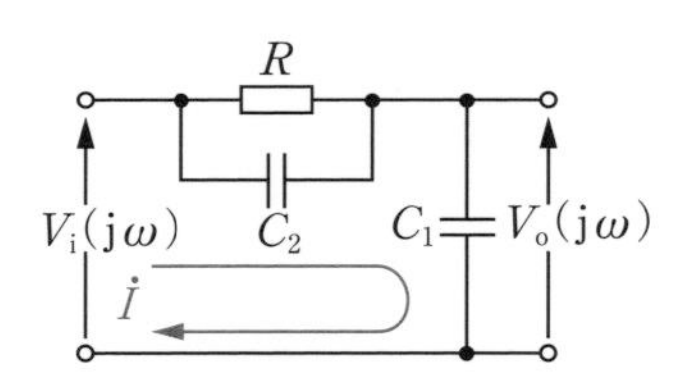

並列接続している抵抗 R[Ω]と静電容量 C_2[F]の合成インピーダンスを $\dot{Z}_1$[Ω]とすると，図の回路の合成インピーダンス $\dot{Z}$[Ω]は，

$$\dot{Z}=\dot{Z}_1+\frac{1}{j\omega C_1}=\frac{1}{\dfrac{1}{R}+j\omega C_2}+\frac{1}{j\omega C_1}\,[\Omega]$$

オームの法則 $\dot{I}=\dfrac{\dot{V}}{\dot{Z}}$ より，図の電流 $\dot{I}$[A]は，

$$\dot{I}=\frac{V_i(j\omega)}{\dfrac{1}{\dfrac{1}{R}+j\omega C_2}+\dfrac{1}{j\omega C_1}}\,[\mathrm{A}]$$

よって，出力電圧 $V_o(j\omega)$[V]は，

$$V_o(j\omega)=\dot{I}\times\frac{1}{j\omega C_1}=\frac{V_i(j\omega)}{\dfrac{1}{\dfrac{1}{R}+j\omega C_2}+\dfrac{1}{j\omega C_1}}\times\frac{1}{j\omega C_1}=\frac{V_i(j\omega)}{1+\dfrac{j\omega C_1}{\dfrac{1}{R}+j\omega C_2}}\,[\mathrm{V}]$$

分母分子に$R\left(\frac{1}{R}+\mathrm{j}\omega C_2\right)$を掛けて整理すると，

$$V_o(\mathrm{j}\omega)=\frac{V_i(\mathrm{j}\omega)\times(1+\mathrm{j}\omega C_2R)}{1+\mathrm{j}\omega R(C_1+C_2)}$$

周波数伝達関数$G(\mathrm{j}\omega)$は，

$$G(\mathrm{j}\omega)=\frac{V_o(\mathrm{j}\omega)}{V_i(\mathrm{j}\omega)}=\frac{1+\mathrm{j}\omega C_2R}{1+\mathrm{j}\omega R(C_1+C_2)}$$

したがって，$T_2=(C_1+C_2)R$，$T_3=C_2R$となる。

よって，(3)が正解。

解答… (a)(2)　(b)(3)

難易度 B 周波数伝達関数(3)

教科書 SECTION 01

問題113 図1に示す$R-L$回路において，端子a，a'間に単位階段状のステップ電圧$v(t)$[V]を加えたとき，抵抗R[Ω]に流れる電流を$i(t)$[A]とすると，$i(t)$は図2のようになった。この回路のR[Ω]，L[H]の値及び入力をa，a'間の電圧とし，出力をR[Ω]に流れる電流としたときの周波数伝達関数$G(\mathrm{j}\omega)$の式として，正しいものを次の(1)～(5)のうちから一つ選べ。

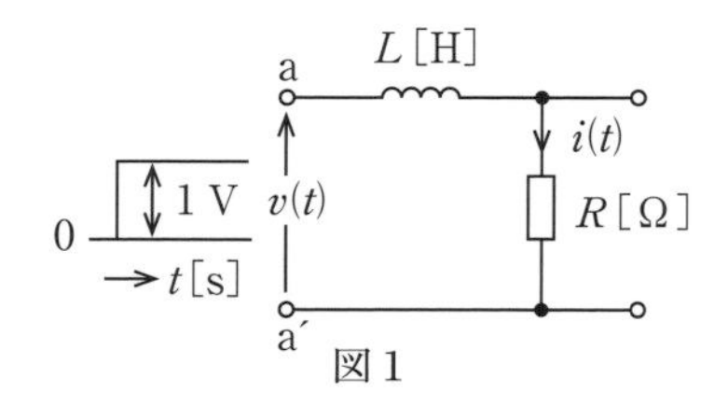

図1

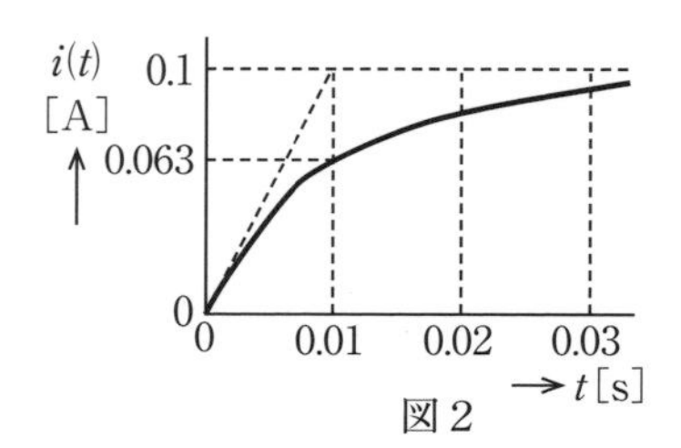

図2

	R[Ω]	L[H]	$G(\mathrm{j}\omega)$
(1)	10	0.1	$\dfrac{0.1}{1+\mathrm{j}0.01\omega}$
(2)	10	1	$\dfrac{0.1}{1+\mathrm{j}0.1\omega}$
(3)	100	0.01	$\dfrac{1}{10+\mathrm{j}0.01\omega}$
(4)	10	0.1	$\dfrac{1}{10+\mathrm{j}0.01\omega}$
(5)	100	0.01	$\dfrac{1}{100+\mathrm{j}0.01\omega}$

R5上-A13

	①	②	③	④	⑤
学習日					
理解度 (○/△/×)					

解説

入力電圧$v(t)$と出力電流$i(t)$を複素数表示したものをそれぞれ$\dot{V}$[V]，$\dot{I}$[A]とすると，周波数伝達関数$G(\mathrm{j}\omega)$は，

$$G(\mathrm{j}\omega)=\frac{出力}{入力}=\frac{\dot{I}}{\dot{V}}=\frac{\dot{I}}{(R+\mathrm{j}\omega L)\dot{I}}=\frac{1}{R+\mathrm{j}\omega L}=\frac{\frac{1}{R}}{1+\mathrm{j}\omega\frac{L}{R}}\cdots①$$

①式より，$G(\mathrm{j}\omega)$の分母が$\mathrm{j}\omega$の一次式となるので，$G(\mathrm{j}\omega)$は一次遅れ要素を表す周波数伝達関数であることがわかる。また，一次遅れ要素の周波数伝達関数の一般式$\frac{K}{1+\mathrm{j}\omega T}$より，$G(\mathrm{j}\omega)$の時定数$T=\frac{L}{R}$[s]，ゲイン定数$K=\frac{1}{R}$となる。

一次遅れ要素にステップ入力を加えたときの出力の定常値$i(\infty)$は，入力値$v(t)$のK倍となる。また，図2より，$i(\infty)=0.1$ Aであるので，ゲイン定数Kは，

$$K\times v(t)=i(\infty)$$
$$K\times 1=0.1$$
$$\therefore K=0.1$$

よって，抵抗R[Ω]は，

$$R=\frac{1}{K}=\frac{1}{0.1}=10\ \Omega\cdots②$$

図2より，出力が定常値の0.63倍に達するまでの時間は0.01 sであり，時定数Tは出力が定常値の0.63倍に達するまでの時間に等しいので，

$$T=0.01=\frac{L}{R}\cdots③$$

③式に②式を代入すると，インダクタンスL[H]は，

$$L=0.01\times R=0.01\times 10=0.1\ \mathrm{H}\cdots④$$

①式に②，④式を代入すると，

$$G(\mathrm{j}\omega)=\frac{\frac{1}{R}}{1+\mathrm{j}\omega\frac{L}{R}}=\frac{\frac{1}{10}}{1+\mathrm{j}\omega\frac{0.1}{10}}=\frac{0.1}{1+\mathrm{j}0.01\omega}$$

よって，(1)が正解。

解答… (1)

ポイント

定常状態の約63 %に達する時間を時定数と覚えておきましょう。

CHAPTER 07～11

情報
照明
電熱
電動機応用
電気化学

難易度 A

基数変換

問題114 計算機に用いる数に関する記述として，誤っているのは次のうちどれか。

(1) 2進数の $(1101)_2$ を10進数に変換すると $(13)_{10}$ になる。

(2) 10進数の $(23)_{10}$ を2進数に変換すると $(10111)_2$ になる。

(3) 10進数 $(23)_{10}$ を2進化10進数に変換すると $(00100011)_2$ になる。

(4) 2進数の $(1101)_2$ を16進数に変換すると $(D)_{16}$ になる。

(5) 16進数の $(C3)_{16}$ を10進数に変換すると $(123)_{10}$ になる。

H16-A14

	①	②	③	④	⑤
学習日					
理解度 (○/△/×)					

解説

(1)　$(1101)_2 = 2^3 + 2^2 + 2^0 = (13)_{10}$

(2)　2進数→10進数に変換する。

$(10111)_2 = 2^4 + 2^2 + 2^1 + 2^0 = (23)_{10}$

(3)　2進化10進数とは，10進数の1桁を2進数の4桁で表したものである。

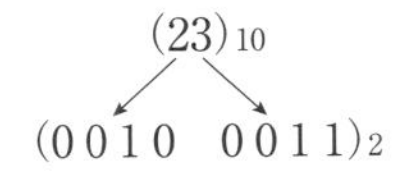

(4)　2進数→16進数への変換は，2進数→10進数→16進数と変換する。

$(1101)_2 = 2^3 + 2^2 + 2^0 = (13)_{10} = (D)_{16}$

(5)　$(C3)_{16} = 12 \times 16^1 + 3 \times 16^0 = (195)_{10}$　よって，誤り。

以上より，(5)が正解。

解答… (5)

論理回路とタイムチャート

教科書 SECTION 01

問題115 図の論理回路に，図に示す入力A，B及びCを加えたとき，出力Xとして正しいものを次の(1)〜(5)のうちから一つ選べ。

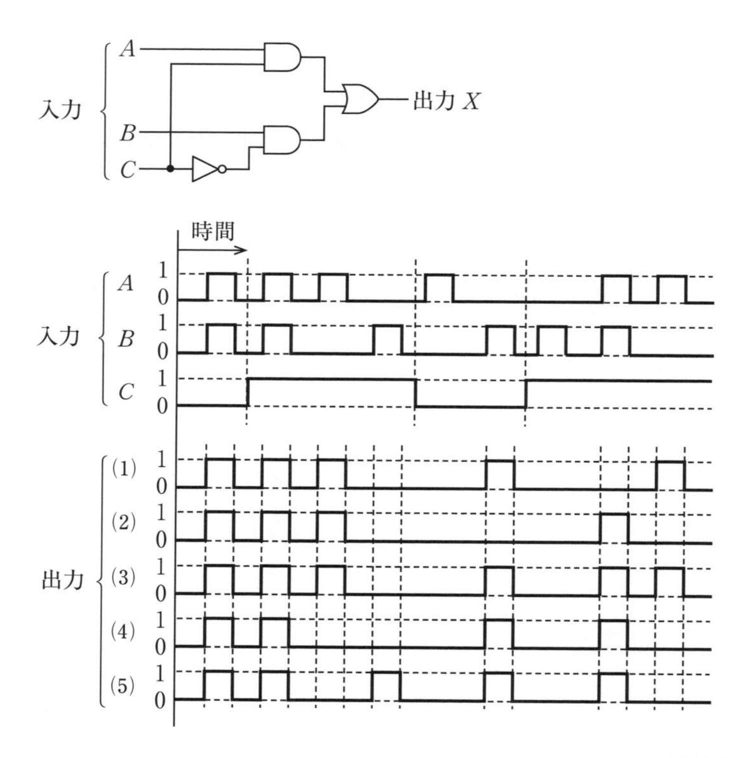

H25-A14

	①	②	③	④	⑤
学習日					
理解度 (○/△/×)					

解説

論理回路の各素子にその出力を表す論理式を追記すると，下図のようになる。

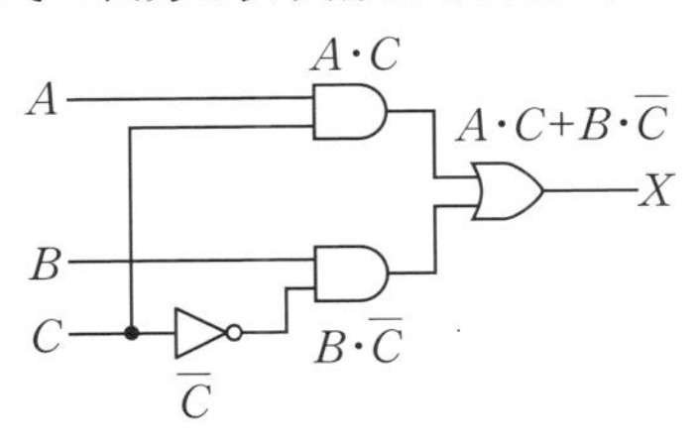

$X=A\cdot C+B\cdot \overline{C}=1$となるには，$A\cdot C$または$B\cdot \overline{C}$が1となればよい。

$A\cdot C=1$となるには，$A=1$，$C=1$，Bに関しては0でも1でもよい。

$B\cdot \overline{C}=1$となるには，$B=1$，$C=0$，Aに関しては0でも1でもよい。

よって，以上の情報を真理値表にまとめると，下表のようになる。

A	B	C	X
0	0	0	0
0	0	1	0
0	1	0	1
0	1	1	0
1	0	0	0
1	0	1	1
1	1	0	1
1	1	1	1

真理値表より，$C=1$のときAが出力され，$C=0$のときBが出力されることがわかる。したがって，図に示す入力A，BおよびCを加えたとき，出力は以下のようになる。

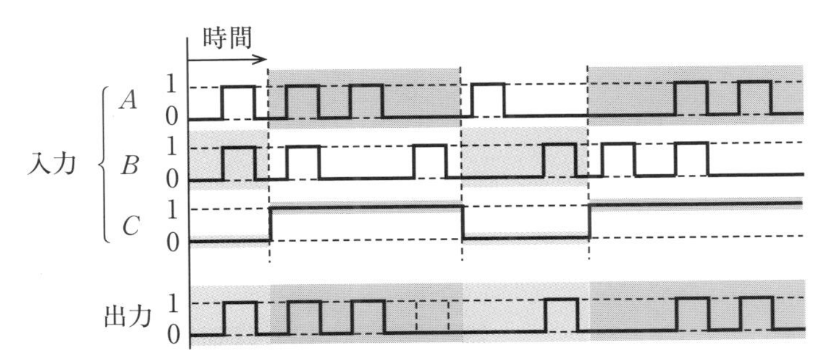

よって，(3)が正解。

解答… (3)

難易度 A

論理演算と基数変換

教科書 SECTION 01

問題116 二つのビットパターン1011と0101のビットごとの論理演算を行う。排他的論理和（ExOR）は［(ア)］，否定論理和（NOR）は［(イ)］であり，［(ア)］と［(イ)］との論理和（OR）は［(ウ)］である。0101と［(ウ)］との排他的論理和（ExOR）の結果を2進数と考え，その数値を16進数で表すと［(エ)］である。

上記の記述中の空白箇所(ア)，(イ)，(ウ)及び(エ)に当てはまる組合せとして，正しいものを次の(1)～(5)のうちから一つ選べ。

	(ア)	(イ)	(ウ)	(エ)
(1)	1010	0010	1010	9
(2)	1110	0000	1111	B
(3)	1110	0000	1110	9
(4)	1010	0100	1111	9
(5)	1110	0000	1110	B

H29-A14

	①	②	③	④	⑤
学習日					
理解度 (○/△/×)					

解説

(ア) ExORは，入力信号が互いに異なるとき，出力が1になる。
「1011」と「0101」のExORは，下表のとおり。

入力		ExOR
1	0	1
0	1	1
1	0	1
1	1	0

したがって，(ア)は1110。

(イ) NORは，ORの結果を否定した出力となる。
ORは，入力信号のうち，どれか1つでも1があれば出力が1になる。
「1011」と「0101」のORおよびNORは，下表のとおり。

入力		OR	NOR
1	0	1	0
0	1	1	0
1	0	1	0
1	1	1	0

したがって，(イ)は0000。

(ウ) (ア)「1110」と(イ)「0000」のORは，下表のとおり。

入力		OR
(ア)	(イ)	(ウ)
1	0	1
1	0	1
1	0	1
0	0	0

したがって，(ウ)は1110。

(エ)「0101」と(ウ)「1110」のExORは，下表のとおり。

入力		ExOR
0	1	1
1	1	0
0	1	1
1	0	1

「1011」を2進数から10進数へ変換すると，

2^3	2^2	2^1	2^0
1	0	1	1

$$2^3 \times 1 + 2^2 \times 0 + 2^1 \times 1 + 2^0 \times 1$$
$$= 8 + 0 + 2 + 1 = 11$$

「11」は16進数の「B」である。

したがって，(エ)はB。

以上より，(5)が正解。

解答… (5)

難易度A 論理回路の計算

教科書 SECTION 01

問題117 図のように，入力信号A，B及びC，出力信号Zの論理回路がある。

この論理回路の真理値表として，正しいものを次の(1)～(5)のうちから一つ選べ。

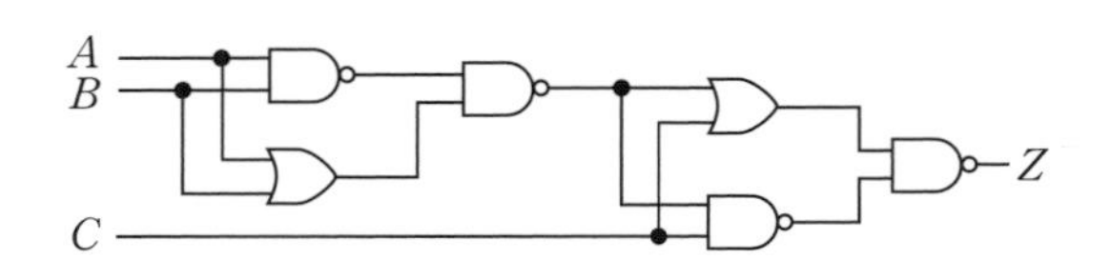

(1)

入力信号			出力信号
A	B	C	Z
0	0	0	0
0	0	1	1
0	1	0	1
0	1	1	0
1	0	0	1
1	0	1	0
1	1	0	0
1	1	1	1

(2)

入力信号			出力信号
A	B	C	Z
0	0	0	1
0	0	1	1
0	1	0	0
0	1	1	0
1	0	0	1
1	0	1	0
1	1	0	1
1	1	1	0

(3)

入力信号			出力信号
A	B	C	Z
0	0	0	1
0	0	1	1
0	1	0	1
0	1	1	0
1	0	0	1
1	0	1	0
1	1	0	1
1	1	1	0

(4)

入力信号			出力信号
A	B	C	Z
0	0	0	1
0	0	1	0
0	1	0	1
0	1	1	1
1	0	0	0
1	0	1	1
1	1	0	1
1	1	1	1

(5)

入力信号			出力信号
A	B	C	Z
0	0	0	0
0	0	1	0
0	1	0	1
0	1	1	1
1	0	0	0
1	0	1	1
1	1	0	0
1	1	1	1

H23-A14

	①	②	③	④	⑤
学習日					
理解度 (○/△/×)					

解説

問題で与えられた回路は，下図の２つの入力からなる回路を２段重ねたものであると考えることができる。まずは，下図の回路の出力Xの論理式を考える。

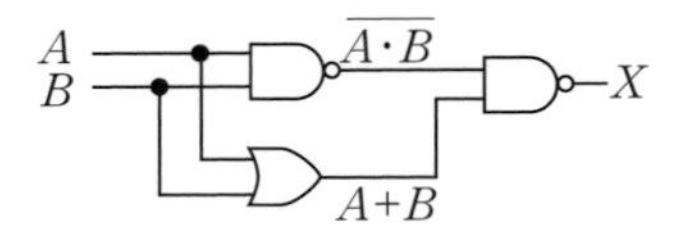

出力Xを表す論理式は，

$$X=\overline{(\overline{A\cdot B})\cdot(A+B)}$$
$$=\overline{\overline{A\cdot B}}+\overline{A+B}\quad（ド・モルガンの法則より）$$
$$=A\cdot B+\overline{A}\cdot\overline{B}\cdots①\quad（二重否定，ド・モルガンの法則より）$$

ここで，出力Xの否定$\overline{X}$の論理式も求めておく。

$$\overline{X}=\overline{A\cdot B+\overline{A}\cdot\overline{B}}$$
$$=(\overline{A\cdot B})\cdot(\overline{\overline{A}\cdot\overline{B}})\quad（ド・モルガンの法則より）$$
$$=(\overline{A}+\overline{B})\cdot(\overline{\overline{A}}+\overline{\overline{B}})\quad（ド・モルガンの法則より）$$
$$=(\overline{A}+\overline{B})\cdot(A+B)\quad（二重否定より）$$
$$=A\cdot\overline{A}+\overline{A}\cdot B+A\cdot\overline{B}+B\cdot\overline{B}$$
$$=A\cdot\overline{B}+\overline{A}\cdot B\quad(A\cdot\overline{A}=0,\ B\cdot\overline{B}=0より)$$

次に，問題で与えられた回路の出力Zの論理式を求める。

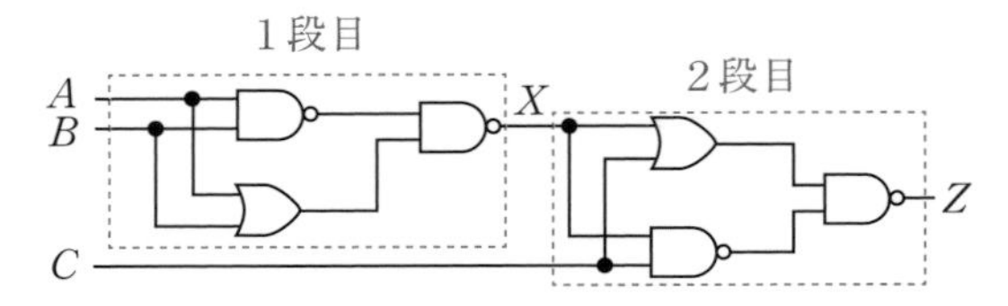

式①より１段目の回路の出力Xと同様の計算をすれば，２段目の回路の出力Zの論理式は，

$$Z=X\cdot C+\overline{X}\cdot\overline{C}$$

上式に先ほど求めたXおよび$\overline{X}$の論理式を代入して，

$$Z=(A\cdot B+\overline{A}\cdot\overline{B})\cdot C+(A\cdot\overline{B}+\overline{A}\cdot B)\cdot\overline{C}$$
$$=A\cdot B\cdot C+\overline{A}\cdot\overline{B}\cdot C+A\cdot\overline{B}\cdot\overline{C}+\overline{A}\cdot B\cdot\overline{C}$$

上式をもとに，$Z=1$となる入力A，B，Cの組み合わせを洗い出せば，

$$(A, B, C)=(0, 0, 1), (0, 1, 0), (1, 0, 0), (1, 1, 1)$$

上記を満たす真理値表は，選択肢(1)となる。

入力信号			出力信号	
A	B	C	Z	
0	0	0	0	
0	0	1	1	$\rightarrow \overline{A} \cdot \overline{B} \cdot C$
0	1	0	1	$\rightarrow \overline{A} \cdot B \cdot \overline{C}$
0	1	1	0	
1	0	0	1	$\rightarrow A \cdot \overline{B} \cdot \overline{C}$
1	0	1	0	
1	1	0	0	
1	1	1	1	$\rightarrow A \cdot B \cdot C$

よって，(1)が正解。

難易度A 論理回路と出力

教科書 SECTION 01

問題118 図のような論理回路において，入力A，B及びCに対する出力Xの論理式，並びに入力を$A=0$，$B=1$，$C=1$としたときの出力Yの値として，正しい組合せを次の(1)～(5)のうちから一つ選べ。

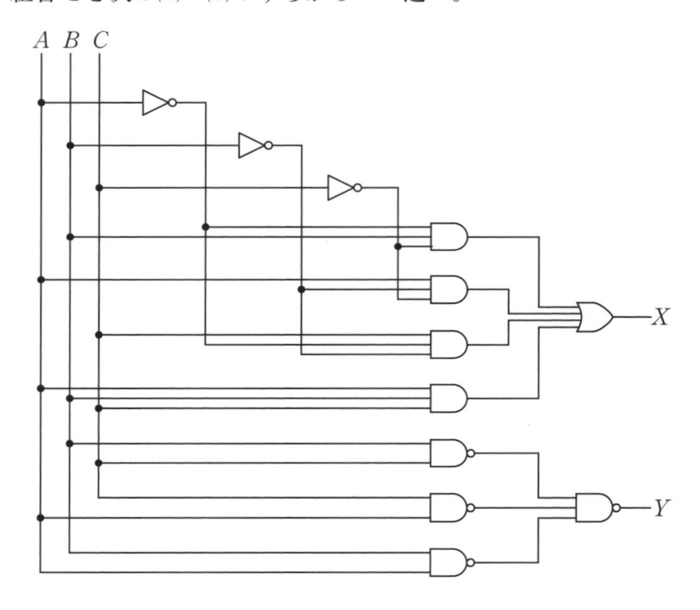

(1)	$X=\overline{A}\cdot B\cdot \overline{C}+A\cdot \overline{B}\cdot \overline{C}+\overline{A}\cdot \overline{B}\cdot C+A\cdot B\cdot C$	$Y=1$
(2)	$X=\overline{A}\cdot B\cdot C+A\cdot \overline{B}\cdot \overline{C}+\overline{A}\cdot \overline{B}\cdot C+A\cdot B\cdot C$	$Y=0$
(3)	$X=\overline{A}\cdot B\cdot C+A\cdot \overline{B}\cdot \overline{C}+\overline{A}\cdot \overline{B}\cdot C+A\cdot B\cdot \overline{C}$	$Y=1$
(4)	$X=\overline{A}\cdot B\cdot \overline{C}+A\cdot \overline{B}\cdot \overline{C}+\overline{A}\cdot \overline{B}\cdot C+A\cdot B\cdot C$	$Y=0$
(5)	$X=\overline{A}\cdot B\cdot C+\overline{A}\cdot B\cdot C+\overline{A}\cdot \overline{B}\cdot \overline{C}+A\cdot B\cdot C$	$Y=1$

H24-A14

	①	②	③	④	⑤
学習日					
理解度 (○/△/×)					

解説

論理回路に入力信号を書き込むと，下図のようになる。

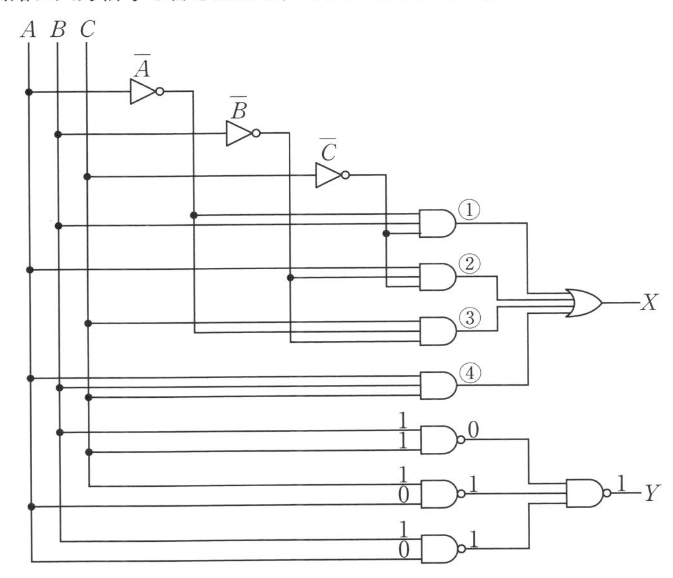

上図のうち，①～④の出力を表す論理式は，①$\overline{A}\cdot B\cdot\overline{C}$，②$A\cdot\overline{B}\cdot\overline{C}$，③$\overline{A}\cdot\overline{B}\cdot C$，④$A\cdot B\cdot C$

$X=$①＋②＋③＋④なので，

$$X=\overline{A}\cdot B\cdot\overline{C}+A\cdot\overline{B}\cdot\overline{C}+\overline{A}\cdot\overline{B}\cdot C+A\cdot B\cdot C$$

また，上図に$A=0$，$B=1$，$C=1$を入力すると，$Y=1$となる。

よって，⑴が正解。

解答… ⑴

情報 CH 07

難易度 **B**

論理回路と真理値表

教科書 SECTION 01

問題119 入力信号がA，B及びC，出力信号がXの論理回路として，次の真理値表を満たす論理回路は次のうちどれか。

真理値表

入力信号			出力信号
A	B	C	X
0	0	0	1
0	0	1	0
0	1	0	1
0	1	1	0
1	0	0	1
1	0	1	1
1	1	0	0
1	1	1	0

(1)
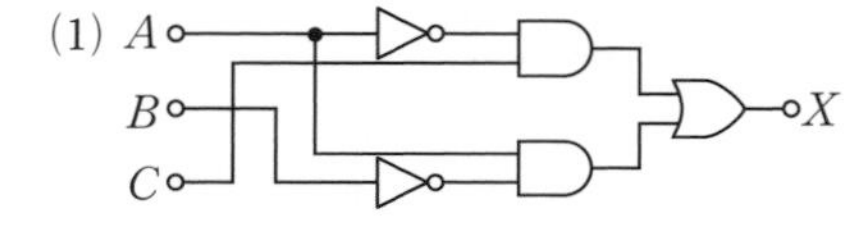

(2)
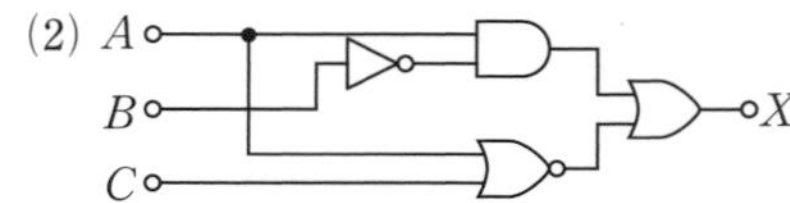

(3)
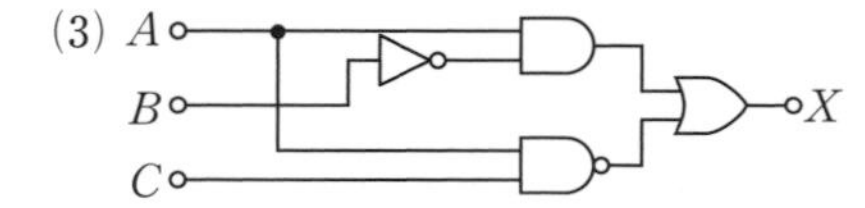

(4)
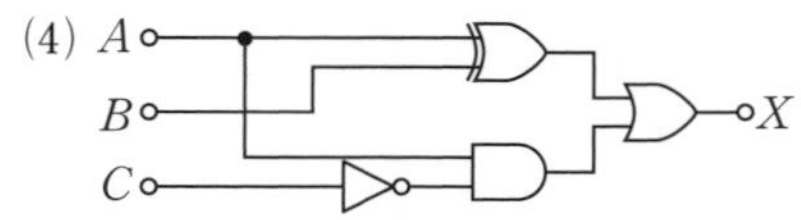

(5)
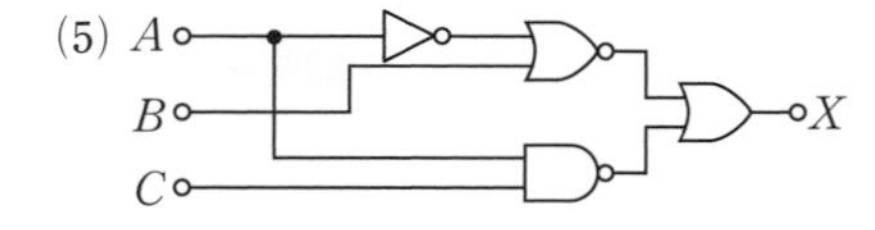

H22-A14

	①	②	③	④	⑤
学習日					
理解度 (○/△/×)					

解説

与えられた真理値表において，出力$X=1$となるときの変数A，B，Cによる最小項を書き出すと，下表のとおり。

真理値表

入力信号			出力信号	
A	B	C	X	
0	0	0	1	→ $\overline{A}\cdot\overline{B}\cdot\overline{C}$
0	0	1	0	
0	1	0	1	→ $\overline{A}\cdot B\cdot\overline{C}$
0	1	1	0	
1	0	0	1	→ $A\cdot\overline{B}\cdot\overline{C}$
1	0	1	1	→ $A\cdot\overline{B}\cdot C$
1	1	0	0	
1	1	1	0	

上表における最小項を論理和（+）で結べば，出力Xを表す論理式は，

$$X=\overline{A}\cdot\overline{B}\cdot\overline{C}+\overline{A}\cdot B\cdot\overline{C}+A\cdot\overline{B}\cdot\overline{C}+A\cdot\overline{B}\cdot C$$
$$=A\cdot\overline{B}\cdot(C+\overline{C})+\overline{A}\cdot\overline{C}\cdot(B+\overline{B})$$
$$=A\cdot\overline{B}+\overline{A}\cdot\overline{C}\quad(\because B+\overline{B}=1,\ C+\overline{C}=1)$$
$$=A\cdot\overline{B}+\overline{A+C}\quad(\because \text{ド・モルガンの法則})$$

上記の論理式から構成される論理回路は，選択肢(2)の回路となる。

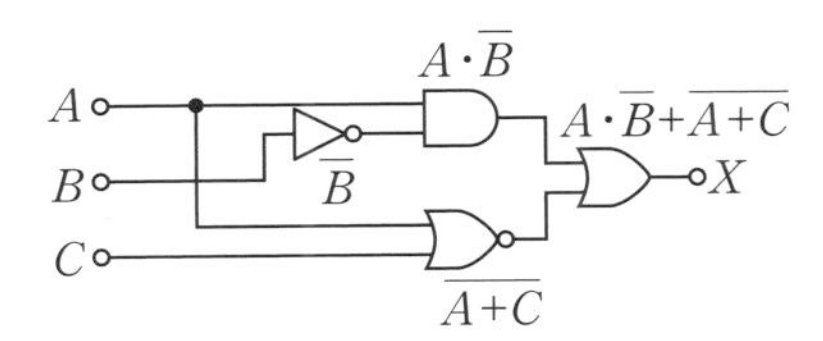

よって，(2)が正解。

解答… (2)

情報 CH 07

難易度 **B**

論理回路とベン図

教科書 SECTION 01

問題120 論理関数に関する次の(a)及び(b)の問に答えよ。

(a) 論理式$X \cdot Y \cdot \overline{Z} + X \cdot Y \cdot Z + \overline{X} \cdot Y \cdot Z + \overline{X} \cdot \overline{Y} \cdot Z$を積和形式で簡単化したものを次の(1)〜(5)のうちから一つ選べ。

(1) $X \cdot Y + X \cdot Z$　(2) $X \cdot \overline{Y} + Y \cdot Z$　(3) $\overline{X} \cdot Y + X \cdot Z$

(4) $X \cdot Y + \overline{Y} \cdot Z$　(5) $X \cdot Y + \overline{X} \cdot Z$

(b) 論理式 $(X + Y + Z) \cdot (X + \overline{Y} + Z) \cdot (\overline{X} + Y + Z)$ を和積形式で簡単化したものを次の(1)〜(5)のうちから一つ選べ。

(1) $(X + Z) \cdot (\overline{Y} + Z)$　(2) $(\overline{X} + Y) \cdot (X + Z)$

(3) $(X + Y) \cdot (Y + Z)$　(4) $(X + Z) \cdot (Y + Z)$

(5) $(X + Y) \cdot (\overline{X} + Z)$

H25-C18

	①	②	③	④	⑤
学習日					
理解度 (○/△/×)					

解説

(a) $X \cdot Y \cdot \overline{Z} + X \cdot Y \cdot Z + \overline{X} \cdot Y \cdot Z + \overline{X} \cdot \overline{Y} \cdot Z$ …共通項でくくる

$= X \cdot Y \cdot (\overline{Z} + Z) + \overline{X} \cdot Z \cdot (\overline{Y} + Y)$ …$A + \overline{A} = 1$（補元の法則）より

$= X \cdot Y + \overline{X} \cdot Z$

よって，(5)が正解。

(b) ベン図を描いて求めると

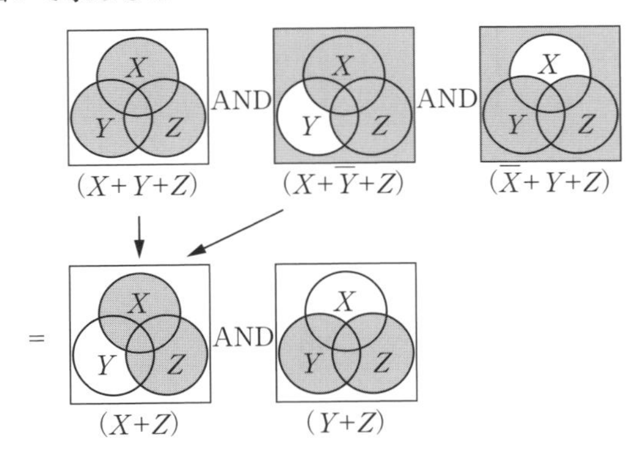

したがって，簡単化した論理式は，$(X + Z) \cdot (Y + Z)$ となる。

よって，(4)が正解。

解答… (a)(5)　(b)(4)

問題121 次のカルノー図から得られた結果Xは次式の論理式で示される。

$$X = \overline{A} \cdot \overline{B} + \overline{B} \cdot D + \overline{A} \cdot C \cdot D + A \cdot B \cdot \overline{C} \cdot \overline{D}$$

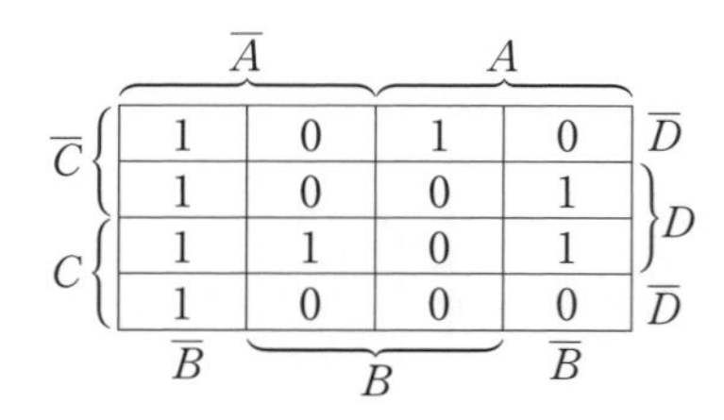

1	0	1	0
1	0	0	1
1	1	0	1
1	0	0	0

次の(a)及び(b)の問に答えよ。

(a) Xの式をNAND回路及びNOT回路で実現する論理式として，正しいものを次の(1)～(5)のうちから一つ選べ。

(1) $X = \overline{\overline{(A \cdot B)} \cdot \overline{(\overline{B} \cdot D)} \cdot \overline{(\overline{A} \cdot C \cdot D)} \cdot \overline{(A \cdot B \cdot \overline{C} \cdot \overline{D})}}$

(2) $X = \overline{\overline{(\overline{A} \cdot \overline{B})} \cdot \overline{(B \cdot D)} \cdot \overline{(\overline{A} \cdot C \cdot D)} \cdot \overline{(A \cdot B \cdot \overline{C} \cdot \overline{D})}}$

(3) $X = \overline{\overline{(\overline{A} \cdot \overline{B})} \cdot \overline{(\overline{B} \cdot D)} \cdot \overline{(A \cdot C \cdot D)} \cdot \overline{(A \cdot B \cdot \overline{C} \cdot \overline{D})}}$

(4) $X = \overline{\overline{(\overline{A} \cdot \overline{B})} \cdot \overline{(\overline{B} \cdot D)} \cdot \overline{(\overline{A} \cdot C \cdot D)} \cdot \overline{(A \cdot B \cdot \overline{C} \cdot D)}}$

(5) $X = \overline{\overline{(\overline{A} \cdot \overline{B})} \cdot \overline{(\overline{B} \cdot D)} \cdot \overline{(\overline{A} \cdot C \cdot D)} \cdot \overline{(A \cdot B \cdot \overline{C} \cdot \overline{D})}}$

(b) Xの式をNOR回路及びNOT回路で実現する論理式として，正しいものを次の(1)～(5)のうちから一つ選べ。

(1) $X = \overline{\overline{\overline{A + B} + \overline{B + \overline{D}} + \overline{A + \overline{C} + \overline{D}} + \overline{\overline{A} + B + C + D}}}$

(2) $X = \overline{\overline{\overline{A + B} + \overline{B + \overline{D}} + \overline{A + \overline{C} + D} + \overline{\overline{A} + \overline{B} + C + D}}}$

(3) $X = \overline{\overline{\overline{A + B} + \overline{B + \overline{D}} + \overline{A + \overline{C} + \overline{D}} + \overline{\overline{A} + \overline{B} + C + D}}}$

(4) $X = \overline{\overline{\overline{A + B} + \overline{B + \overline{D}} + \overline{\overline{A} + \overline{C} + \overline{D}} + \overline{\overline{A} + \overline{B} + C + D}}}$

(5) $X = \overline{\overline{\overline{A + B} + \overline{\overline{B} + \overline{D}} + \overline{A + \overline{C} + \overline{D}} + \overline{\overline{A} + \overline{B} + C + D}}}$

H23-C18

解説

(a)　$X=\overline{A}\cdot\overline{B}+\overline{B}\cdot D+\overline{A}\cdot C\cdot D+A\cdot B\cdot\overline{C}\cdot\overline{D}$

与式の各項を括弧でくくると，

$$X=(\overline{A}\cdot\overline{B})+(\overline{B}\cdot D)+(\overline{A}\cdot C\cdot D)+(A\cdot B\cdot\overline{C}\cdot\overline{D})$$

両辺の否定をとり，ド・モルガンの法則（$\overline{A+B}=\overline{A}\cdot\overline{B}$）を使うと，

$$\overline{X}=\overline{(\overline{A}\cdot\overline{B})+(\overline{B}\cdot D)+(\overline{A}\cdot C\cdot D)+(A\cdot B\cdot\overline{C}\cdot\overline{D})}$$
$$=\overline{(\overline{A}\cdot\overline{B})}\cdot\overline{(\overline{B}\cdot D)}\cdot\overline{(\overline{A}\cdot C\cdot D)}\cdot\overline{(A\cdot B\cdot\overline{C}\cdot\overline{D})}$$

二重否定$\overline{\overline{X}}=X$より，両辺のさらに否定をとると，

$$X=\overline{\overline{X}}=\overline{\overline{(\overline{A}\cdot\overline{B})}\cdot\overline{(\overline{B}\cdot D)}\cdot\overline{(\overline{A}\cdot C\cdot D)}\cdot\overline{(A\cdot B\cdot\overline{C}\cdot\overline{D})}}$$

よって，(5)が正解。

(b)　$X=\overline{A}\cdot\overline{B}+\overline{B}\cdot D+\overline{A}\cdot C\cdot D+A\cdot B\cdot\overline{C}\cdot\overline{D}$

否定されていない文字を二重否定し（$D\rightarrow\overline{\overline{D}}$），ド・モルガンの法則（$\overline{A+B}=\overline{A}\cdot\overline{B}$）を使うと，

$$X=\overline{A}\cdot\overline{B}+\overline{B}\cdot\overline{\overline{D}}+\overline{A}\cdot\overline{\overline{C}}\cdot\overline{\overline{D}}+\overline{\overline{A}}\cdot\overline{\overline{B}}\cdot\overline{C}\cdot\overline{D}$$
$$=\overline{A+B}+\overline{B+\overline{D}}+\overline{A+\overline{C}+\overline{D}}+\overline{\overline{A}+\overline{B}+C+D}$$

$\overline{\overline{X}}=X$より，

$$X=\overline{\overline{X}}=\overline{\overline{\overline{A+B}+\overline{B+\overline{D}}+\overline{A+\overline{C}+\overline{D}}+\overline{\overline{A}+\overline{B}+C+D}}}$$

よって，(3)が正解。

解答…　(a)(5)　(b)(3)

	①	②	③	④	⑤
学習日					
理解度 (○/△/×)					

情報 CH 07

難易度 B

フローチャート

教科書 SECTION 01

問題122 30件分の使用電力量のデータ処理について，次の(a)及び(b)に答えよ。

(a) 図１は，30件分の使用電力量の中から最大値と30件分の平均値を出力する一つのプログラムの流れ図を示す。図１中の(ア)～(エ)に当てはまる処理として，正しいものを組み合わせたのは次のうちどれか。

	(ア)	(イ)	(ウ)	(エ)
(1)	t←d[1]	0	d[i]＜s	s←d[i]
(2)	t←0	2	d[i]＞s	s←d[i]
(3)	t←d[1]	2	d[i]＜s	d[i]←s
(4)	t←d[1]	2	d[i]＞s	s←d[i]
(5)	t←0	0	d[i]＜s	d[i]←s

(b) 図２は，30件の使用電力量を大きい順（降順）に並べ替える一つのプログラムの流れ図を示す。図２中の(オ)～(キ)に当てはまる処理として，正しいものを組み合わせたのは次のうちどれか。ただし，wは一時的な退避用の変数と考えよ。

	(オ)	(カ)	(キ)
(1)	d[i]＜d[j]	d[j]←d[i]	d[j]←w
(2)	d[i]＜d[j]	d[i]←d[j]	d[j]←w
(3)	d[i]＜d[j]	d[j]←d[i]	d[i]←w
(4)	d[i]＞d[j]	d[i]←d[j]	d[j]←w
(5)	d[i]＞d[j]	d[j]←d[i]	d[i]←w

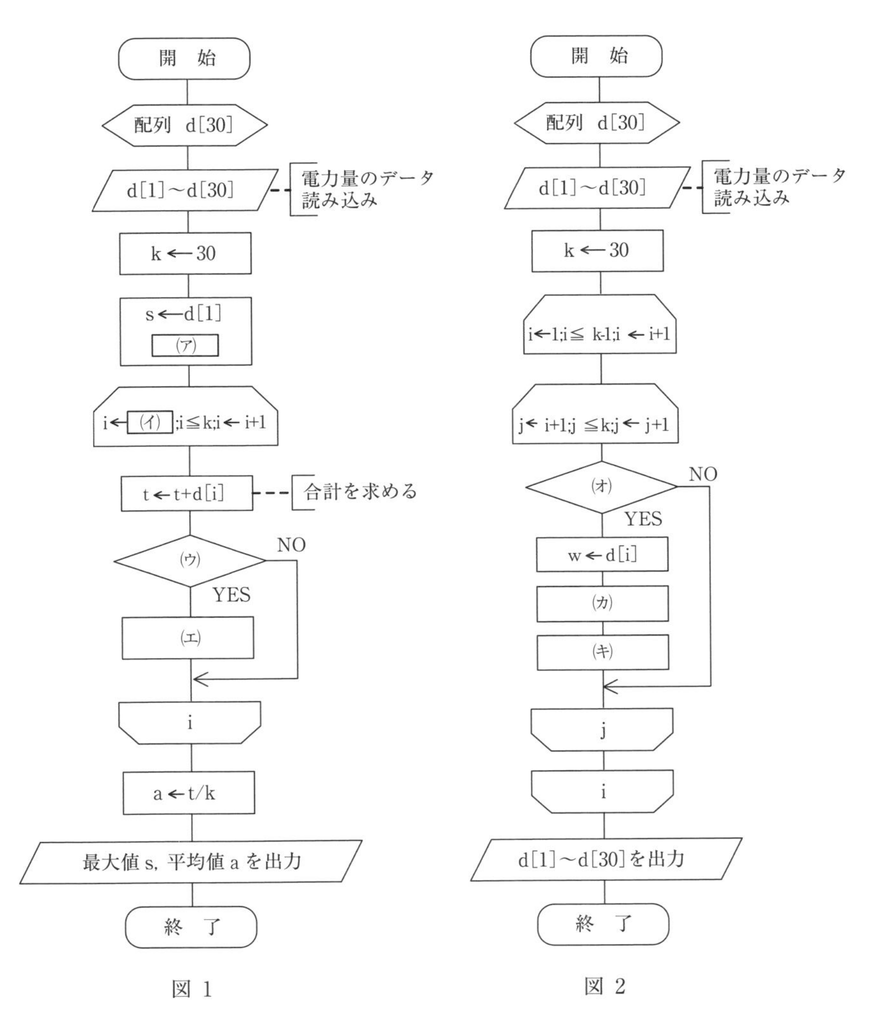

図 1　　図 2

R4下-C18

	①	②	③	④	⑤
学習日					
理解度 (○/△/×)					

解説

(a)

(ア)

図１における処理［s←d[1] / (ア)］では，変数s（最大値を格納する）に使用電力量のデータのうち，１件目であるd[1]を格納している。また，後のループ処理より，tはi番目までの使用電力量のデータの小計を格納する変数であることがわかる。したがって，ループ処理に入る前のこの段階では，１件目のデータd[1]をtに格納する必要がある。すなわち(ア)t←d[1]が当てはまる。

(イ)

ループ始端に記載される表現は，下図のように「初期値」「繰り返し条件」「ループが終わった後に行う処理」となる。

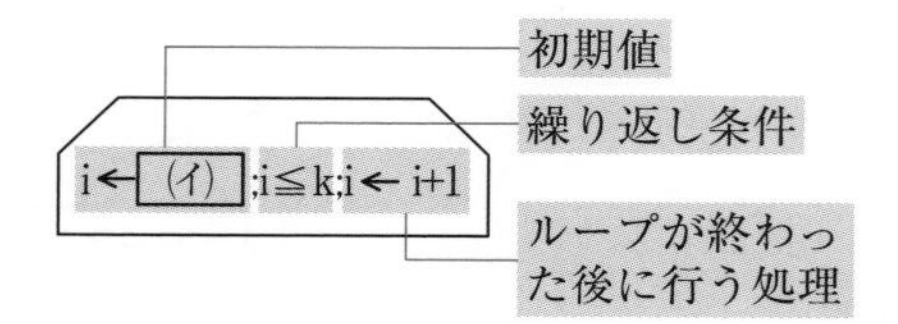

ここで，(ア)より，i＝１となる１件目のデータは既にs，tに格納しているので，ループの初期値として適切なのはi＝２であり，(イ)にはi←2が当てはまる。

(ウ)(エ)

(ア)より，sには既に１件目のデータd[1]を仮の最大値として入れており，ループ処理ではそれよりも大きい値を見つけるたびにsに新たな仮の最大値として代入していく。そして，最後のデータと比較した後にはsに真の最大値，すなわち最大電力量となるデータが代入されていることになる。

すなわち，ループを周回するごとにd[2]，d[3]，…，d[30]と順次比較し，比較したデータがsよりも大きな値であれば（d[i]>s），比較したデータを仮の最大値としてsに代入する（s←d[i]）。逆に比較したデータがsよりも大きくない値であれば，何もせずsを最大値として保持し続ける。よって，(ウ)にはd[i]>sが，(エ)にはs←d[i]がそれぞれ当てはまる。

以上より，(4)が正解。

(b)

(オ)～(キ)は数値データの入れ替え処理である。

(オ)

本問ではデータを大きい順（降順）に並べ替えるのであるから，配列の前のほうにある数値d[i]が，配列の後ろのほうにあるd[j]よりも小さいときに入れ替え処理を行う必要がある。よって，(オ)にはd[i]＜d[j]が当てはまる。

(カ)(キ)

フローチャートで示されるアルゴリズムでは二つの値を入れ替える際，別の変数（ここではw）を用意して，そこに値を退避させて並べ替えを行う（下図）。本問では，空の変数wにd[i]のデータを退避させ，いったんd[i]を空にする（①w←d[i]）。その後，d[j]のデータを空のd[i]に入れ（②d[i]←d[j]），さらに変数w内のデータ（元々d[i]に格納されていたもの）を空のd[j]に入れ（③d[j]←w），並べ替え処理を行う。

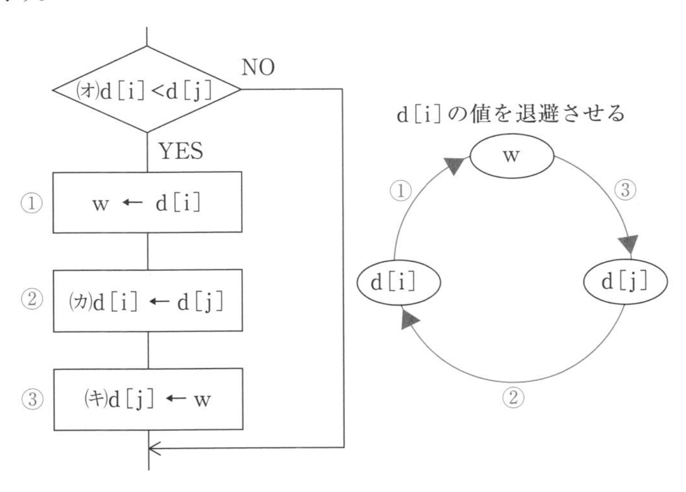

よって，(カ)にはd[i]←d[j]が，(キ)にはd[j]←wがそれぞれ当てはまる。

以上より，(2)が正解。

解答… (a)(4)　(b)(2)

難易度 A 照度計算(1)

教科書 SECTION 01

問題123 均等放射の球形光源（球の直径は30 cm）がある。床からこの球形光源の中心までの高さは3 mである。また，球形光源から放射される全光束は12 000 lmである。次の(a)及び(b)の問に答えよ。

(a) 球形光源直下の床の水平面照度の値[lx]として，最も近いものを次の(1)～(5)のうちから一つ選べ。ただし，天井や壁など，周囲からの反射光の影響はないものとする。

(1) 35　(2) 106　(3) 142　(4) 212　(5) 425

(b) 球形光源の光度の値[cd]と輝度の値[cd/m^2]との組合せとして，最も近いものを次の(1)～(5)のうちから一つ選べ。

	光度	輝度
(1)	1 910	1 010
(2)	955	3 380
(3)	955	13 500
(4)	1 910	27 000
(5)	3 820	13 500

H26-C17

	①	②	③	④	⑤
学習日					
理解度 (○/△/×)					

解説

(a) 球全体の立体角ωは4π srなので，照明の光度I[cd]は$I=\dfrac{F}{\omega}$より，

$$I=\frac{12000}{4\pi}\fallingdotseq 955\ \mathrm{cd}$$

光度Iと照度Eには$E=\dfrac{I}{\ell^2}$の関係（ただし，ℓは光源から被照面までの距離[m]）があるから，求める水平面照度の値E[lx]は，

$$E=\frac{955}{3^2}\fallingdotseq 106\ \mathrm{lx}$$

よって，(2)が正解。

(b) 球形光源の光度I[cd]は，(a)より$I=955$ cdである。また，輝度L[cd/m^2]は，見かけの面積A' [m^2]あたりの光度であるから，(a)の結果より，

$$L=\frac{I}{A'}=\frac{955}{\pi\times\left(\dfrac{0.3}{2}\right)^2}\fallingdotseq 13500\ \mathrm{cd/m^2}$$

よって，(3)が正解。

解答… (a)(2) (b)(3)

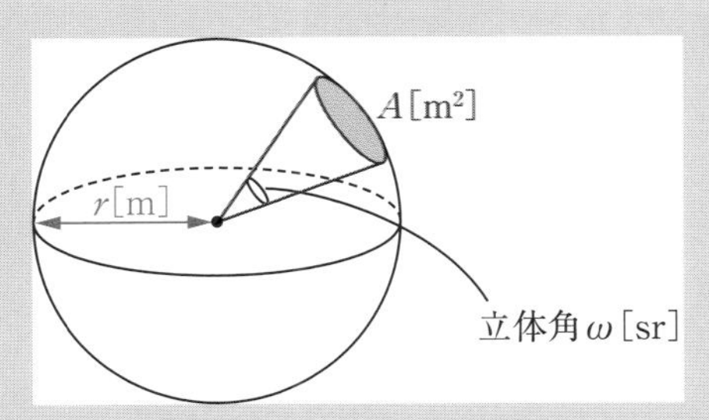

立体角は$\omega=\dfrac{A}{r^2}$[sr]と定義され，空間的な広がりを表します。円錐が切る球の表面積Aと半径rの２乗が等しいときを1sr（ステラジアン）といいます。
また，球の表面積は$4\pi r^2$なので，球全体の立体角は4π srとなります。

ポイント

点光源からの距離が2倍になると，照度は$1/2^2$倍になります。そのため，光度Iと照度Eの間には距離の逆2乗の法則が成り立ちます。

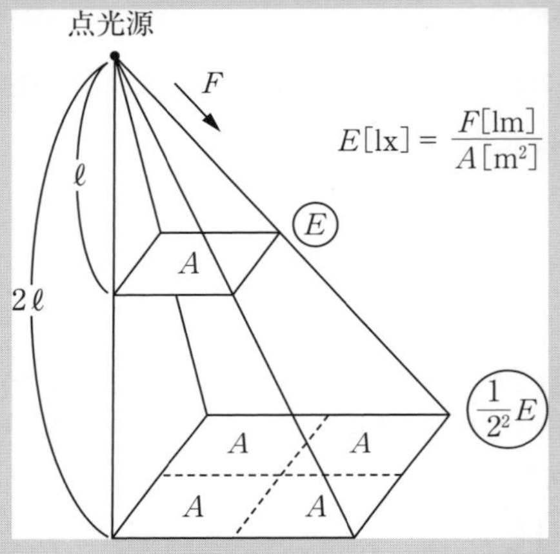

ポイント

ある方向から光度Iの光源をみて，見かけの面積がA'なら，輝度Lは$L = \dfrac{I}{A'}$ [cd/m^2]と表されます。

難易度 A 照度計算(2)

問題124 間口4 m，奥行き6 mの室の天井に40ワット蛍光ランプ2灯用照明器具（下面開放形）を4基取り付けた。床面の平均照度[lx]の値として，正しいのは次のうちどれか。

ただし，蛍光ランプの効率は75 lm/W，保守率は0.7，床面に対する照明率は0.4とする。

(1) 140　(2) 200　(3) 280　(4) 400　(5) 570

H12-A6

	①	②	③	④	⑤
学習日					
理解度 (○/△/×)					

解説

2灯用照明器具であるから，器具1個あたりの光束Fは$75 \times 40 \times 2 = 6000$ lmである。また，床面積Aは$4 \times 6 = 24$ m^{2}である。

したがって，床面の平均照度E[lx]は$E = \dfrac{NFUM}{A}$より，

$$E = \frac{4 \times 6000 \times 0.4 \times 0.7}{24} = 280 \text{ lx}$$

よって，(3)が正解。

解答… (3)

ポイント

床面の平均照度Eの定義式は次のとおりです。

$$E = \frac{\text{器具数}N[\text{個}] \times \text{器具1個あたりの光束}F[\text{lm}] \times \text{照明率}U \times \text{保守率}M}{\text{床面積}A[\text{m}^2]} [\text{lx}]$$

ポイント

照明器具から放出される光のすべてが床面に照射されるわけではありません。
→照明率Uを考えて，床面に照射される光束を求めます。

ポイント

照明器具は，長い間使うと汚れがつくなどしてだんだん暗くなっていきます。
→保守率Mを考えて，実際の現象に近づけます。

難易度 A

照度計算(3)

教科書 SECTION 01

問題125 床面積20 m × 60 mの工場に，定格電力400 W，総合効率55 lm/Wの高圧水銀ランプ20個と，定格電力220 W，総合効率120 lm/Wの高圧ナトリウムランプ25個を取り付ける設計をした。照明率を0.60，保守率を0.70としたときの床面の平均照度[lx]の値として，正しいのは次のうちどれか。

ただし，総合効率は安定器の損失を含むものとする。

(1) 154　(2) 231　(3) 385　(4) 786　(5) 1 069

H15-A10

	①	②	③	④	⑤
学習日					
理解度 (○/△/×)					

解説

高圧水銀ランプ1個あたりによる工場の床面への入射光束F_1[lm]は，

$$F_1 = 400 \times 55 = 22000 \text{ lm}$$

同様に，高圧ナトリウムランプ1個あたりによる工場の床面への入射光束F_2[lm]は，

$$F_2 = 220 \times 120 = 26400 \text{ lm}$$

そして，各ランプの取り付け個数をそれぞれ$N_1 = 20$および$N_2 = 25$，照明率を$U = 0.60$，保守率を$M = 0.70$，工場の床面積を$A = 20 \times 60 \text{ m}^2$とすると，平均照度を求める式$E = \dfrac{NFUM}{A}$より，工場の床面の平均照度$E$[lx]は，

$$E = \frac{(F_1N_1 + F_2N_2) \times U \times M}{A}$$

$$= \frac{(22000 \times 20 + 26400 \times 25) \times 0.60 \times 0.70}{20 \times 60}$$

$$= 385 \text{ lx}$$

よって，(3)が正解。

解答… (3)

照明 CH08

難易度 **B**

照度計算とその応用

教科書 SECTION 01

問題126 間口10 m，奥行き40 mのオフィスがある。夏季の節電のため，天井の照明を間引き点灯することにした。また，間引くことによる冷房電力の削減効果も併せて見積もりたい。節電電力（節電による消費電力の減少分）について，次の(a)及び(b)の問に答えよ。

(a) このオフィスの天井照明を間引く前の作業面平均照度は1 000 lx（設計照度）である。間引いた後は750 lx（設計照度）としたい。天井に設置してある照明器具は2灯用蛍光灯器具（蛍光ランプ2本と安定器）で，消費電力は70 Wである。また，蛍光ランプ1本当たりのランプ光束は3 520 lmである。照明率0.65，保守率0.7としたとき，天井照明の間引きによって期待される節電電力[W]の値として，最も近いものを次の(1)～(5)のうちから一つ選べ。

(1) 420　(2) 980　(3) 1 540　(4) 2 170　(5) 4 340

(b) この照明の節電によって照明器具から発生する熱が減るためオフィスの空調機の熱負荷（冷房負荷）も減る。このため，冷房電力の減少が期待される。空調機の成績係数（COP）を3とすると，照明の節電によって減る空調機の消費電力は照明の節電電力の何倍か。最も近いものを次の(1)～(5)のうちから一つ選べ。

(1) 0.3　(2) 0.33　(3) 0.63　(4) 1.3　(5) 1.33

H24-C17

	①	②	③	④	⑤
学習日					
理解度 (○/△/×)					

解説

(a) 天井照明の間引き前の平均照度を$E_1 = 1000$ lx，蛍光ランプ1本あたりの光束を$F = 3520$ lm，照明率を$U = 0.65$，保守率を$M = 0.7$，部屋の面積を$A = 10 \times 40$ m^{2}とすると，平均照度を求める式を変形し，間引く前の器具数（器具1つあたり蛍光ランプ2本であることに注意）N_1を求めれば，

$$N_1 = \frac{E_1 A}{2FUM} = \frac{1000 \times (10 \times 40)}{2 \times 3520 \times 0.65 \times 0.7} \fallingdotseq 124.9 \rightarrow 125 \text{ 本}$$

同様に，間引き後の平均照度を$E_2 = 750$ lxとすれば，間引き後の器具数N_2は，

$$N_2 = \frac{E_2 A}{2FUM} = \frac{750 \times (10 \times 40)}{2 \times 3520 \times 0.65 \times 0.7} \fallingdotseq 93.7 \rightarrow 94 \text{ 本}$$

器具1つあたりの消費電力は$P = 70$ Wであることより，求める節電電力ΔP［W］は，

$$\Delta P = (N_2 - N_1)P = (125 - 94) \times 70 = 2170 \text{ W}$$

よって，(4)が正解。

(b) $\text{COP} = \dfrac{\text{冷房能力}}{\text{消費電力}} = 3$であるから，空調機の節電電力$\Delta P'$［W］は，

$$\Delta P' = \frac{2170}{3} \fallingdotseq 723.3 \text{ W}$$

したがって，照明の節電電力ΔPに対する空調機の節電電力$\Delta P'$の比は，

$$\frac{\Delta P'}{\Delta P} = \frac{723.3}{2170} \fallingdotseq 0.33$$

よって，(2)が正解。

解答… (a)(4) (b)(2)

ポイント

成績係数は入出力の比で，熱ポンプなどの性能を評価するのに用いられます。空調機の場合は一般に，入力を消費電力，出力を冷房能力として次のように表されます。

$$\text{COP} = \frac{\text{冷房能力}}{\text{消費電力}}$$

COPに関しては，CH09電熱で詳しく学びます。

難易度 B 円板光源による水平面照度,輝度,平均照度

教科書 SECTION 01

問題127 均等拡散面とみなせる半径0.3 mの円板光源がある。円板光源の厚さは無視できるものとし，円板光源の片面のみが発光する。円板光源中心における法線方向の光度I_0は2 000 cdであり，鉛直角θ方向の光度I_θは$I_\theta = I_0\cos\theta$で与えられる。また，円板光源の全光束F[lm]は$F = \pi I_0$で与えられるものとする。次の(a)及び(b)の問に答えよ。

(a) 図1に示すように，この円板光源を部屋の天井面に取り付け，床面を照らす方向で部屋の照明を行った。床面B点における水平面照度の値[lx]とB点から円板光源の中心を見たときの輝度の値[cd/m²]として，最も近い値の組合せを次の(1)～(5)のうちから一つ選べ。ただし，この部屋にはこの円板光源以外に光源はなく，天井，床，壁など，周囲からの反射光の影響はないものとする。

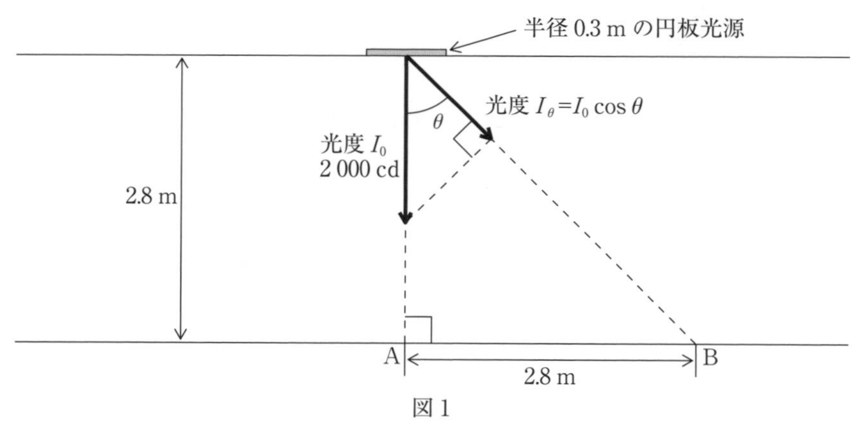

図 1

	水平面照度[lx]	輝度[cd/m²]
(1)	64	5 000
(2)	64	7 080
(3)	90	1 060
(4)	90	1 770
(5)	255	7 080

(b)　次に，図2に示すように，建物内を真っすぐ長く延びる廊下を考える。この廊下の天井面には上記円板光源が等間隔で連続的に取り付けられ，照明に供されている。廊下の長さは円板光源の取り付け間隔に比して十分大きいものとする。廊下の床面に対する照明率を0.3，円板光源の保守率を0.7としたとき，廊下床面の平均照度の値[lx]として，最も近いものを次の(1)～(5)のうちから一つ選べ。

(1)　102　　(2)　204　　(3)　262　　(4)　415　　(5)　2 261

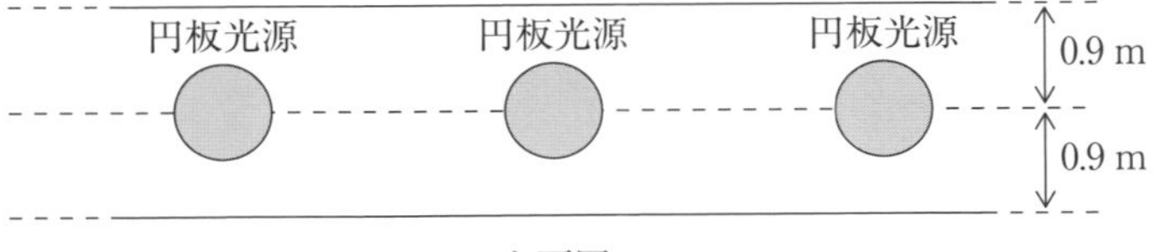

上面図

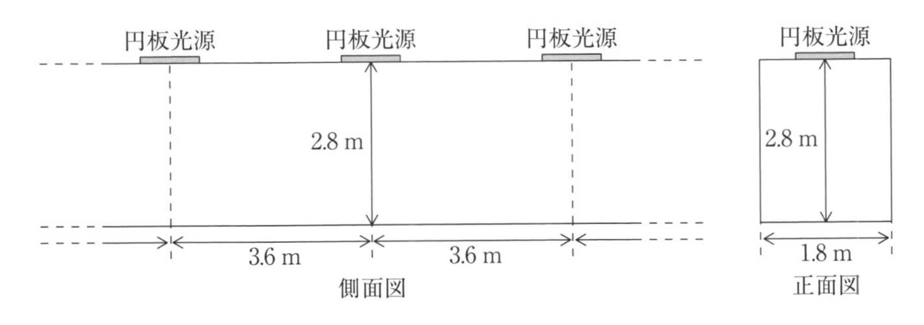

図2

H29-C17

	①	②	③	④	⑤
学習日					
理解度 (○/△/×)					

解説

(a)

円板光源中心からA点までの距離と，A点からB点までの距離が等しいため，光源とA，B点を頂点とした三角形は二等辺三角形となり，$\theta = \frac{\pi}{4}$ radである。

よって，鉛直角θ方向の光度I_θ[cd]は，本問文中の式より，

$$I_\theta = I_0 \cos\frac{\pi}{4}$$

$$= 2000 \times \frac{1}{\sqrt{2}} = 1000\sqrt{2}\ \text{cd}$$

また，光源中心からB点までの距離l[m]は，二等辺三角形の辺の関係から$l = 2.8\sqrt{2}$ mである。したがって，B点における法線照度E_n[lx]は，

$$E_n = \frac{I_\theta}{l^2}$$

$$= \frac{1000\sqrt{2}}{(2.8\sqrt{2})^2}$$

$$= \frac{500\sqrt{2}}{2.8^2}\ \text{lx}$$

B点における水平面照度E_h[lx]は，

$$E_h = E_n \times \cos\frac{\pi}{4}$$

$$= \frac{500\sqrt{2}}{2.8^2} \times \frac{1}{\sqrt{2}}$$

$$= \frac{500}{2.8^2} \fallingdotseq 64\ \text{lx}$$

ここで，円板光源の面積をA[m^2]とすると，B点から見た円板光源の見かけの面積A'[m^2]は，

$$A' = A\cos\theta\ [\text{m}^2]$$

したがって，B点から円板光源の中心を見たときの輝度L[cd/m^2]は，

$$L = \frac{I_\theta}{A'}$$

$$= \frac{I_0\cos\theta}{A\cos\theta}$$

$$= \frac{I_0}{A}$$

$$= \frac{2000}{0.3 \times 0.3 \times \pi} \fallingdotseq 7080 \text{ cd/m}^2$$

よって，(2)が正解。

(b)

光源は等間隔で連続的に取り付けられているため，光源1灯あたりの分担面積 A_1[m^2]はそれぞれ等しくなる。与えられた側面図と正面図より，

$$A_1 = 3.6 \times 1.8 = 6.48 \text{ m}^2$$

また，光源1灯あたりの光束F[lm]は，本問文中の式より，

$$F = \pi \times I_0$$
$$= \pi \times 2000 \fallingdotseq 6280 \text{ lm}$$

光源の個数をN[個]，照明率をU，保守率をMとすると，廊下床面の平均照度E[lx]は，

$$E = \frac{NFUM}{NA_1} = \frac{FUM}{A_1}$$
$$= \frac{6280 \times 0.3 \times 0.7}{6.48} \fallingdotseq 204 \text{ lx}$$

よって，(2)が正解。

解答… (a)(2)　(b)(2)

難易度 **B**

種々の照明用語

総合問題

問題128 照明用光源の性能評価と照明施設に関する記述として，誤っているものを次の(1)～(5)のうちから一つ選べ。

(1) ランプ効率は，ランプの消費電力に対する光束の比で表され，その単位は[lm/W]である。

(2) 演色性は，物体の色の見え方を決める光源の性質をいう。光源の演色性は平均演色評価数（Ra）で表される。

(3) ランプ寿命は，ランプが点灯不能になるまでの点灯時間と光束維持率が基準値以下になるまでの点灯時間とのうち短い方の時間で決まる。

(4) 色温度は，光源の光色を表す指標で，これと同一の光色を示す黒体の温度[K]で示される。色温度が高いほど赤みを帯び，暖かく感じる。

(5) 保守率は，照明施設を一定期間使用した後の作業面上の平均照度の，新設時の平均照度に対する比である。なお，照明器具と室の表面の汚れやランプの光束減退によって照度が低下する。

H23-A11

	①	②	③	④	⑤
学習日					
理解度 (○/△/×)					

解説

(1) ランプ効率とは，ランプの消費電力に対する光束の比，すなわち次の式で表される指標である。

$$\text{ランプ効率}[\text{lm/W}] = \frac{\text{全光束}[\text{lm}]}{\text{消費電力}[\text{W}]}$$

よって，(1)は正しい。

(2) 演色性とは，照明が物体を照らした時に，その物体の見え方におよぼす光源の性質のことである。この客観的数値評価のために，平均演色評価数（Ra）が用いられている。よって，(2)は正しい。

(3) ランプ寿命は，多数のランプが点灯不能になる時間と，光束維持率が基準値以下になるまでの点灯時間のうち，短い方をもって決定される。よって，(3)は正しい。

(4) 色温度とは，光源が発する光の色を表すための尺度であり，その単位には[K(ケルビン)]を用いる。なお，名称に「温度」とついているが，温度や明るさとは無関係である。各色のおおよその色温度は，下表のとおり。

赤	黄	白	薄水	水	青
1800 K	4000 K	5500 K	8000 K	12000 K	16000 K

上表より，色温度が低いほど赤みを帯び，高いほど青みを帯びる。よって，(4)は誤り。

(5) 保守率とは，照明を使用する年数や場所に応じた光束の減少を，新品時との比率で表したものである。よって，(5)は正しい。

以上より，(4)が正解。

解答… (4)

照明 CH08

難易度 A

電気炉

教科書 SECTION 01

問題129 電気炉により，質量500 kgの鋳鋼を加熱し，時間20 minで完全に溶解させるのに必要な電力[kW]の値として，最も近いのは次のうちどれか。

ただし，鋳鋼の加熱前の温度は15 ℃，溶解の潜熱は314 kJ/kg，比熱は0.67 kJ/(kg・K) 及び融点は1 535 ℃であり，電気炉の効率は80 %とする。

(1) 444　(2) 530　(3) 555　(4) 694　(5) 2 900

H15-A11

	①	②	③	④	⑤
学習日					
理解度 (○/△/×)					

解説

鋳鋼の質量をm[kg]，比熱をc[kJ/(kg･K)]，融点をt_2[℃]，加熱前の温度をt_1[℃]，溶解の潜熱をβ[kJ/kg]とすると，温度上昇と溶解に必要な熱量Q_1[kJ]は，

$$Q_1 = mc(t_2 - t_1) + m\beta \text{ [kJ]}$$

電気炉の消費電力をP[kW]，加熱時間をT[h]，効率をηとすると，電気炉が物質に与える熱量Q_2は，

$$Q_2 = PT\eta \times 3600 \text{[kJ]}$$

Q_1とQ_2は等しいので，

$$mc(t_2 - t_1) + m\beta = PT\eta \times 3600$$

とおける。与式をPについて整理すると，

$$P = \frac{mc(t_2 - t_1) + m\beta}{T\eta \times 3600} \text{[kW]}$$

問題文の数値を代入すると，

$$P = \frac{500 \times 0.67 \times (1535 - 15) + 500 \times 314}{\frac{1}{3} \times 0.8 \times 3600}$$

$$\fallingdotseq 694 \text{ kW}$$

よって，(4)が正解。

解答… (4)

難易度 A

乾燥器と消費電力

問題130 20 ℃において含水量70 kgを含んだ木材100 kgがある。これを100 ℃に設定した乾燥器によって含水量が5 kgとなるまで乾燥したい。次の(a)及び(b)に答えよ。

ただし，木材の完全乾燥状態での比熱を1.25 kJ/(kg・K)，水の比熱と蒸発潜熱をそれぞれ4.19 kJ/(kg・K)，2.26×10^3 kJ/kgとする。

(a) この乾燥に要する全熱量[kJ]の値として，最も近いのは次のうちどれか。

(1) 14.3×10^3　(2) 23.0×10^3　(3) 147×10^3

(4) 161×10^3　(5) 173×10^3

(b) 乾燥器の容量（消費電力）を22 kW，総合効率を55 %とするとき，乾燥に要する時間[h]の値として，最も近いのは次のうちどれか。

(1) 1.2　(2) 4.0　(3) 5.0　(4) 14.0　(5) 17.0

H17-C17

	①	②	③	④	⑤
学習日					
理解度 (○/△/×)					

解説

(a) 木材100 kgの含水量は70 kgであるため，必要とする熱量を完全乾燥状態の木材30 kgと水70 kgの2つに分けて考える。

加熱後の温度をT_2[℃]，加熱前の温度をT_1[℃]，完全乾燥状態の木材について，質量をm_t[kg]，比熱をc_t[kJ/(kg･K)]，温度上昇に必要な熱量をQ_1[kJ]とすると，

$$Q_1 = m_t c_t (T_2 - T_1)$$
$$= 30 \times 1.25 \times (100 - 20) = 3000 \text{ kJ}$$

水について，加熱前の質量をm_{w1}[kg]，加熱後の質量をm_{w2}[kg]，比熱をc_w[kJ/(kg･K)]，蒸発潜熱をβ[kJ/kg]，温度上昇と気化に必要な熱量をQ_2[kJ]とすると，

$$Q_2 = m_w c_w (T_2 - T_1) + (m_{w1} - m_{w2})\beta$$
$$= 70 \times 4.19 \times (100 - 20) + (70 - 5) \times 2.26 \times 10^3$$
$$\fallingdotseq 170 \times 10^3 \text{ kJ}$$

したがって，全熱量Q[kJ]は，

$$Q = Q_1 + Q_2$$
$$= 3 \times 10^3 + 170 \times 10^3 = 173 \times 10^3 \text{ kJ}$$

よって，(5)が正解。

(b) 乾燥機が物質に与える熱量を求めると，電力P[kW]×時間T[h]×効率ηが与える熱量になるので，

$$Q = PT\eta \times 3600$$
$$173 \times 10^3 = 22 \times T \times 0.55 \times 3600$$
$$\therefore T = \frac{173 \times 10^3}{22 \times 0.55 \times 3600} \fallingdotseq 4.0 \text{ h}$$

よって，(2)が正解。

解答… (a)(5) (b)(2)

難易度 A

ヒートポンプの成績係数

教科書 SECTION 01

問題131 近年，広く普及してきたヒートポンプは，外部から機械的な仕事W[J]を与え，［ (ア) ］熱源より熱量Q_1[J]を吸収して，［ (イ) ］部へ熱量Q_2[J]を放出する機関のことである。この場合（定常状態では），熱量Q_1[J]と熱量Q_2[J]の間には［ (ウ) ］の関係が成り立ち，ヒートポンプの効率ηは，加熱サイクルの場合［ (エ) ］となり1より大きくなる。この効率ηは［ (オ) ］係数（COP）と呼ばれている。

上記の記述中の空白箇所(ア)，(イ)，(ウ)，(エ)及び(オ)に当てはまる語句又は式として，正しいものを組み合わせたのは次のうちどれか。

	(ア)	(イ)	(ウ)	(エ)	(オ)
(1)	低　温	高　温	$Q_2 = Q_1 + W$	$\frac{Q_2}{W}$	成　績
(2)	高　温	低　温	$Q_2 = Q_1 + W$	$\frac{Q_1}{W}$	評　価
(3)	低　温	高　温	$Q_2 = Q_1 + W$	$\frac{Q_1}{W}$	成　績
(4)	高　温	低　温	$Q_2 = Q_1 - W$	$\frac{Q_2}{W}$	成　績
(5)	低　温	高　温	$Q_2 = Q_1 - W$	$\frac{Q_2}{W}$	評　価

H20-A12

	①	②	③	④	⑤
学習日					
理解度 (○/△/×)					

解説

通常，熱は高温部から低温部へと移動する。ヒートポンプとは，外部から機械エネルギーW[J]を加えることによって，熱を低温部から高温部へと移動させるものである（＝(ア)低温熱源より熱量Q_1[J]を吸収して，(イ)高温部へ熱量Q_2[J]を放出する）。

低温部から吸収する熱量＋機械エネルギー＝高温部へ放出する熱量なので，熱量Q_1[J]と熱量Q_2[J]の間には，(ウ)$Q_2 = Q_1 + W$の関係が成り立ち，ヒートポンプの効率（成績係数）ηは，加熱サイクルの場合，(エ)$\frac{Q_2}{W}$となる。$Q_2 = Q_1 + W$の関係から，$\frac{Q_2}{W} = \frac{Q_1}{W} + 1$と表すことができ，成績係数は1より大きくなることがわかる。

この効率ηは(オ)成績係数（COP）と呼ばれている。

よって，(1)が正解。

解答… (1)

難易度 B

ヒートポンプによる節電効果

教科書 SECTION 01

問題132 温度20.0 ℃，体積0.370 m^3の水の温度を90.0 ℃まで上昇させたい。次の(a)及び(b)に答えよ。

ただし，水の比熱（比熱容量）と密度はそれぞれ4.18×10^3 J/(kg・K)，1.00×10^3 kg/m^3とし，水の温度に関係なく一定とする。

(a) 電熱器容量4.44 kWの電気温水器を使用する場合，これに必要な時間t[h]の値として，最も近いのは次のうちどれか。

ただし，貯湯槽を含む電気温水器の総合効率は90.0 %とする。

(1) 3.15　(2) 6.10　(3) 7.53　(4) 8.00　(5) 9.68

(b) 上記(a)の電気温水器の代わりに，最近普及してきた自然冷媒（CO_2）ヒートポンプ式電気給湯器を使用した場合，これに必要な時間t[h]は，消費電力1.25 kWで6 hであった。水が得たエネルギーと消費電力量とで表せるヒートポンプユニットの成績係数（COP）の値として，最も近いのは次のうちどれか。

ただし，ヒートポンプユニット及び貯湯槽の電力損，熱損失はないものとする。

(1) 0.25　(2) 0.33　(3) 3.01　(4) 4.01　(5) 4.19

H21-C17

	①	②	③	④	⑤
学習日					
理解度 (○/△/×)					

解説

(a) 水の質量をm[kg]，比熱cを4.18×10^3 J/(kg·K) = 4.18 kJ/(kg·K)，目標の水温をT_2[℃]，現在の水温をT_1[℃]とすると，水の温度上昇に必要な熱量Q_1[kJ]は，

$$Q_1 = mc(T_2 - T_1)\text{[kJ]}$$

電熱器容量をP[kW]，加熱時間をt[h]，効率をηとすると，電気温水器が水に与える熱量Q_2[kJ]は，

$$Q_2 = Pt\eta \times 3600\text{[kJ]}$$

Q_1とQ_2は等しいので，

$$mc(T_2 - T_1) = Pt\eta \times 3600$$

$$\therefore t = \frac{mc(T_2 - T_1)}{P\eta \times 3600}\text{[h]}$$

水の質量mは，体積×密度で求められることに注意すれば，求める時間t[h]は，

$$t = \frac{0.370 \times 1.00 \times 10^3 \times 4.18 \times 70}{4.44 \times 0.9 \times 3600} \fallingdotseq 7.53\text{ h}$$

よって，(3)が正解。

(b) ヒートポンプ式電気給湯器の成績係数（COP）は，水が得たエネルギーと消費電力量の比となる。

(a)より，水が得たエネルギーはQ_1[kJ]である。

一方，消費電力をP'[kW]，加熱時間をt'[h]とすると，消費電力量W[kJ]は，

$$W = P't' \times 3600\text{[kJ]}$$

したがって，成績係数COPは，

$$\text{COP} = \frac{Q_1}{W} = \frac{\text{水が得たエネルギー}}{\text{消費電力量}}$$

$$= \frac{mc(t_2 - t_1)}{P't' \times 3600}$$

$$= \frac{0.370 \times 1.00 \times 10^3 \times 4.18 \times 70}{1.25 \times 6 \times 3\,600}$$

$$\fallingdotseq 4.01$$

よって，(4)が正解。

解答… (a)(3) (b)(4)

難易度B 冷暖房と冷媒の循環

教科書 SECTION 01

問題133 次の文章は，ヒートポンプに関する記述である。

ヒートポンプはエアコンや冷蔵庫，給湯器などに広く使われている。図はエアコン（冷房時）の動作概念図である。 (ア) 温の冷媒は圧縮機に吸引され，室内機にある熱交換器において，室内の熱を吸収しながら (イ) する。次に，冷媒は圧縮機で圧縮されて (ウ) 温になり，室外機にある熱交換器において，外気へ熱を放出しながら (エ) する。その後，膨張弁を通って (ア) 温となり，再び室内機に送られる。

暖房時には，室外機の四方弁が切り替わって，冷媒の流れる方向が逆になり，室外機で吸収された外気の熱が室内機から室内に放出される。ヒートポンプの効率（成績係数）は，熱交換器で吸収した熱量をQ[J]，ヒートポンプの消費電力量をW[J]とし，熱損失などを無視すると，冷房時は$\dfrac{Q}{W}$，暖房時は$1+\dfrac{Q}{W}$で与えられる。これらの値は外気温度によって変化 (オ) 。

上記の記述中の空白箇所(ア)，(イ)，(ウ)，(エ)及び(オ)に当てはまる組合せとして，正しいものを次の(1)〜(5)のうちから一つ選べ。

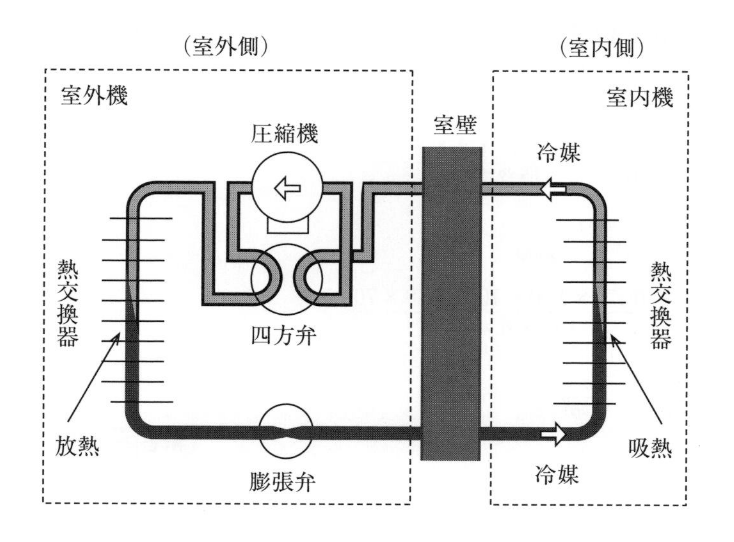

	(ア)	(イ)	(ウ)	(エ)	(オ)
(1)	低	気　化	高	液　化	しない
(2)	高	液　化	低	気　化	しない
(3)	低	液　化	高	気　化	す　る
(4)	高	気　化	低	液　化	す　る
(5)	低	気　化	高	液　化	す　る

H23-A12

	①	②	③	④	⑤
学習日					
理解度 (○/△/×)					

解説

液体や気体には，

① 圧力を高くすれば（圧縮すれば）温度は上がり，圧力を低くすれば（膨張すれば）温度は下がる。

② 液体を加熱すると熱を吸収しながら気化し，気体を冷却すると熱を放出しながら液化する。

という性質があり，エアコンはこれらの性質を利用している。

(ア)低温の冷媒は圧縮機に吸引され，室内機にある熱交換器において，室内の熱を吸収しながら(イ)気化する。次に，冷媒は圧縮機で圧縮されて(ウ)高温になり，室外機にある熱交換器において，外気へ熱を放出しながら(エ)液化する。その後，膨張弁を通って(ア)低温となり，再び室内機に送られる。

ヒートポンプの消費電力量Wは高温部と低温部の差（$T_2 - T_1$）が大きいほど大きくなり，成績係数COP（冷房時は$\frac{Q}{W}$，暖房時は$1 + \frac{Q}{W}$）を小さくする。よって，これらの値は外気温度によって変化(オ)する。

よって，(5)が正解。

解答… (5)

難易度 A

誘導加熱

教科書 SECTION 01

問題134 誘導加熱に関する記述として，誤っているものを次の(1)〜(5)のうちから一つ選べ。

(1) 産業用では金属の溶解や金属部品の熱処理などに用いられ，民生用では調理加熱に用いられている。

(2) 金属製の被加熱物を交番磁界内に置くことで発生するジュール熱によって被加熱物自体が発熱する。

(3) 被加熱物の透磁率が高いものほど加熱されやすい。

(4) 被加熱物に印加する交番磁界の周波数が高いほど，被加熱物の内部が加熱されやすい。

(5) 被加熱物として，銅，アルミよりも，鉄，ステンレスの方が加熱されやすい。

H29-A13

	①	②	③	④	⑤
学習日					
理解度 (○/△/×)					

解説

(1) 誘導加熱は，産業用では金属の加熱溶解や金属材料の全体もしくは部分加熱等に用いられる。一方，一般家庭など民生用では，IHクッキングヒーターとして調理加熱に用いられる。よって，(1)は正しい。

(2) 金属を交番磁界内に置くと，ファラデーの電磁誘導の法則により，金属内部に起電力が生じ，渦電流が流れる。誘導加熱は渦電流によるジュール熱によって，被加熱物自体を発熱させる方法である。よって，(2)は正しい。

(3) 交番磁界によって金属内部に生じる起電力は磁束の変化に比例する。$B = \mu H$の関係より，被加熱物の透磁率μが大きいほど磁束密度Bも大きくなる。磁束密度Bが大きくなると磁束変化が大きくなり，レンツの法則によりそれを妨げる方向に大きな渦電流が流れるため加熱されやすくなる。よって，(3)は正しい。

(4) レンツの法則により，渦電流は磁束の変化を打ち消すように流れる。さらに，渦電流により下図のように磁束が生じ，被加熱物内部の交番磁束を打ち消す。

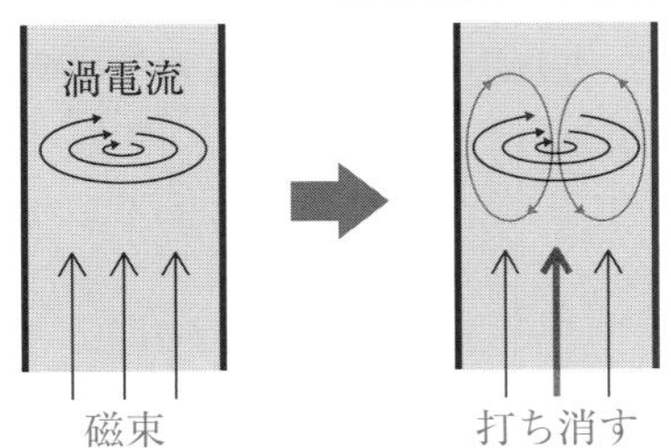

その結果，磁束の変化は金属表面に集中し，渦電流は金属表面に流れる。また，交番磁界の周波数が高いほど渦電流は大きくなるため，被加熱物内部の交番磁束はより打ち消され，渦電流が表面に集中する傾向が大きくなる。したがって，交番磁界の周波数が高いほど金属**内部は加熱されにくくなる**。よって，(4)は**誤り**。

(5) 鉄の導電率はアルミの３割程度であるため，磁束の大きさが同じであれば，銅，アルミに流れる渦電流の方が大きくなる。しかし，一般に鉄，ステンレスの透磁率は銅，アルミよりもはるかに大きい。したがって，鉄，ステンレスの方が渦電流は大きくなり，加熱されやすい。よって，(5)は正しい。

以上より，(4)が正解。

解答… (4)

難易度 B

マイクロ波加熱

教科書 SECTION 01

問題135 マイクロ波加熱の特徴に関する記述として，誤っているのは次のうちどれか。

(1) マイクロ波加熱は，被加熱物自体が発熱するので，被加熱物の温度上昇（昇温）に要する時間は熱伝導や対流にはほとんど無関係で，照射するマイクロ波電力で決定される。

(2) マイクロ波出力は自由に制御できるので，温度調節が容易である。

(3) マイクロ波加熱では，石英ガラスやポリエチレンなど誘電体損失係数の小さい物も加熱できる。

(4) マイクロ波加熱は，被加熱物の内部でマイクロ波のエネルギーが熱になるため，加熱作業環境を悪化させることがない。

(5) マイクロ波加熱は，電熱炉のようにあらかじめ所定温度に予熱しておく必要がなく熱効率も高い。

H22-A12

	①	②	③	④	⑤
学習日					
理解度 (○/△/×)					

解説

(1) マイクロ波加熱は誘電分極による分子間の摩擦熱を利用して加熱し，熱伝導や対流にはほとんど関係しない。よって，正しい。

(2) マイクロ波加熱の実用例として電子レンジがあるが，これはマイクロ波出力を自由に制御できるので，温度調節は容易である。よって，正しい。

(3) マイクロ波加熱では**誘電体損失係数の大きい物しか加熱できない**。これは電子レンジで耐熱ガラスを加熱しても，温度が上がらないことからもわかる。よって，**誤り**。

(4) マイクロ波加熱は，加熱によって加熱作業環境を悪化させることがない。よって，正しい。

(5) マイクロ波加熱は電熱炉のように予熱の必要もなく，熱効率も高い。よって，正しい。

以上より，(3)が正解。

解答… (3)

難易度 B

電子レンジの原理

教科書 SECTION 01

問題136 次の文章は，電子レンジ及び電磁波加熱に関する記述である。

一般に市販されている電子レンジには，主に[　(ア)　]の電磁波が使われている。この電磁波が電子レンジの加熱室に入れた被加熱物に照射されると，被加熱物は主に電磁波の交番電界によって被加熱物自体に生じる[　(イ)　]によって被加熱物自体が発熱し，加熱される。被加熱物が効率よく発熱するためには，被加熱物は水などの[　(ウ)　]分子を含む必要がある。また，一般に，[　(イ)　]は電磁波の周波数に[　(エ)　]，被加熱物への電磁波の浸透深さは電磁波の周波数が高いほど[　(オ)　]。

上記の記述中の空白箇所(ア)，(イ)，(ウ)，(エ)及び(オ)に当てはまる組合せとして，正しいものを次の(1)～(5)のうちから一つ選べ。

	(ア)	(イ)	(ウ)	(エ)	(オ)
(1)	数GHz	誘電損	有極性	無関係で	小さい
(2)	数GHz	誘電損	有極性	比例し	小さい
(3)	数MHz	ジュール損	無極性	無関係で	大きい
(4)	数MHz	誘電損	無極性	比例し	大きい
(5)	数GHz	ジュール損	有極性	比例し	大きい

H26-A11

	①	②	③	④	⑤
学習日					
理解度 (○/△/×)					

解説

一般に市販されている電子レンジには主に(ア)**数**GHz（2.4 GHz）の電磁波が使われている。この電磁波が電子レンジの加熱室に入れた被加熱物に照射されると，被加熱物は主に電磁波の交番電界によって被加熱物自体に生じる(イ)**誘電損**によって被加熱物自体が発熱し，加熱される。被加熱物が効率よく発熱するためには，被加熱物は水などの(ウ)**有極性**分子を含む必要がある。

誘電加熱の等価回路とベクトル図を描くと，

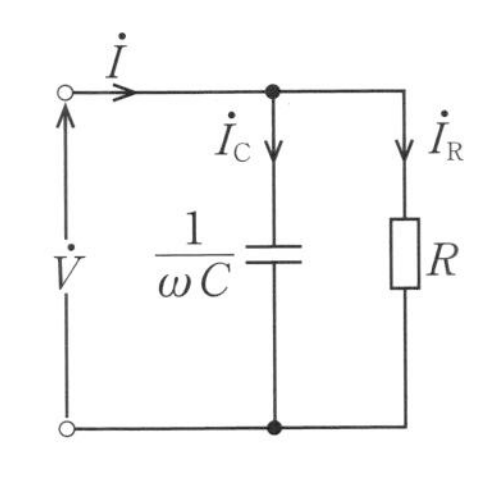

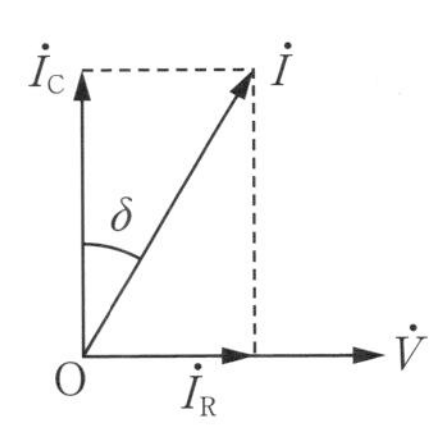

ベクトル図より，誘電損 W_d は，

$$W_d = VI_R = VI_C \tan\delta$$
$$= \omega CV^2 \tan\delta \text{（等価回路より} I_C = \omega CV\text{）}$$
$$= 2\pi fCV^2 \tan\delta$$

一般に，(イ)**誘電損**は電磁波の周波数に(エ)**比例し**，被加熱物への電磁波の浸透深さは電磁波の周波数が高いほど(オ)**小さい**。

よって，(2)が正解。

解答… (2)

難易度 C

電気加熱

教科書 SECTION 01

問題137 次の文章は，電気加熱に関する記述である。

導電性の被加熱物を交番磁束内におくと，被加熱物内に起電力が生じ，渦電流が流れる。 (ア) 加熱はこの渦電流によって生じるジュール熱によって被加熱物自体が昇温する加熱方式である。抵抗率の (イ) 被加熱物は相対的に加熱されにくい。

また，交番磁束は (ウ) 効果によって被加熱物の表面近くに集まるため，渦電流も被加熱物の表面付近に集中する。この電流の表面集中度を示す指標として電流浸透深さが用いられる。電流浸透深さは，交番磁束の周波数が (エ) ほど浅くなる。したがって，被加熱物の深部まで加熱したい場合には，交番磁束の周波数は (オ) 方が適している。

上記の記述中の空白箇所(ア)，(イ)，(ウ)，(エ)及び(オ)に当てはまる組合せとして，正しいものを次の(1)～(5)のうちから一つ選べ。

	(ア)	(イ)	(ウ)	(エ)	(オ)
(1)	誘導	低い	表皮	低い	高い
(2)	誘電	高い	近接	低い	高い
(3)	誘導	低い	表皮	高い	低い
(4)	誘電	高い	表皮	低い	高い
(5)	誘導	高い	近接	高い	低い

H24-A12

	①	②	③	④	⑤
学習日					
理解度 (○/△/×)					

解説

導電性の被加熱物を交番磁束内におくと，被加熱物内に起電力が生じ，渦電流が流れる。(ア)**誘導**加熱はこの渦電流によって生じるジュール熱によって被加熱物自体が昇温する加熱方式である。ジュール熱によって加熱するので，抵抗率の(イ)**低い**被加熱物は相対的に加熱されにくい。

また，交番磁束は(ウ)**表皮**効果によって被加熱物の表面近くに集まるため，渦電流も被加熱物の表面付近に集中する。この電流の表面集中度を示す指標として電流浸透深さが用いられる。電流浸透深さδは$\dfrac{1}{\sqrt{f\mu\sigma}}$に比例するため（$f$は周波数，$\mu$は透磁率，$\sigma$は導電率），電流浸透深さは交番磁束の周波数が(エ)**高い**ほど浅くなる。したがって，被加熱物の深部まで加熱したい場合には，交番磁束の周波数は(オ)**低い**方が適している。

よって，(3)が正解。

解答… (3)

はずみ車の放出エネルギー

教科書 SECTION 01

問題138 慣性モーメント30 kg·m^{2}のはずみ車の回転速度が，負荷の増加により1 000 min^{-1}から800 min^{-1}に低下した場合，このはずみ車が放出したエネルギー[kJ]の値として，正しいのは次のうちどれか。

(1)　0.1 π　　(2)　0.2 π　　(3)　6 π^2　　(4)　12 π^2　　(5)　22 π^2

H11-A6

	①	②	③	④	⑤
学習日					
理解度 (○/△/×)					

解説

$W=\frac{1}{2}J\omega^2$[J]より，はずみ車が放出したエネルギーΔW[kJ]は，

$$\Delta W=\frac{1}{2}\times 30\times\left(\frac{2\pi}{60}\right)^2\times(1000^2-800^2)$$

$$=6000\pi^2\,\mathrm{J}=6\pi^2\,\mathrm{kJ}$$

よって，(3)が正解。

解答… (3)

ポイント

慣性モーメントJ[kg·m²]の回転体が角速度ω[rad/s]で回転しているとき，運動エネルギーW[J]は$W=\frac{1}{2}J\omega^2$[J]で求められます。また，角速度ω[rad/s]と回転速度N[min^{-1}]の関係は$\omega=\frac{2\pi N}{60}$[rad/s]となります。

難易度 A

はずみ車の運動エネルギー

教科書 SECTION 01

問題139 電動機ではずみ車を加速して，運動エネルギーを蓄えることを考える。

まず，加速するための電動機のトルクを考える。加速途中の電動機の回転速度をN[min^{-1}]とすると，そのときの毎秒の回転速度n[s^{-1}]は①式で表される。

| (ア) |……………………………①

この回転速度n[s^{-1}]から②式で角速度ω[rad/s]を求めることができる。

| (イ) |……………………………②

このときの電動機が1秒間にする仕事，すなわち出力をP[W]とすると，トルクT[N·m]は③式となる。

| (ウ) |……………………………③

③式のトルクによってはずみ車を加速する。電動機が出力し続けて加速している間，この分のエネルギーがはずみ車に注入される。電動機に直結するはずみ車の慣性モーメントをI[kg·m^2]として，加速が完了したときの電動機の角速度をω_0[rad/s]とすると，このはずみ車に蓄えられている運動エネルギーE[J]は④式となる。

| (エ) |……………………………④

上記の記述中の空白箇所(ア)，(イ)，(ウ)及び(エ)に当てはまる組合せとして，正しいものを次の(1)～(5)のうちから一つ選べ。

	(ア)	(イ)	(ウ)	(エ)
(1)	$n = \frac{N}{60}$	$\omega = 2\pi \times n$	$T = \frac{P}{\omega}$	$E = \frac{1}{2} I^2 \omega_0$
(2)	$n = 60N$	$\omega = \frac{n}{2\pi}$	$T = P\omega$	$E = \frac{1}{2} I^2 \omega_0$
(3)	$n = \frac{N}{60}$	$\omega = 2\pi \times n$	$T = P\omega$	$E = \frac{1}{2} I \omega_0^{2}$
(4)	$n = 60N$	$\omega = \frac{n}{2\pi}$	$T = \frac{P}{\omega}$	$E = \frac{1}{2} I^2 \omega_0$
(5)	$n = \frac{N}{60}$	$\omega = 2\pi \times n$	$T = \frac{P}{\omega}$	$E = \frac{1}{2} I \omega_0^{2}$

H25-A10

	①	②	③	④	⑤
学習日					
理解度 (○/△/×)					

解説

(ア) 毎分N回転する電動機の，1秒あたりの回転数n[s^{-1}]は，1 min = 60 sであることから，

$$(ア)\ n=\frac{N}{60}[\mathrm{s^{-1}}]$$

(イ) 回転1周分を角度で表せば2π radとなる。これと回転速度n[s^{-1}](= 1秒間あたりの回転数）をかけると，1秒あたりに進む角度である角速度ω[rad/s]が求められる。

$$(イ)\ \omega=2\pi\times n[\mathrm{rad/s}]$$

(ウ) 出力P[W]とトルクT[N·m]の関係式は，

$$P=\omega T \quad \therefore (ウ)\ T=\frac{P}{\omega}[\mathrm{N\cdot m}]$$

(エ) はずみ車のような回転体において，その円周の長さと回転速度[s^{-1}]をかけると，回転体の表面のある一点が1秒間に移動する距離である周速度がわかる。回転体の半径をr[m]とすると，その円周の長さは$2\pi r$[m]であるため，周速度v[m/s]は，

$$v=2\pi r\times n=r\times(2\pi\times n)=r\omega[\mathrm{m/s}]$$

慣性モーメントI[kg·m^2]は，質量m[kg]に比例し，半径r[m]の2乗に比例する。

$$I=mr^2[\mathrm{kg\cdot m}]$$

したがって，はずみ車に蓄えられる運動エネルギーE[J]は，

$$E=\frac{1}{2}mv^2=\frac{1}{2}m(r\omega)^2=\frac{1}{2}mr^2\omega^2=\frac{1}{2}I\omega^2[\mathrm{J}]$$

加速が完了したときの電動機の角速度をω_0[rad/s]とすると，このときにはずみ車に蓄えられている運動エネルギーE[J]は，

$$(エ)\ E=\frac{1}{2}I\omega_0^2[\mathrm{J}]$$

以上より，(5)が正解。

解答… (5)

ポイント

電験三種では，回転体の運動エネルギーの導出までは覚えておく必要はなく，公式として知っておくだけで十分です。

難易度 A

運動エネルギーと出力

教科書 SECTION 01

問題140 慣性モーメント100 kg·m^{2}のはずみ車が1 200 min^{-1}で回転している。このはずみ車について，次の(a)及び(b)に答えよ。

(a) このはずみ車が持つ運動エネルギー[kJ]の値として，最も近いのは次のうちどれか。

(1) 6.28　(2) 20.0　(3) 395　(4) 790　(5) 1 580

(b) このはずみ車に負荷が加わり，4秒間で回転速度が1 200 min^{-1}から1 000 min^{-1}まで減速した。この間にはずみ車が放出する平均出力[kW]の値として，最も近いのは次のうちどれか。

(1) 1.53　(2) 30.2　(3) 60.3　(4) 121　(5) 241

H15-C17

	①	②	③	④	⑤
学習日					
理解度 (○/△/×)					

解説

(a) 運動エネルギーW[kJ]の値は$W=\frac{1}{2}J\omega^2$より，

$$W=\frac{1}{2}\times 100\times\left(2\pi\times\frac{1200}{60}\right)^2$$

$$\fallingdotseq 788800\ \mathrm{J}\rightarrow 789\ \mathrm{kJ}$$

よって，(4)が正解。

(b) 回転数が1000 min^{-1}に減速したときに失ったエネルギーΔW[kJ]は，

$$\Delta W=788800-\frac{1}{2}\times 100\times\left(2\pi\times\frac{1000}{60}\right)^2$$

$$\fallingdotseq 241000\ \mathrm{J}\rightarrow 241.0\ \mathrm{kJ}$$

このエネルギーΔWを$\Delta t=4$秒間で放出したから，はずみ車の平均出力P[kW]は，

$$P=\frac{\Delta W}{\Delta t}=\frac{241.0}{4}$$

$$\fallingdotseq 60.3\ \mathrm{kW}$$

よって，(3)が正解。

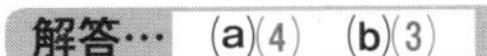

難易度 A

エレベータの上昇速度

教科書 SECTION 01

問題141 かごの質量が250 kg，定格積載質量が1 500 kgのロープ式エレベータにおいて，釣合いおもりの質量は，かごの質量に定格積載質量の50 %を加えた値とした。このエレベータの電動機出力を22 kWとした場合，一定速度でかごが上昇しているときの速度の値[m/min]はいくらになるか，最も近いものを次の(1)～(5)のうちから一つ選べ。ただし，エレベータの機械効率は70 %，積載量は定格積載質量とし，ロープの質量は無視するものとする。

(1) 54 (2) 94 (3) 126 (4) 180 (5) 377

R1-A11

	①	②	③	④	⑤
学習日					
理解度 (○/△/×)					

解説

電動機が持ち上げる質量M[kg]は，かごの質量および積載質量の和から釣合いおもりの質量を差し引いた値となるから，

$$M = 250 + 1500 - (250 + 1500 \times 0.5)$$
$$= 750\ \mathrm{kg}$$

かごの上昇速度をV[m/min]，エレベータの機械効率をηとすると，エレベータの電動機出力P[W]は，

$$P = \frac{9.8M \cdot \dfrac{V}{60}}{\eta}\ [\mathrm{W}]$$

上式を変形して，かごの上昇速度V[m/min]を求めると，

$$V = \frac{\eta P \times 60}{9.8M}$$
$$= \frac{0.7 \times 22 \times 10^3 \times 60}{9.8 \times 750}$$
$$\fallingdotseq 126\ \mathrm{m/min}$$

よって，(3)が正解。

解答… (3)

難易度 **B**

ポンプ動力(1)

教科書 SECTION 01

問題142 電動機で駆動するポンプを用いて，毎時100 m^{3}の水を揚程50 mの高さに持ち上げる。ポンプの効率は74 %，電動機の効率は92 %で，パイプの損失水頭は0.5 mであり，他の損失水頭は無視できるものとする。このとき必要な電動機入力[kW]の値として，最も近いのは次のうちどれか。

(1) 18.4　(2) 18.6　(3) 20.2　(4) 72.7　(5) 74.1

H18-A10

	①	②	③	④	⑤
学習日					
理解度 (○/△/×)					

解説

ポンプの電動機入力P[kW]は，揚水量をQ[m^3/min]，全揚程をH[m]，ポンプ効率をη_p，電動機効率をη_mとすると$P=\dfrac{QH}{6.12\eta_p\eta_m}$[kW]と表される。

全揚程はパイプの損失水頭0.5 mを考慮すると50.5 mとなるので，必要な電動機入力P[kW]は，

$$P=\frac{\frac{100}{60}\times 50.5}{6.12\times 0.74\times 0.92}\fallingdotseq 20.2\ \mathrm{kW}$$

よって，(3)が正解。

解答…　(3)

ポイント

ポンプの電動機入力P[kW]の公式を導きます。

質量$Q\times 10^3$[kg]の水をH[m]持ち上げる仕事W[J]は，重力加速度を9.8 m/s^{2}とすると，

$$W=Q\times 10^3\times 9.8\times H\text{[J]}$$

この仕事を1分間で行ったとすると，仕事率P'[kW]は，

$$P'=\frac{W}{t}=\frac{9.8\times 10^3 QH}{60}\text{[W]}\fallingdotseq\frac{QH}{6.12}\text{[kW]}$$

ポンプ効率η_pと電動機効率η_mを考えると，$P\eta_p\eta_m=P'$より，

$$P=\frac{QH}{6.12\eta_p\eta_m}\text{[kW]}$$

さらに余裕を持たせて余裕係数Kを掛けると，次のようになります。

$$P=\frac{QHK}{6.12\eta_p\eta_m}\text{[kW]}$$

ポイント

パイプの損失水頭は，パイプの圧力損失（摩擦損失）を水柱の高さで表現したものです。

難易度 B

ポンプ動力(2)

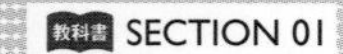

問題143 面積1 km^2に降る1時間当たり60 mmの降雨を貯水池に集め，これを20台の同一仕様のポンプで均等に分担し，全揚程12 mを揚水して河川に排水する場合，各ポンプの駆動用電動機の所要出力[kW]の値として，最も近いのは次のうちどれか。

ただし，1時間当たりの排水量は降雨量に等しく，ポンプの効率は0.82，設計製作上の余裕係数は1.2とする。

(1) 96.5　(2) 143　(3) 492　(4) 600　(5) 878

H14-A7

	①	②	③	④	⑤
学習日					
理解度 (○/△/×)					

解説

1分あたりの降雨量Vは$1\ \mathrm{mm/min} \times 1\ \mathrm{km^2} = 1\,000\ \mathrm{m^3/min}$であり，20台のポンプが均等に分担するので，ポンプ1台当たりの排水量（揚水量）$Q[\mathrm{m^3/min}]$は，

$$Q = \frac{V}{20} = \frac{1000}{20} = 50\ \mathrm{m^3/min}$$

余裕係数をK，全揚程を$H[\mathrm{m}]$，ポンプ効率をη_pとすると，ポンプ用電動機の所要出力$P[\mathrm{kW}]$は，$P = K\dfrac{QH}{6.12\eta_p}$より，

$$P = 1.2 \times \frac{50 \times 12}{6.12 \times 0.82} \fallingdotseq 143\ \mathrm{kW}$$

よって，(2)が正解。

解答… (2)

難易度 B

電動機の負荷の安定特性

教科書 SECTION 01

問題144 次の文章は，送風機など電動機の負荷の定常特性に関する記述である。

電動機の負荷となる機器では，損失などを無視し，電動機の回転数と機器において制御対象となる速度が比例するとすると，速度に対するトルクの代表的な特性が以下に示すように二つある。

一つは，エレベータなどの鉛直方向の移動体で速度に対して［(ア)］トルク，もう一つは，空気や水などの流体の搬送で速度に対して［(イ)］トルクとなる特性である。

後者の流量制御の代表的な例は送風機であり，通常はダンパなどを設けて圧損を変化させて流量を制御するのに対し，ダンパなどを設けずに電動機で速度制御することでも流量制御が可能である。このとき，風量は速度に対して［(ウ)］して変化し，電動機に必要な電力は速度に対して［(エ)］して変化する特性が得られる。したがって，必要流量に絞って運転する機会の多いシステムでは，電動機で速度制御することで大きな省エネルギー効果が得られる。

上記の記述中の空白箇所(ア)，(イ)，(ウ)及び(エ)に当てはまる組合せとして，正しいものを次の(1)～(5)のうちから一つ選べ。

	(ア)	(イ)	(ウ)	(エ)
(1)	比例する	2乗に比例する	比例	3乗に比例
(2)	比例する	一定の	比例	2乗に比例
(3)	比例する	一定の	2乗に比例	2乗に比例
(4)	一定の	2乗に比例する	比例	3乗に比例
(5)	一定の	2乗に比例する	2乗に比例	2乗に比例

H29-A12

解説

(ア) エレベータの電動機の出力Pは速度vに比例し，電動機の角速度ωはエレベータの速度vに比例する。トルクTは電動機の出力Pを角速度ωで割って求めることができるので，

$$T \propto \frac{P}{\omega} \propto \frac{v}{v} = 一定 \ （\propto は比例することを表す）$$

となり，エレベータの速度vによらず**一定**のトルクとなる。

(イ) 送風機等の電動機の出力Pは速度vの3乗に比例（(エ)参照）し，電動機の角速度ωは流体の速度vに比例する。トルクTは電動機の出力Pを角速度ωで割って求めることができるので，

$$T \propto \frac{P}{\omega} \propto \frac{v^3}{v} \propto v^2$$

となり，速度の**2乗に比例する**。

(ウ) 風量（空気の流量）Qは通風路の断面積Aと風速（空気の流速）vの積

$$Q = vA$$

で表される。したがって，風量は速度に対して**比例**する。

(エ) 単位体積あたりの空気の運動エネルギーwは風速vの2乗に比例する。また，送風機の風量（単位時間あたりの体積）Qは(ウ)より風速vに比例する。送風機の電動機の出力Pはこれらの積によって求めることができるので，

$$P = wQ \propto v^2 \cdot v \propto v^3$$

となり，電動機に必要な電力Pは速度vに対して**3乗に比例**する。

よって，(4)が正解。

解答… (4)

	①	②	③	④	⑤
学習日					
理解度 (○/△/×)					

難易度 B

ブラシレスDCモータ

教科書 SECTION 02

問題145 次の文章は，一般的なブラシレスDCモータに関する記述である。

ブラシレスDCモータは， (ア) が回転子側に， (イ) が固定子側に取り付けられた構造となっており， (イ) が回転しないため， (ウ) が必要な一般の直流電動機と異なる。しかし，何らかの方法で回転子の (エ) を検出して， (イ) への電流を切り換える必要がある。この電流の切り換えを， (オ) で構成された駆動回路を用いて実現している。ブラシレスDCモータは， (オ) の発達とともに発展してきたモータであり，上記の駆動回路が重要な役割を果たすモータである。

上記の記述中の空白箇所(ア)，(イ)，(ウ)，(エ)及び(オ)に当てはまる組合せとして，正しいものを次の(1)〜(5)のうちから一つ選べ。

	(ア)	(イ)	(ウ)	(エ)	(オ)
(1)	電機子巻線	永久磁石	ブラシと整流子	回転速度	半導体スイッチ
(2)	電機子巻線	永久磁石	ブラシとスリップリング	回転速度	機械スイッチ
(3)	永久磁石	電機子巻線	ブラシと整流子	回転速度	半導体スイッチ
(4)	永久磁石	電機子巻線	ブラシとスリップリング	回転位置	機械スイッチ
(5)	永久磁石	電機子巻線	ブラシと整流子	回転位置	半導体スイッチ

R1-A6

	①	②	③	④	⑤
学習日					
理解度（○/△/×）					

解説

(ア)(イ)　ブラシレスDCモータは，(ア)永久磁石が回転子側に，(イ)電機子巻線が固定子側に取り付けられた構造である。

(ウ)　ブラシレスDCモータでは半導体スイッチを使って整流するため，一般的な直流電動機と異なり(ウ)ブラシと整流子を必要としない。

(エ)　ブラシレスDCモータは回転子の回転位置に合わせて電機子巻線に流す電流を切り換えてトルクを得る。そのためには回転子の(エ)回転位置を検出する必要がある。

(オ)　ブラシレスDCモータは半導体スイッチで構成された駆動回路を必要とする。したがって，(オ)半導体スイッチの発達とともに発展してきたモータである。

以上より，(5)が正解。

解答… (5)

難易度 B

各種小形モータの構造

教科書 SECTION 02

問題146 次の文章は，小形モータに関する記述である。

小形直流モータを分解すると，N極とS極用の2個の永久磁石，回転子の溝に収められた3個のコイル，3個の［(ア)］で構成されていた。一般に［(イ)］の溝数を減らすと，エアギャップ磁束が脈動し，トルクの脈動が増える。そこで，希土類系永久磁石には大きな［(ウ)］があるので，溝をなくしてエアギャップにコイルを設け，トルク脈動の低減を目指した小形モータも作られている。

小形［(エ)］には，永久磁石を回転子の表面に設けたSPMSMという機種，永久磁石を回転子に埋め込んだIPMSMという機種，突極性を大きくした鉄心だけのSynRMという機種などがある。小形直流モータは電池だけで運転されるものが多いが，小形［(エ)］は，円滑な［(オ)］が困難なため，インバータによって運転される。

上記の記述中の空白箇所(ア)，(イ)，(ウ)，(エ)及び(オ)に当てはまる組合せとして，正しいものを次の(1)～(5)のうちから一つ選べ。

	(ア)	(イ)	(ウ)	(エ)	(オ)
(1)	整流子片	電機子	保磁力	同期モータ	始　動
(2)	整流子片	界　磁	透磁率	誘導モータ	制　動
(3)	ブラシ	電機子	透磁率	同期モータ	制　動
(4)	整流子片	電機子	保磁力	誘導モータ	始　動
(5)	ブラシ	界　磁	透磁率	同期モータ	始　動

H27-A6

	①	②	③	④	⑤
学習日					
理解度 (○/△/×)					

解説

(ア)　一般に，3個のコイルであっても，下図のように小形直流モータのブラシは2個であり，3個あるのは**整流子片**である。

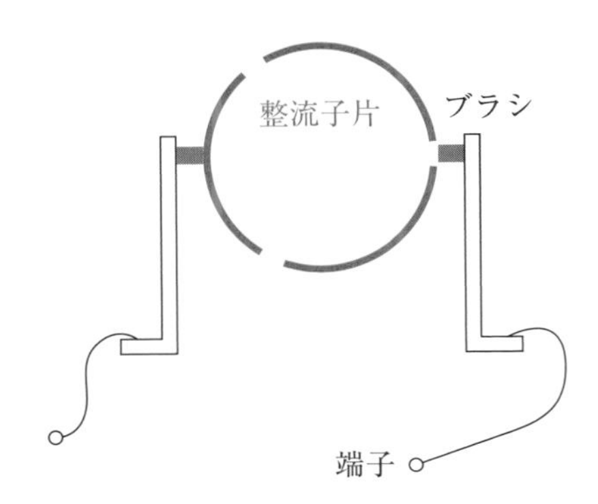

(イ)　一般に，**電機子**の溝数を減らすと，鉄心が突極構造となり，エアギャップ磁束が脈動するので，トルクの脈動が増える。

(ウ)　溝（スロット）のないスロットレスモータは，鉄心が突極構造ではないので，トルクの脈動は生じにくい。しかし，鉄心と永久磁石間のエアギャップは大きくなるので，**保磁力**の大きい希土類系永久磁石を使う。

(エ)　小形**同期モータ**には，回転子に永久磁石を用いたものなどがある。

(オ)　同期モータを定格周波数の電源に接続しても，始動時に回転磁界の回転速度が速すぎると，回転子が回転磁界を追従できないため，始動トルクはゼロとなる。したがって，小形同期モータは円滑な**始動**が困難であり，インバータによる始動法が用いられる。

以上より，(1)が正解。

解答… (1)

ポイント

トルクの脈動が生じると，モータの回転にムラが出てしまいます。

難易度 A

各種電池起電力

教科書 SECTION 01

問題147 3種類の二次電池をそれぞれの容量[A·h]に応じた一定の電流で放電したとき，放電特性は図のA，B及びCのようになった。A，B及びCに相当する電池の種類として，正しいものを組み合わせたのは次のうちどれか。

ただし，電池電圧は単セル（単電池）の電圧である。

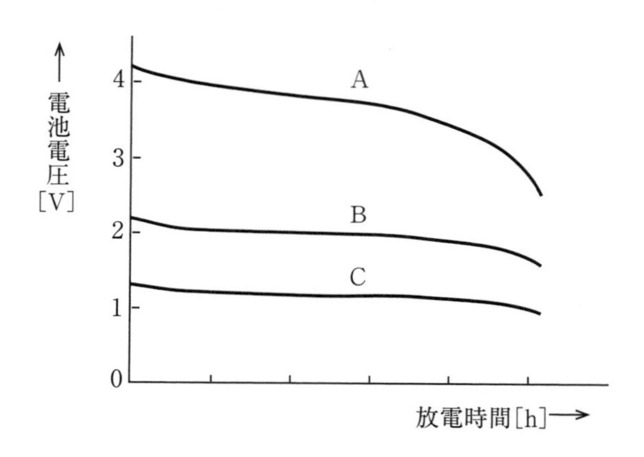

	A	B	C
(1)	リチウムイオン二次電池	鉛蓄電池	ニッケル・水素蓄電池※
(2)	リチウムイオン二次電池	ニッケル・水素蓄電池※	鉛蓄電池
(3)	鉛蓄電池	リチウムイオン二次電池	ニッケル・水素蓄電池※
(4)	鉛蓄電池	ニッケル・水素蓄電池※	リチウムイオン二次電池
(5)	ニッケル・水素蓄電池※	鉛蓄電池	リチウムイオン二次電池

（注）※の「ニッケル・水素蓄電池」は，「ニッケル－金属水素化物電池」と呼ぶこともある。

H15-A12

解説

図をみると，Aは約4V，Bは約2V，Cは約1.2Vと読み取ることができる。選択肢のなかから，この電圧の値に公称電圧が近いものを選ぶと，Aはリチウムイオン二次電池，Bは鉛蓄電池，Cはニッケル・水素蓄電池となる。

よって，(1)が正解。

解答… (1)

	①	②	③	④	⑤
学習日					
理解度 (○/△/×)					

難易度 B ニッケル・水素蓄電池

問題148 ニッケル・水素蓄電池※は，電解液として［(ア)］水溶液を用い，［(イ)］にオキシ水酸化ニッケル，［(ウ)］に水素吸蔵合金をそれぞれ活物質として用いている。

公称電圧は［(エ)］Vである。

この電池は，形状，電圧特性などはニッケル・カドミウム蓄電池に類似し，さらに，ニッケル・カドミウム蓄電池に比べ，［(オ)］が高く，カドミウムの環境問題が回避できる点が優れているので，デジタルカメラ，MDプレーヤ，ノートパソコンなど携帯形電子機器用の電源として使用されてきたが，近年，携帯用電動工具用やハイブリッド車用の電池としても使用されるようになってきている。

（注） ※の「ニッケル・水素蓄電池」は，「ニッケル・金属水素化物電池」と呼ぶこともある。

上記の記述中の空白箇所(ア)，(イ)，(ウ)，(エ)及び(オ)に当てはまる語句又は数値として，正しいものを組み合わせたのは次のうちどれか。

	(ア)	(イ)	(ウ)	(エ)	(オ)
(1)	H_2SO_4	正　極	負　極	1.5	耐過放電性能
(2)	KOH	負　極	正　極	1.2	体積エネルギー密度
(3)	KOH	正　極	負　極	1.5	耐過放電性能
(4)	KOH	正　極	負　極	1.2	体積エネルギー密度
(5)	H_2SO_4	負　極	正　極	1.2	耐過放電性能

H18-A12

	①	②	③	④	⑤
学習日					
理解度 (○/△/×)					

解説

ニッケル・水素蓄電池は，電解液として(ア)KOH水溶液を用い，(イ)**正極**にオキシ水酸化ニッケル，(ウ)**負極**に水素吸蔵合金をそれぞれ活物質として用いている。公称電圧は(エ)1.2 Vである。

この電池は，形状，電圧特性などはニッケル・カドミウム蓄電池に類似し，さらに，ニッケル・カドミウム蓄電池に比べ，(オ)**体積エネルギー密度**が高く，カドミウムの環境問題が回避できる点が優れているので，デジタルカメラ，MDプレーヤ，ノートパソコンなど携帯形電子機器用の電源として使用されてきたが，近年，携帯用電動工具用やハイブリッド車用の電池としても使用されるようになってきている。

よって，(4)が正解。

解答… (4)

難易度 B

各種電池の電解質

教科書 SECTION 01

問題149 鉛蓄電池(A)，ニッケル・カドミウム蓄電池(B)，リチウムイオン電池(C)の3種類の二次電池の電解質の組み合わせとして，正しいのは次のうちどれか。

	(A)	(B)	(C)
(1)	有機電解質	水酸化カリウム	希硫酸
(2)	希硫酸	有機電解質	水酸化カリウム
(3)	水酸化カリウム	希硫酸	有機電解質
(4)	希硫酸	水酸化カリウム	有機電解質
(5)	有機電解質	希硫酸	水酸化カリウム

H11-A8

	①	②	③	④	⑤
学習日					
理解度 (○/△/×)					

解説

鉛蓄電池(A)の電解質は希硫酸 H_2SO_4，ニッケル・カドミウム蓄電池(B)の電解質は水酸化カリウム KOH，リチウムイオン電池(C)の電解質は有機電解質である。

よって，(4)が正解。

解答… (4)

難易度 B

リチウムイオン二次電池

教科書 SECTION 01

問題150 次の文章は，リチウムイオン二次電池に関する記述である。

リチウムイオン二次電池は携帯用電子機器や電動工具などの電源として使われているほか，電気自動車の電源としても使われている。

リチウムイオン二次電池の正極には (ア) が用いられ，負極には (イ) が用いられている。また，電解液には (ウ) が用いられている。放電時には電解液中をリチウムイオンが (エ) へ移動する。リチウムイオン二次電池のセル当たりの電圧は (オ) V程度である。

上記の記述中の空白箇所(ア)，(イ)，(ウ)，(エ)及び(オ)に当てはまる組合せとして，正しいものを次の(1)～(5)のうちから一つ選べ。

	(ア)	(イ)	(ウ)	(エ)	(オ)
(1)	リチウムを含む金属酸化物	主に黒鉛	有機電解液	負極から正極	3～4
(2)	リチウムを含む金属酸化物	主に黒鉛	無機電解液	負極から正極	1～2
(3)	リチウムを含む金属酸化物	主に黒鉛	有機電解液	正極から負極	1～2
(4)	主に黒鉛	リチウムを含む金属酸化物	有機電解液	負極から正極	3～4
(5)	主に黒鉛	リチウムを含む金属酸化物	無機電解液	正極から負極	1～2

H30-A12

	①	②	③	④	⑤
学習日					
理解度 (○/△/×)					

解説

(ア)　リチウムイオン二次電池の正極には(ア)**リチウムを含む金属酸化物**が用いられる。

(イ)　負極には(イ)**主に黒鉛**が用いられる。

(ウ)　電解液には(ウ)**有機電解液**が用いられる。

(エ)　放電時には負極で黒鉛中のリチウムLiが酸化されリチウムイオンLi^+となり，リチウムイオンは(エ)**負極から正極**へ移動する。

(オ)　リチウムイオン二次電池のセル当たりの電圧（公称電圧）は(オ)**3～4**V程度である。

よって，(1)が正解。

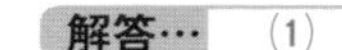

難易度 A 鉛蓄電池の特性

教科書 SECTION 01

問題151 据置形鉛蓄電池に関する記述として，誤っているものは次のうちどれか。

(1) 周囲温度が上がると，電池の端子電圧は上昇する。
(2) 電解液の液面が低下した場合には，純水を補給する。
(3) 単セル（単電池）の公称電圧は2.0 Vである。
(4) 周囲温度が低下すると，電池から取り出せる電気量は増加する。
(5) 放電に伴い，電解液の比重は低下する。

H14-A8

	①	②	③	④	⑤
学習日					
理解度 (○/△/×)					

解説

⑴　温度が上昇すると，化学反応が活発になり，端子電圧は上昇する。よって，正しい。

⑵　電解液の液面が低下した場合には，純水（蒸留水）を補給する。よって，正しい。

⑶　鉛蓄電池の公称電圧は2.0 Vである。よって，正しい。

⑷　温度が低下すると，化学反応が不活発になり，取り出せる電気量は減少する。よって，誤り。

⑸　放電すると，電解液である希硫酸は鉛と反応して水を生成し，比重は低下する。よって，正しい。

以上より，⑷が正解。

解答… ⑷

難易度 A

鉛蓄電池の充放電

教科書 SECTION 01

問題152 二次電池は，電気エネルギーを化学エネルギーに変えて電池内に蓄え（充電という），貯蔵した化学エネルギーを必要に応じて電気エネルギーに変えて外部負荷に供給できる（放電という）電池である。この電池は充放電を反復して使用できる。

二次電池としてよく知られている鉛蓄電池の充電時における正・負両電極の化学反応（酸化・還元反応）に関する記述として，正しいのは次のうちどれか。

なお，鉛蓄電池の充放電反応全体をまとめた化学反応式は次のとおりである。

$$2PbSO_4 + 2H_2O \rightleftarrows Pb + PbO_2 + 2H_2SO_4$$

(1) 充電時には正極で酸化反応が起き，正極活物質は電子を放出する。
(2) 充電時には負極で還元反応が起き，$PbSO_4$が生成する。
(3) 充電時には正極で還元反応が起き，正極活物質は電子を受け取る。
(4) 充電時には正極で還元反応が起き，$PbSO_4$が生成する。
(5) 充電時には負極で酸化反応が起き，負極活物質は電子を受け取る。

H20-A13

	①	②	③	④	⑤
学習日					
理解度（○/△/×）					

解説

問題の化学反応式の左向きの矢印は放電時，右向きの矢印は充電時を表している。

充電時には正極PbO_2で酸化反応が起き，負極Pbで還元反応が起きる。また，$PbSO_4$が生成されるのは，放電時である。

$$2PbSO_4 + 2H_2O \underset{放電}{\overset{充電}{\rightleftarrows}} Pb + PbO_2 + 2H_2SO_4$$

充電時の正極の反応（**電子を放出する**）

$$PbSO_4 + 2H_2O \rightarrow PbO_2 + 4H^+ + SO_4^{2-} + 2e^-$$

充電時の負極の反応（電子を受け取っている）

$$PbSO_4 + 2e^- \rightarrow Pb + SO_4^{2-}$$

よって，(1)が正解。

解答… (1)

難易度 A

燃料電池の動作原理

教科書 SECTION 01

問題153 次の文章は，燃料電池に関する記述である。

　[(ア)]燃料電池は80～100℃程度で動作し，家庭用などに使われている。燃料には都市ガスなどが使われ，[(イ)]を通して水素を発生させ，水素は燃料極へと導かれる。燃料極において水素は電子を[(ウ)]水素イオンとなり，電解質の中へ浸透し，空気極において電子を[(エ)]酸素と結合し，水が生成される。放出された電子が電流として負荷に流れることで直流電源として動作する。また，発電時には[(オ)]反応が起きる。

　上記の記述中の空白箇所(ア)，(イ)，(ウ)，(エ)及び(オ)に当てはまる組合せとして，正しいものを次の(1)～(5)のうちから一つ選べ。

	(ア)	(イ)	(ウ)	(エ)	(オ)
(1)	固体高分子形	改質器	放出して	受け取って	発　熱
(2)	りん酸形	燃焼器	受け取って	放出して	吸　熱
(3)	固体高分子形	改質器	放出して	受け取って	吸　熱
(4)	りん酸形	改質器	放出して	受け取って	発　熱
(5)	固体高分子形	燃焼器	受け取って	放出して	発　熱

H26-A12

	①	②	③	④	⑤
学習日					
理解度 (○/△/×)					

解説

(ア)**固体高分子形**燃料電池は80～100℃程度で動作し，家庭用などに使われている。燃料には都市ガスなどが使われ，(イ)**改質器**を通して水素を発生させ，水素は燃料極へと導かれる。燃料極において水素は電子を(ウ)**放出して**水素イオンとなり，電解質の中へ浸透し，空気極において電子を(エ)**受け取って**酸素と結合し，水が生成される。放出された電子が電流として負荷に流れることで直流電源として動作する。また，発電時には(オ)**発熱**反応が起きる。

よって，(1)が正解。

解答… (1)

難易度 B

電気めっき

教科書 SECTION 01

問題154 次の文章は，電気めっきに関する記述である。

金属塩の溶液を電気分解すると[(ア)]に純度の高い金属が析出する。この現象を電着と呼び，めっきなどに利用されている。ニッケルめっきでは硫酸ニッケルの溶液にニッケル板（[(イ)]）とめっきを施す金属板（[(ア)]）とを入れて通電する。硫酸ニッケルの溶液は，ニッケルイオン（[(ウ)]）と硫酸イオン（[(エ)]）とに電離し，ニッケルイオンがめっきを施す金属板表面で電子を[(オ)]金属ニッケルとなり，金属板表面に析出する。めっきは金属製品の装飾のほか，金属材料の耐食性や耐摩耗性を高める目的で利用されている。

上記の記述中の空白箇所(ア)，(イ)，(ウ)，(エ)及び(オ)に当てはまる組合せとして，正しいものを次の(1)～(5)のうちから一つ選べ。

	(ア)	(イ)	(ウ)	(エ)	(オ)
(1)	陽　極	陰　極	負イオン	正イオン	放出して
(2)	陰　極	陽　極	正イオン	負イオン	受け取って
(3)	陽　極	陰　極	正イオン	負イオン	受け取って
(4)	陰　極	陽　極	負イオン	正イオン	受け取って
(5)	陽　極	陰　極	正イオン	負イオン	放出して

H25-A12

	①	②	③	④	⑤
学習日					
理解度 (○/△/×)					

解説

金属塩の溶液を電気分解すると(ア)陰極に純度の高い金属が析出する。この現象を電着と呼び，めっきなどに利用されている。ニッケルめっきでは硫酸ニッケルの溶液にニッケル板（(イ)陽極）とめっきを施す金属板（(ア)陰極）とを入れて通電する。硫酸ニッケルの溶液は，ニッケルイオン（(ウ)正イオン）と硫酸イオン（(エ)負イオン）とに電離し，ニッケルイオンがめっきを施す金属板表面で電子を(オ)受け取って金属ニッケルとなり，金属板表面に析出する。

よって，(2)が正解。

解答… (2)

一般に金属のイオンは正イオンで，酸のイオンは負イオンです。

難易度 A

電気分解(1)

教科書 SECTION 01

問題155 水の電気分解は次の反応により進行する。

$$2H_2O \rightarrow 2H_2 + O_2$$

このとき，アルカリ水溶液中では陽極（アノード）において，次の反応により酸素が発生する。

$$4OH^- \rightarrow O_2 + 2H_2O + 4e^-$$

いま，2.7 kA·hの電気量が流れたとき，理論的に得られる酸素の質量[kg]の値として，正しいのは次のうちどれか。

ただし，酸素の原子量は16，ファラデー定数は27 A·h/molとする。

(1) 0.4　(2) 0.8　(3) 6.4　(4) 13　(5) 32

H12-C10

	①	②	③	④	⑤
学習日					
理解度 (○/△/×)					

解説

電気量2.7 kA・h = 2700 A・hに含まれる電子の物質量m_e[mol]は,

$$m_e = \frac{2700\ \mathrm{A \cdot h}}{27\ \mathrm{A \cdot h/mol}} = 100\ \mathrm{mol}$$

化学反応式より，酸素1 mol発生させるのに必要な電子の物質量は4 molとなる。

よって，100 molの電子で発生する酸素の物質量m_O[mol]は,

$$m_O = \frac{100}{4} = 25\ \mathrm{mol}$$

酸素1 molは32 gなので，酸素の質量W_O[kg]は,

$$W_O = 25 \times 32$$
$$= 800\ \mathrm{g} = 0.8\ \mathrm{kg}$$

よって，(2)が正解。

解答… (2)

ポイント

mol（モル）は物質量の単位で，1 molは原子や電子などが約6×10^{23}個あるという意味です。化学反応式の数字は原子や分子などの個数を表すため，物質量を使って考えます。また，原子1 molあたりの質量[g]を原子量といいます。

ポイント

$W = \frac{1}{27} \times \frac{m}{n} \times Q$[g]の式を覚えていれば，与えられた数値をあてはめるだけで解くことができます。

難易度 A

電気分解(2)

教科書 SECTION 01

問題156 鉛蓄電池の放電反応は次のとおりである。

$$\underset{（負極）}{\underline{Pb}} + 2H_2SO_4 + \underset{（正極）}{\underline{PbO_2}} \rightarrow \underset{（負極）}{\underline{PbSO_4}} + 2H_2O + \underset{（正極）}{\underline{PbSO_4}}$$

この電池を一定の電流で2時間放電したところ，鉛の消費量は42 gであった。このとき流した電流[A]の値として，最も近いのは次のうちどれか。

ただし，鉛の原子量は210，ファラデー定数は27 A・h/molとする。

(1) 1.8　(2) 2.7　(3) 5.4　(4) 11　(5) 16

H16-A12

	①	②	③	④	⑤
学習日					
理解度 (○/△/×)					

解説

鉛の消費量が42 g，原子量が210なので，消費される鉛の物質量[mol]は，

$$\frac{42}{210}=0.2\ \mathrm{mol}$$

鉛が鉛イオンになるときの反応式は，

$$\mathrm{Pb} \rightarrow \mathrm{Pb}^{2+} + 2\mathrm{e}^{-}$$

であるので，放電時に使われた電子は0.2 mol × 2 = 0.4 molとなる。

電子0.4 molの電気量[A･h]は，

$$27 \times 0.4 = 10.8\ \mathrm{A \cdot h}$$

電流I[A]が2 h流れると，蓄えられる電気量は，$2I$[A･h]である。

したがって，電流Iは，

$$2I = 10.8$$

$$\therefore I = 5.4\ \mathrm{A}$$

よって，(3)が正解。

解答… (3)

ポイント

$W=\frac{1}{27}\times\frac{m}{n}\times IT$[g]の式より，$I=\frac{W\times 27\times n}{m\times T}$[A]となります。

難易度 B

電気分解(3)

問題157 硫酸亜鉛（$ZnSO_4$）/硫酸系の電解液の中で陽極に亜鉛を，陰極に鋼帯の原板を用いた電気めっき法はトタンの製造法として広く知られている。今，両電極間に2 Aの電流を5 h通じたとき，原板に析出する亜鉛の量[g]の値として，最も近いのは次のうちどれか。

ただし，亜鉛の原子価（反応電子数）は2，原子量は65.4，電流効率は65 %，ファラデー定数$F = 9.65 \times 10^4$ C/molとする。

(1) 0.0022　(2) 0.13　(3) 0.31　(4) 7.9　(5) 16

H19-A13

	①	②	③	④	⑤
学習日					
理解度 (○/△/×)					

解説

電流2 Aを5 h流すと，電気量は$2 \times 5 = 10$ A･hとなる。

電気量の単位を[A･h]から[C]に換算すると，

$$10\ \mathrm{A \cdot h} = 36000\ \mathrm{A \cdot s} = 36000\ \mathrm{C}$$

亜鉛イオンが亜鉛となるときの反応式は，

$$Zn^{2+} + 2e^{-} \rightarrow Zn$$

であるので，電子2 molで亜鉛が1 mol析出する。

そして，亜鉛の原子量が65.4，電流効率が65 %であるので，析出する亜鉛の質量W[g]は，

$$W = \frac{36000}{96500} \times \frac{1}{2} \times 65.4 \times \frac{65}{100}$$

$$\fallingdotseq 7.9\ \mathrm{g}$$

よって，(4)が正解。

解答… (4)

亜鉛の質量Wを求める計算式で$\frac{1}{2}$を掛けているのは，電子2 molで亜鉛が1 mol析出するためです。

ポイント

理論値に効率を掛けると実際の値が求められます。

$W = \frac{1}{27} \times \frac{m}{n} \times IT$[g]の式でも求めることができます。通電時間$T$の単位が[h]であることに気を付けましょう。

TAC
出版
TAC PG